JN110110

電気回路
テキスト◀

瀬谷 浩一郎 [編]
Seya Kouichiro

Ohmsha

ま え が き

　電気回路に関しては，すでに内外の優れた教科書が多く出版されている．ここに改めて本書を刊行することはその意義を問われ兼ねないが，永年にわたりこの教科に携わってきた担当者達が，その経験を活かして入門書あるいはテキストとして初学者にも理解しやすいように，基礎事項に重点を置いて企画，編集したものである．

　従来，教科書を用いて行われる講義には，大体二通りあるようで，詳しい内容の重厚な教科書で自習させ，教室ではその大綱や重点を述べる行き方と，簡潔に書かれた教科書を用いその内容を補足し，説明する方法である．どちらも学生の理解には役に立つ方法で，講義の時間数と受講生の数などを考え，最も良いと思われる方策が取られているようである．

　本書は高度で広範囲な電気現象を述べるのではなく，簡潔でわかりやすいテキスト，入門書を目標とし，講義時間における質疑討論，演習をも考慮して，基礎理論に重点を置き，各種の導入過程をわかりやすく親切に説明するよう心掛けたつもりである．また複数の執筆者の心構えについては，大綱を統一し，できるだけ文調をととのえ，細部は各人の判断に任せることにした．したがって各章で多少書き方の差異ができたが，電気回路の扱い方の違いを知らせるのによいと思い，あえて統一しなかった．

　以上のように本書は，これから電気回路を学ぼうとする人が興味をもって学習し，またさらに進んで深い部分に入っていけることを意図したが，これがどこまで貫かれたのか危惧の念を抱いている．思わざる誤りなど，読者の指摘，叱正を頂ければ幸いで，それによって本書を完全なものに近づけることができれば望外の喜びである．

　本書を編纂するにあたり，執筆者が参考にした内外の多くの著書，

文献の恩恵を得たことはいうまでもなく，これらの著者に対して感謝
の意を表す次第である.

　最後に，この書を最初に企画された日本大学生産工学部電気工学科
故 藤原義輝教授をはじめ，今日まで代々当教科を受け持たれてきた
諸先生に感謝の意を表し，あわせて執筆，編纂に終始有益な助言や激
励を頂いた（株）日本理工出版会の方々に心から感謝する.

　平成6年8月

編者しるす

編者・執筆者一覧

瀬 谷 浩一郎　　　（編者）

大 塚 哲 郎　　　（1・2・3・4章）

中 根 偕 夫　　　（5章）

山 崎 　 憲　　　（6・7章）

宮 島 　 毅　　　（8・9・12章）

大 谷 義 彦　　　（10章）

山 家 哲 雄　　　（11章）

目　　次

第1章　直流電圧・電流

第2章　交流電圧・電流の大きさ

第3章　回　路　素　子

第4章　基本回路

第5章　ベクトル記号法

第6章　回路の基礎

第7章　相互誘導回路

第8章　2端子対回路

第9章　影像パラメータと *LC* フィルタ

第10章　三相交流回路

第 1 章　直流電圧・電流

この章では交流回路を説明するために必要な電流の種類を述べ，さらに直流電圧・電流について述べる.

1・1　電流の種類

一般に電流[1]は，導体中を電荷 q が移動する時間的変化の割合，すなわち，$i = dq/dt$ で定義している. この場合導体の両端には電位差があり，その間に電荷の移動が連続的に行われるので，この仕事に相当するエネルギーがそれに供給されなければならない. この電荷の移動を起こす力が起電力[2]（電圧）で，ある電位差を生じ，また電荷の移動が行われる場合には必要なエネルギーを供給するのがいわゆる電源である.

これらの電源の発生する起電力は，それぞれ一様ではなく，したがってまた，これによってある導体に通ずる電流も種々の性質を表す. さらに電流の通る導体の集まり，すなわち電気回路[3]の性質のいかんによっても左右され，結局多種多様な電流波形を生ずることになる.

一般に電流は時間波形により次のように分けられる.

$$
電流
\begin{cases}
不変電流 \\
変動電流
\begin{cases}
周期電流
\begin{cases}
脈動電流 \\
交\quad 流
\begin{cases}
対称交流
\begin{cases}
正弦波交流 \\
ひずみ波交流
\end{cases} \\
非対称交流
\end{cases}
\end{cases} \\
過渡電流
\end{cases}
\end{cases}
$$

不変電流は**図 1・1**(a)のように，同一方向に一定の大きさをもって流れるも

---

〔1〕電流 electric current　〔2〕起電力 electromotive force : e. m. f.
〔3〕電気回路 electric circuit
〔注〕本章での記号は大文字を使用し，小文字の場合は 2 章以降でその意味を説明する.

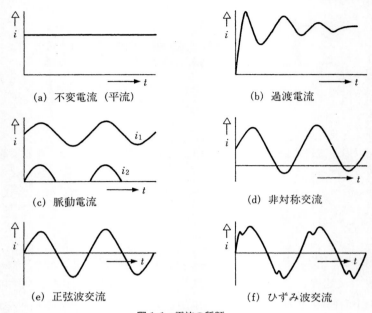

(a) 不変電流（平流）　　　　　　　　（b) 過渡電流

(c) 脈動電流　　　　　　　　　　　　（d) 非対称交流

(e) 正弦波交流　　　　　　　　　　　（f) ひずみ波交流

図 1・1　電流の種類

　ので，変動電流は大きさあるいは方向が変わるものである．

　変動電流は同図（b）のように変動の有様が時間について周期的でない過渡電流と，変動の有様が時間について周期的な周期電流とに分けられる．後者はさらに，図（c）のように大きさは時間とともに変化するが方向は一定な脈動電流と，大きさ方向ともに変化する交番電流（交流）[1]に分けられる．この交流にも，その波形が時間軸に対して正負対称なものと図（d）のように非対称なものとがある．さらに対称交流は図（e）のような正弦波交流と図（f）のようなひずみ波交流にわけられる．

　これらの電流のうち，不変電流と脈動電流とをまとめて直流[2]といい，乾電池または蓄電池によって金属導体中を通る電流はほぼ不変電流で，また直流発電機あるいは半導体整流器の整流回路からの金属導体中を通る電流は脈動電流で，いずれも直流である．

---

〔1〕交流 alternating current：AC　　〔2〕直流 direct current：DC

1・2　オームの法則

　電池に導体を接続すると，電位の高いほうすなわち電池の正の端子(＋)から，電位の低いほうすなわち電池の負の端子(－)へ電荷が移動して電流が生ずる．これは電気的な圧力が作用して，それによって電流が流れるというように考えるとつごうがよく，この電気的圧力を電圧[1]という．

　電池の端子電圧 V すなわち抵抗の端子電圧 V と電流 I の間には

$$I \propto V \tag{1・1}$$

の関係が成り立つ．すなわち，ある端子間に流れる電流 I はその端子電圧に比例する．そこで比例定数を G，その逆数を R とすると式(1・1)は

$$I = GV = \frac{V}{R} \tag{1・2}$$

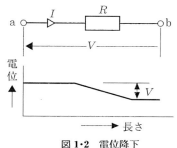

図1・2　電位降下

となる．われわれが日常取り扱う電気回路はこのように電圧と電流が比例する場合が多く，このような場合を線形回路[2]という．式(1・2)はオームの法則[3]といわれ，ここで R は回路に特有な比例定数で，これを電気抵抗[4]または単に抵抗とよび，電流 I をアンペア〔A〕，電圧 V をボルト〔V〕の単位としたとき，抵抗 R はオーム〔Ω〕の単位で表せる．

　また G は流れやすさを表してコンダクタンス[5]と呼び，ジーメンス[6]〔S〕の単位で表される．

　ところで，図1・2のように抵抗 R に電流 I を流すには，オームの法則によって

$$V = RI \tag{1・3}$$

の電圧が必要である．いいかえれば図の点 b は点 a より V だけ電位が低くなる．

〔1〕電圧 voltage　　〔2〕線形回路 linear circuit　　〔3〕オームの法則 Ohm's law
〔4〕電気抵抗 electric resistance　　〔5〕コンダクタンス conductance
〔6〕ジーメンス Siemens

こうした意味で，電流が流れている抵抗の両端に生じる電位差（端子電圧）を抵抗による電位降下[1]あるいは電圧降下[2]という．

また式(1・3)は

$$V - RI = 0 \quad または \quad V + (-RI) = 0 \tag{1・4}$$

と書いて，回路を一巡したとき電源の起電力や電圧降下などによる電位の増（この場合 $+V$）および減（$-RI$）の代数和は零になるということができる．

1・3 抵抗の直並列接続

■ 直列接続

図1・3のように R_1, R_2, R_3 などの抵抗を直列に接続し，端子 a より流入する電流を I とすれば，端子 b, c を経て端子 d までの間，至るところ同じ電流が流れることは明らかである．したがって，電流 I が抵抗 R_1 を流れるには

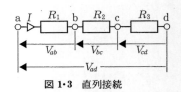

図1・3　直列接続

$$V_{ab} = R_1 I \tag{1・5}$$

の電位差を必要とする．

同様にして $V_{bc} = R_2 I$，$V_{cd} = R_3 I$ で，かつ

$$V_{ad} = V_{ab} + V_{bc} + V_{cd} \tag{1・6}$$

であるから

$$V = R_1 I + R_2 I + R_3 I = (R_1 + R_2 + R_3) I \tag{1・7}$$

となる．

いま，全体の抵抗を R とすれば

$$V = RI$$

となるから

$$R = R_1 + R_2 + R_3 \tag{1・8}$$

が成立する．

すなわち，一般に $R_1, R_2, R_3, \cdots\cdots$ などの抵抗が直列に接続された場合の全

---

[1] 電位降下 fall of potential   [2] 電圧降下 voltage drop

抵抗は各抵抗の和に等しい．したがって

$$R = \sum_{k=1}^{n} R_k \qquad (1 \cdot 9)$$

となる．

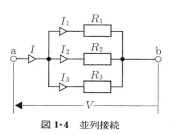

図1・4 並列接続

2 並 列 接 続

　次に，R_1, R_2, R_3 の抵抗が図1・4 のように並列に接続されている場合は，各抵抗に加わる電位差はいずれも V であるから，各抵抗を流れる電流はオームの法則によって，$I_1 = V/R_1$, $I_2 = V/R_2$, $I_3 = V/R_3$ となる．

　また，一方の端子aより流入して端子bに出る総電流 I は，これら I_1, I_2, I_3 の和と考えられるから

$$I = I_1 + I_2 + I_3 \qquad (1 \cdot 10)$$

全抵抗を R とすれば

$$I = \left(\frac{1}{R_1} + \frac{1}{R_2} + \frac{1}{R_3} \right) V = \frac{1}{R} V \qquad (1 \cdot 11)$$

となり，すなわち

$$\frac{1}{R} = \frac{1}{R_1} + \frac{1}{R_2} + \frac{1}{R_3} \qquad (1 \cdot 12)$$

となる．したがって，一般に $R_1, R_2, \cdots\cdots, R_n$ が並列に接続された場合の全抵抗は

$$\frac{1}{R} = \sum_{k=1}^{n} \frac{1}{R_k} \qquad (1 \cdot 13)$$

となる．

　直列回路と並列回路とを組み合わせた任意の直並列回路においても式(1・9)と式(1・13)とを組み合わせて，合成抵抗を計算することができる．

【例題1・1】　図1・5 の直列回路に電流 I が流れたとき，各抵抗の端子電圧を V_1，V_2 とすると $\dfrac{V_1}{V_2}$ を求めよ．

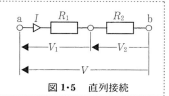

図1・5　直列接続

（**解**）　オームの法則より，抵抗 R_1, R_2 の両端に生じる電圧降下は

$$V_1 = R_1 I$$
$$V_2 = R_2 I$$

であり，したがって

$$\frac{V_1}{V_2} = \frac{R_1}{R_2}$$

となる．

【例題1·2】　図 **1·6** の並列回路に電流が流

れたとき，$\dfrac{I_1}{I}$, $\dfrac{I_2}{I}$, $\dfrac{I_1}{I_2}$ を求めよ．

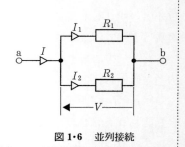

図 **1·6**　並列接続

（**解**）　オームの法則より，抵抗 R_1, R_2 の両端に生じる電圧降下 V は等しいから

$$V = R_1 I_1 = R_2 I_2$$

であり

$$I_1 = \frac{V}{R_1} \qquad I_2 = \frac{V}{R_2}$$

となる．また電流 I は

$$I = I_1 + I_2$$

であり，求めた I_1 と I_2 を代入すれば

$$I = \frac{V}{R_1} + \frac{V}{R_2}$$

となる．したがって

$$\frac{I_1}{I} = \frac{I_1}{I_1 + I_2} = \frac{\dfrac{V}{R_1}}{\dfrac{V}{R_1} + \dfrac{V}{R_2}} = \frac{R_2}{R_1 + R_2}$$

同様にして

$$\frac{I_2}{I} = \frac{R_1}{R_1 + R_2}$$

$$\therefore \quad \frac{I_1}{I_2} = \frac{R_2}{R_1}$$

が得られる.

1・4　キルヒホッフの法則

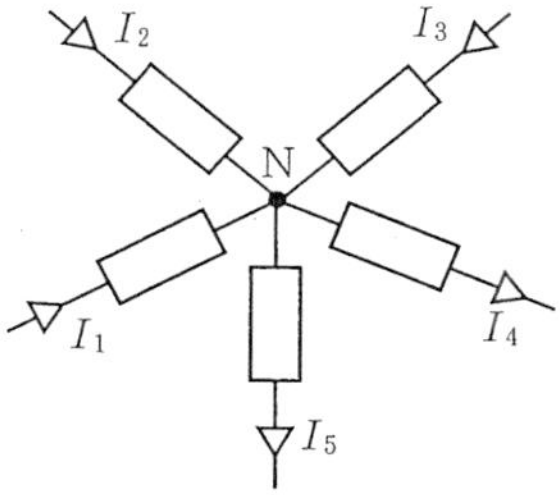

キルヒホッフの法則は，電流に着目した第1法則と電圧に着目した第2法則から成り立っている.

第1法則（KCL）[1]: 回路網中の任意の節点[2]に流れ込む電流の総和は零である.

図**1・7**の節点 N において，流入する電流を正とすれば

$$I_1 + I_2 + I_3 + (-I_4) + (-I_5) = 0$$

が成立し，一般には

$$\sum_{k=1}^{n} I_k = 0 \tag{1・14}$$

となる.

第2法則（KVL）[3]: 回路網中の任意の一閉路について，これを一巡するときの電位降下の総和は，この閉回路中の起電力 E の総和に等しい.

たとえば図**1・8**において I_1 の方向に一巡するとして，その向きを正とすると

$$R_1 I_1 + R_2 I_2 + R_3 I_3 + R_4(-I_4) = E_1 + E_2 + (-E_3)$$

が成立し，一般には

$$\sum_{k=1}^{n} R_k I_k = \sum_{k=1}^{n} E_k \tag{1・15}$$

となる.

簡単な直並列回路で表されない複雑な回路では，このキルヒホッフの法則を用いて解析しなければならない.

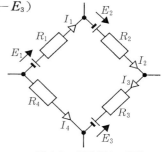

図 **1・7**　回路網中の節点

図 **1・8**　回路網中の閉路

〔1〕KCL: Kirchhoff's Current Law キルヒホッフの電流則　　〔2〕節点 node
〔3〕KVL: Kirchhoff's Voltage Law キルヒホッフの電圧則

　たとえば図 **1·9** のような回路（このような回路をブリッジ回路[1] という）について考えてみよう.

　電池 E の端子電圧を V として，端子から見た合成抵抗 R を求めるには

$$R = \frac{V}{I_0} \qquad\qquad (1\cdot16)$$

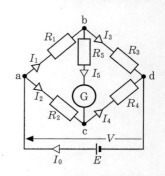

図 **1·9**　ブリッジ回路の枝路電流

で求められる. そこでこの I_0 を求めるには枝路電流[2] を用いる方法と網電流[3] を用いる方法とがあり，またある点の電位を求めるには節点電圧法がある.

◼1 枝路電流による方法

　$R_1, \cdots\cdots, R_5$ に流れる各電流を枝路電流といい，これを用いてキルヒホッフの第 2 法則から次の 3 つの方程式が成立する.

$$\left.\begin{array}{l} R_1 I_1 + R_5 I_5 - R_2 I_2 = 0 \\ R_4 I_4 + R_5 I_5 - R_3 I_3 = 0 \\ R_2 I_2 + R_4 I_4 = E \end{array}\right\} \qquad (1\cdot17)$$

また第 1 法則から

$$\left.\begin{array}{l} I_1 + I_2 = I_0 \\ I_3 + I_4 = I_0 \\ I_3 + I_5 = I_1 \end{array}\right\} \qquad (1\cdot18)$$

が成立し，$I_0, I_1, I_2, I_3, I_4, I_5$ の 6 つの電流の間に独立な 6 つの関係式が存在するから，式 (1·17), (1·18) からすべての電流が求められる.

◼2 網電流による方法

　図 **1·10** のように網電流 I_a, I_b, I_c を考えれば，図 **1·9** に対応させて

$$I_0 = I_a \qquad\qquad I_1 = I_b$$
$$I_2 = I_a - I_b \qquad I_3 = I_c$$

---

〔1〕ブリッジ回路 bridge circuit　〔2〕枝路電流 branch current
〔3〕網電流 loop current

$$I_4 = I_a - I_c \qquad I_5 = I_b - I_c$$

で表せる．そこでキルヒホッフの法則を適用すれば

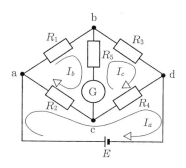

$$\left.\begin{array}{l}(R_2 + R_4)\,I_a - R_2\,I_b - R_4\,I_c = E \\ -R_2\,I_a + (R_1 + R_2 + R_5)\,I_b - R_5\,I_c = 0 \\ -R_4\,I_a - R_5\,I_b + (R_3 + R_4 + R_5)\,I_c = 0\end{array}\right\} \tag{1・19}$$

なる連立方程式が得られ，これを行列[1]表示すれば次のようになる．

図 1・10　ブリッジ回路の網電流

$$\begin{bmatrix} (R_2 + R_4) & -R_2 & -R_4 \\ -R_2 & (R_1 + R_2 + R_5) & -R_5 \\ -R_4 & -R_5 & (R_3 + R_4 + R_5) \end{bmatrix} \begin{bmatrix} I_a \\ I_b \\ I_c \end{bmatrix} = \begin{bmatrix} E \\ 0 \\ 0 \end{bmatrix} \tag{1・20}$$

この方程式から I_a, I_b, I_c が求められる．

この方程式の解き方は種々あるが，一例としてクラメールの法則[2]より解くと

$$I_a = \frac{1}{\Delta} \begin{vmatrix} E & -R_2 & -R_4 \\ 0 & (R_1 + R_2 + R_5) & -R_5 \\ 0 & -R_5 & (R_3 + R_4 + R_5) \end{vmatrix} = \frac{E}{\Delta} \begin{vmatrix} (R_1 + R_2 + R_5) & -R_5 \\ -R_5 & (R_3 + R_4 + R_5) \end{vmatrix}$$

ただし

$$\Delta = \begin{vmatrix} (R_2 + R_4) & -R_2 & -R_4 \\ -R_2 & (R_1 + R_2 + R_5) & -R_5 \\ -R_4 & -R_5 & (R_3 + R_4 + R_5) \end{vmatrix}$$

同様に

$$I_b = -\frac{E}{\Delta} \begin{vmatrix} -R_2 & -R_5 \\ -R_4 & (R_3 + R_4 + R_5) \end{vmatrix}$$

$$I_c = \frac{E}{\Delta} \begin{vmatrix} -R_2 & (R_1 + R_2 + R_5) \\ -R_4 & -R_5 \end{vmatrix}$$

となる．合成抵抗 R は

---

〔1〕行列 matrix　　〔2〕クラメールの法則 Cramer's Rule

$$R = \frac{E}{I_0} = \frac{E}{I_a} = \cfrac{\Delta}{\begin{vmatrix} (R_1 + R_2 + R_5) & -R_5 \\ -R_5 & (R_3 + R_4 + R_5) \end{vmatrix}}$$

また R_5 を流れる電流 I_5 は

$$I_5 = I_b - I_c = \frac{E}{\Delta} \left(- \begin{vmatrix} -R_2 & -R_5 \\ -R_4 & (R_3 + R_4 + R_5) \end{vmatrix} - \begin{vmatrix} -R_2 & (R_1 + R_2 + R_5) \\ -R_4 & -R_5 \end{vmatrix} \right)$$

$$= \frac{R_2 R_3 - R_4 R_1}{\Delta} E$$

となる.

とくに I_5 が零となる条件は

$$R_2 R_3 = R_1 R_4 \quad あるいは \quad \frac{R_1}{R_2} = \frac{R_3}{R_4}$$

となり，この条件をブリッジ回路の平衡条件という.

なおこの条件は，次のように考えても簡単に求まる. すなわち図1・9におい
て I_5 が零であることは端子 b, c の電位が同電位と考えられ，これは V_{ab} と V_{ac}
の電位降下が等しく $I_1 = I_3$, $I_2 = I_4$ となる. したがって

$$R_1 I_1 = R_2 I_2 \qquad R_3 I_1 = R_4 I_2$$

の両式より

$$\frac{R_1}{R_2} = \frac{R_3}{R_4}$$

となる.

3 節点電圧方程式による方法

キルヒホッフの第1法則（KCL）を
用いて節点の電位を求める節点電圧方
程式について説明する.

この方法は，回路網中の節点の電位
を求める問題に対して用いられる. 図
1・11にその回路図の一例を示す. 図
中の1つの節点を基準電位（零電位）

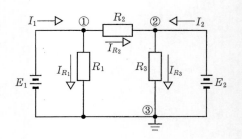

図 1・11   節点電圧による解法

と設定し，他の節点の電位を KCL を用いて定めていく方法である．

いま，図中の節点③を基準とし，これに対する節点①，②の電位を V_1，V_2 とする．ここで，R_1，R_2，R_3 に流れる電流を I_{R_1}，I_{R_2}，I_{R_3} とすると，キルヒホッフの KCL により，節点①，②について次の方程式が成立する．

$$\left.\begin{array}{l} I_{R_1} + I_{R_2} = I_1 \\ I_{R_3} - I_{R_2} = I_2 \end{array}\right\} \tag{1・21}$$

また，I_{R_1}，I_{R_3} は節点①，②の電位を用いて表すと $I_{R_1} = \dfrac{V_1}{R_1}$，$I_{R_3} = \dfrac{V_2}{R_3}$ であり，また $I_{R_2} = \dfrac{V_1 - V_2}{R_2}$ となる．これらより

$$\left.\begin{array}{l} \dfrac{V_1}{R_1} + \dfrac{V_1 - V_2}{R_2} = I_1 \\[3mm] \dfrac{V_2}{R_3} - \dfrac{V_1 - V_2}{R_2} = I_2 \end{array}\right\} \tag{1・22}$$

が得られ，これを整理すれば

$$\left.\begin{array}{l} \left(\dfrac{1}{R_1} + \dfrac{1}{R_2}\right) V_1 - \left(\dfrac{1}{R_2}\right) V_2 = I_1 \\[3mm] -\left(\dfrac{1}{R_2}\right) V_1 + \left(\dfrac{1}{R_2} + \dfrac{1}{R_3}\right) V_2 = I_2 \end{array}\right\} \tag{1・23}$$

となる．これが節点電圧方程式であり，行列で表せば，

$$\begin{bmatrix} \left(\dfrac{1}{R_1} + \dfrac{1}{R_2}\right) & -\dfrac{1}{R_2} \\[3mm] -\dfrac{1}{R_2} & \left(\dfrac{1}{R_2} + \dfrac{1}{R_3}\right) \end{bmatrix} \begin{bmatrix} V_1 \\[3mm] V_2 \end{bmatrix} = \begin{bmatrix} I_1 \\[3mm] I_2 \end{bmatrix} \tag{1・24}$$

となり，この方程式を解くことにより，V_1，V_2 を求めることができる．

ここで，式(1・20)と式(1・24)を比較すると，網電流法や枝電流法では電流を求めるために回路方程式を行列表示して $[R][I] = [E]$ のように考え，また各節点の電圧を求めるには節点電圧法により回路方程式を $[G][V] = [I]$ のように行列で表示して考えて解くとよいことがわかる．

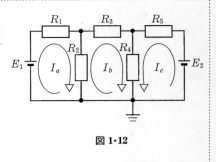

【例題1·3】　図1·12の回路で網電流 I_a, I_b, I_c と，節点①，②の電圧 V_1, V_2 を求めよ．

図1·12

（解）　まず，網電流 I_a, I_b, I_c を用いて各閉回路で KVL により方程式を立てると

$$\begin{bmatrix} (R_1+R_2) & -R_2 & 0 \\ -R_2 & (R_2+R_3+R_4) & R_4 \\ 0 & R_4 & (R_4+R_5) \end{bmatrix}\begin{bmatrix} I_a \\ I_b \\ I_c \end{bmatrix} = \begin{bmatrix} E_1 \\ 0 \\ E_2 \end{bmatrix}$$

のようになり，これよりクラメールの法則を適用して各網電流が次のように求まる．

$$I_a = \frac{1}{\Delta}\begin{vmatrix} E_1 & -R_2 & 0 \\ 0 & (R_2+R_3+R_4) & R_4 \\ E_2 & R_4 & (R_4+R_5) \end{vmatrix}$$

$$= \frac{1}{\Delta}\{E_1(R_2+R_3+R_4)(R_4+R_5)-E_2R_2R_4-E_1R_4^2\}$$

同様にして

$$I_b = \frac{1}{\Delta}\begin{vmatrix} (R_1+R_2) & E_1 & 0 \\ -R_2 & 0 & R_4 \\ 0 & E_2 & (R_4+R_5) \end{vmatrix}$$

$$= \frac{1}{\Delta}\{E_1R_2(R_4+R_5)-E_2R_4(R_1+R_2)\}$$

$$I_c = \frac{1}{\Delta}\begin{vmatrix} (R_1+R_2) & -R_2 & E_1 \\ -R_2 & (R_2+R_3+R_4) & 0 \\ 0 & R_4 & E_2 \end{vmatrix}$$

$$= \frac{1}{\Delta}\{E_2(R_1+R_2)(R_2+R_3+R_4)-E_1R_2R_4-E_2R_2^2\}$$

ここで

$$\Delta = \begin{vmatrix} (R_1+R_2) & -R_2 & 0 \\ -R_2 & (R_2+R_3+R_4) & R_4 \\ 0 & R_4 & (R_4+R_5) \end{vmatrix}$$

$$= (R_1+R_2)(R_2+R_3+R_4)(R_4+R_5)-(R_1+R_2)R_4^2-(R_4+R_5)R_2^2$$

となる.

次に, KCL を節点①, ②に適用して節点電圧方程式を立て, 行列表示すると

$$\begin{bmatrix} \left(\dfrac{1}{R_1}+\dfrac{1}{R_2}+\dfrac{1}{R_3}\right) & -\dfrac{1}{R_3} \\ -\dfrac{1}{R_3} & \left(\dfrac{1}{R_3}+\dfrac{1}{R_4}+\dfrac{1}{R_5}\right) \end{bmatrix} \begin{bmatrix} V_1 \\ V_2 \end{bmatrix} = \begin{bmatrix} \dfrac{E_1}{R_1} \\ \dfrac{E_2}{R_5} \end{bmatrix}$$

となり, 節点①, ②の電圧を次のように求めることができる.

$$V_1 = \frac{1}{\Delta}\begin{vmatrix} \dfrac{E_1}{R_1} & -\dfrac{1}{R_3} \\ \dfrac{E_2}{R_5} & \left(\dfrac{1}{R_3}+\dfrac{1}{R_4}+\dfrac{1}{R_5}\right) \end{vmatrix}$$

$$V_2 = \frac{1}{\Delta}\begin{vmatrix} \left(\dfrac{1}{R_1}+\dfrac{1}{R_2}+\dfrac{1}{R_3}\right) & \dfrac{E_1}{R_1} \\ -\dfrac{1}{R_3} & \dfrac{E_2}{R_5} \end{vmatrix}$$

ここで

$$\Delta = \begin{vmatrix} \left(\dfrac{1}{R_1}+\dfrac{1}{R_2}+\dfrac{1}{R_3}\right) & -\dfrac{1}{R_3} \\ -\dfrac{1}{R_3} & \left(\dfrac{1}{R_3}+\dfrac{1}{R_4}+\dfrac{1}{R_5}\right) \end{vmatrix}$$

となる.

1·5 電　力

図 1·13 のような回路に供給する電力は

$$P = VI \tag{1·25}$$

である. 電池 E の端子電圧を V [V], 流れる電流 I を [A] なる単位で与えるとき, 電力 P はワット [W] なる単位で与えられ, 抵抗に消費される電力 P は

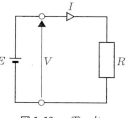

図 1·13　電　力

$$P = RI^2 = \frac{V^2}{R} \tag{1・26}$$

となる．電力 P は毎秒に消費される電力量であるから，ある時間 t の間に消費される電力量 w は

$$w = Pt \tag{1・27}$$

となる．P を〔W〕，t を〔s〕なる単位を用いるとき，w はジュールなる単位で表される．これを熱量と比較すれば

$$1〔J〕= 1〔Ws〕= 10^7〔erg〕= 0.239〔cal〕 \tag{1・28}$$

となる．実用的にはワット時〔Wh〕なる単位と，その 10^3 倍のキロワット時〔kWh〕なる単位を用いる．すなわち抵抗 R に流れる電流 I が t 時間流れれば $RI^2 t$ 〔Wh〕なる電力量が熱として消費され，これが抵抗による熱損失である．

【例題 1・4】 電圧 100〔V〕で消費電力 500〔W〕の電熱器において，抵抗 R を流れる定常状態での電流 I を求めよ．

（**解**）　定常状態では消費電力は式（1・26）で示されるので

$$R = \frac{V^2}{P} = \frac{(100)^2}{500} = 20〔\Omega〕$$

であり，また，電熱器に流れる電流は

$$I = \frac{V}{R} = \frac{100}{20} = 5〔A〕$$

となる．

1・6　定電圧源, 定電流源表示

　実際の電池や発電機等の電源[1]は電圧をもっていると同時に内部抵抗 r_0 をもっている．図 1・14（a）はこれを示す．

　いま，この電源に負荷[2]抵抗をつないだ場合，V–I 特性が直線的なものとすると

$$V + r_0 I = E_0 \tag{1・29}$$

---

〔1〕電源 electric source　　〔2〕負荷 load

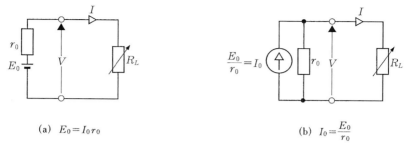

(a) $E_0 = I_0 r_0$ (b) $I_0 = \dfrac{E_0}{r_0}$

図1·14 定電圧源，定電流源

で，これを等価回路で表すと図(a)となる．すなわち E_0 は起電力であるが，こ
れがこのまま負荷抵抗 R_L に加わるものではなく，内部抵抗 r_0 を通して R_L に作
用すると考えられるから図(a)より I は

$$I = \frac{1}{r_0 + R_L}\, E_0 = \frac{r_0}{r_0 + R_L}\left(\frac{E_0}{r_0}\right) = \frac{r_0}{r_0 + R_L}\, I_0 \tag{1·30}$$

ここで $I_0 = \dfrac{E_0}{r_0}$ または $E_0 = r_0 I_0$ である．

　一方，式(1·30)は図(b)に示すように，電池は I_0 という電流を流す内部電
流源をもち，同時にこれと並列に r_0 という内部抵抗をもち，r_0 と R_L で I_0 を分
流した結果が I であることを示している．

　このような図1·14(a)を定電圧源等価回路，E_0 を定電圧源といい，図(b)を
定電流源等価回路，I_0 を定電流源という．一般に $R_L \gg r_0$ のときは定電圧源回
路が便利で，$R_L \ll r_0$ のときは定電流源回路を用いるのが便利である．

1·7　供給電力最大の法則

　図1·14(a)において，電源から電力を取り出す場合は

$$E_0 = (r_0 + R_L)\, I \tag{1·31}$$

の関係が成立する．負荷に供給される電力を P とすれば式(1·26)より

$$P = I^2 R_L = \left(\frac{E_0}{r_0 + R_L}\right)^2 R_L = \frac{1}{\dfrac{r_0}{R_L} + 2 + \dfrac{R_L}{r_0}}\, \frac{E_0^2}{r_0} \tag{1·32}$$

負荷 R_L を変化する場合を考えて R_L/r_0 を変数として P の変化を調べると $R_L/r_0 = 1$ のとき最大となり，この P の最大値を P_{max} とすれば

$$P_{max} = \frac{E_0^2}{4\,r_0} \tag{1・33}$$

となることがわかる． P/P_{max} を求めるために，式 (1・32) と式 (1・33) の比をとると

$$\frac{P}{P_{max}} = \frac{4}{\dfrac{R_L}{r_0} + 2 + \dfrac{r_0}{R_L}} \tag{1・34}$$

となる．

いま P/P_{max} を縦軸に，R_L/r_0 を横軸にとって曲線を描くと図 1・15 のようになる．この図からも $R_L = r_0$ すなわち $R_L/r_0 = 1$ のときが最大で $P = P_{max}$ であることがわかる．

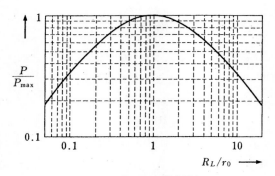

図 1・15 最大電力

すなわち，負荷抵抗が内部抵抗に等しいとき，負荷には最大の電力が供給され，その大きさは式 (1・33) で表される．また P_{max} を電源の固有電力[1] といい，これは電源が負荷に供給できる最大限の電力で，これ以上の電力は取り出せない．

---

[1] 固有電力 available power

1章　演習問題

1　図の電圧計の測定範囲は 50 〔mV〕で，内部抵抗が $r =$ 100〔Ω〕である．この電圧計に抵抗を直列に接続して測定範囲を 10〔V〕まで拡大したい．このとき直列に接続する抵抗 R は何〔Ω〕にすればよいか．

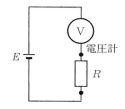

2　図の電流計は測定範囲が 10〔mA〕で内部抵抗が $r = 1$〔Ω〕である．この電流計に抵抗 R を並列に接続して 1〔A〕まで測定できるようにするには，並列に何〔Ω〕の抵抗を接続すればよいか．

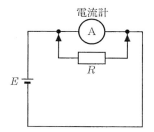

3　図の回路で，$I_2 : I_3 = 3 : 2$，$R_3 : R_4 = 1 : 2$ とするとき，R_2, R_3, R_4 を求めよ．ただし $E = 100$〔V〕，$I_1 = 10$〔A〕，$R_1 = 4$〔Ω〕とする．

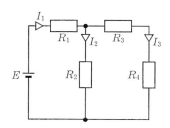

4　図に示すブリッジ回路で I_1, I_2, I_3, I_4 を求めよ．ただし，$R_1 = 5$〔Ω〕，$R_2 = 7$〔Ω〕，$R_3 = 4$〔Ω〕，$R_4 = 8$〔Ω〕，$R_5 = 3$〔Ω〕，$E_0 = 20$〔V〕，$E_1 = 6$〔V〕とする．

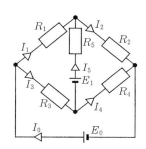

5   図の回路で，抵抗 R_3 の両端にかかる電圧 V_{ab}
  を求めよ．ただし，$R_1 = 10$ 〔Ω〕，$R_2 = 10$ 〔Ω〕，
  $R_3 = 15$ 〔Ω〕，$E_1 = 15$ 〔V〕，$E_2 = 5$ 〔V〕とする．

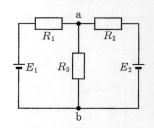

6   図のような回路で 100〔V〕の電源に，負荷抵抗 R を接続した
  ら，最大電力 1〔kW〕が得られた．このとき，電源の内部抵抗 r_0
  と，負荷抵抗 R を求めよ．

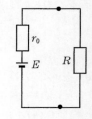

第 2 章 交流電圧・電流の大きさ

交流のもっとも基本的な波形は正弦波であり，電力用に用いられたり発振器からの交流も正弦波がほとんどで，交流に関する計算はもっぱらこの正弦波の計算といってよい．またどんな複雑な波形でも，それが周期的であるならば，数多くの正弦波の要素に分析することができるから，正弦波についての基本的な事項について述べる．

2·1 正弦波起電力の発生

図2·1のように，巻数 n のコイルを平等磁界中で，これと直角の軸のまわりに回転できるようにしておく．

いま1の位置で，コイル内を鎖交する磁束を Φ_m とすると

$$\Phi_m = B A \qquad (2·1)$$

ただし，A はコイルの断面積，B は磁束密度とする．

コイルが2に位置を変えたとき，コイル内を鎖交する磁束 Φ は

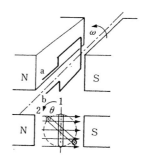

図 2·1　交流起電力の発生

$$\Phi = \Phi_m \cos \theta \qquad (2·2)$$

となる．このコイルが均一な角速度 ω [1] で回転するとき，コイルに誘起される起電力 e は

$$e = -n \frac{d\Phi}{dt} \qquad (2·3)$$

となる．右辺の − の符号は起電力が磁束の変化を妨げる向きに誘起されること

〔1〕角速度 angular velocity
〔注〕本章以降では交流の実効値を大文字で，瞬時値を小文字で表示する．

を意味する.

式 (2・2), (2・3) から

$$e = -n \frac{d}{d\theta}(\Phi_m \cos \theta)\frac{d\theta}{dt} \tag{2・4}$$

ここで $d\theta/dt = \omega$, $\theta = \omega t$ である. したがって式 (2・4) は

$$e = n\Phi_m \omega \sin \omega t = E_m \sin \omega t \tag{2・5}$$

ただし $E_m = n\Phi_m\omega$ とする.

この起電力 e は交番起電力であり,しかもその値が時間とともに正弦波状に変化するから,とくに正弦波起電力[1]という.

2・2 瞬 時 値

一般に正弦波電圧の瞬時値 $v(t)$ は,起電力を示す式 (2・5) にコイルの最初の位置 θ を考慮し,$v(t)$ 〔V〕は

$$v(t) = V_m \sin(\omega t + \theta) \tag{2・6}$$

で表される.この $v(t)$ は任意の時刻における電圧を表しているから,これをその電圧の瞬時値[2]という.また V_m は電圧の最大の値を示しているので,これを最大値[3]または振幅[4],波高値[5]という.また正の最大値から負の最大値までの大きさをピークピーク値[6]といい V_{pp} の記号で表すことがある.式 (2・6) を横軸に ωt をとって図示すると図 2・2 のようになる.

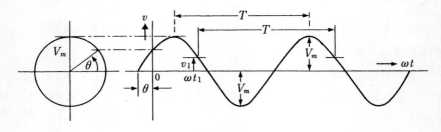

図 2・2　瞬時電圧波形

〔1〕正弦波起電力 sinusoidal e.m.f.　　　〔2〕瞬時値 instantaneous value
〔3〕最大値 maximum value　　　　　　　〔4〕振幅 amplitude
〔5〕波高値 crest value または peak value　〔6〕ピークピーク値 peak to peak value

　図より任意の時刻 t_1 に $v_1(t_1)$ なる値をとり，それより一定な時間を経るごとに再び $v_1(t_1)$ なる値となる．このように一波形を完了するに要する時間 T を周期[1]という．

　一方，正弦波関数には $\sin x = \sin(x+2\pi)$ なる性質があり，角度について 2π〔rad〕なる周期をもっているから，これを上述の場合に比較すれば

$$\omega T = 2\pi \tag{2·7}$$

でなければならない．すなわち

$$\omega = \frac{2\pi}{T} \tag{2·8}$$

となる．

　この ω を角速度あるいは角周波数[2]という．また単位時間（1秒間）に同一波形を繰り返す数を周波数[3] f〔Hz〕といい

$$f = \frac{1}{T} \tag{2·9}$$

となり，周波数 f と角速度 ω との間には，次の関係がある．

$$\omega = 2\pi f$$

　わが国における電力用交流の周波数は，主として50〔Hz〕と60〔Hz〕である．この程度の周波数を一般に商用周波数[4]といっている．また1〔Hz〕の 10^3 倍をキロヘルツ〔kHz〕，10^6 倍をメガヘルツ〔MHz〕，また 10^9 倍をギガヘルツ〔GHz〕で表す．

　次に，式（2·6）で $(\omega t+\theta)$ は時刻 t における位相角[5]または位相といい，$t=0$ のときの位相角 θ は初期位相とよばれることがある．さらに同一角周波数を2つ以上の正弦波を同時に考える場合には，それらの波が互いに進んでいるか遅れているかを考えねばならなくなる．

　たとえば

$$\left.\begin{array}{ll}v_1(t) = V_{m1} \sin\omega(t+T_1) = V_{m1}\sin(\omega t+\theta_1) & \theta_1 = \omega T_1 \\ v_2(t) = V_{m2} \sin\omega(t+T_2) = V_{m2}\sin(\omega t+\theta_2) & \theta_2 = \omega T_2\end{array}\right\} \tag{2·10}$$

の場合，θ_1 と θ_2 の差を v_1 と v_2 の位相差[6]または相差という．$\theta_1 = \theta_2$ のとき $v_1(t)$ と $v_2(t)$ は同相，$\theta_1 > \theta_2$ のとき $v_1(t)$ が $v_2(t)$ より $(\theta_1-\theta_2)$ だけ進み[7]

〔1〕周期 period　　〔2〕角周波数 angular frequency　　〔3〕周波数 frequency
〔4〕商用周波数 commercial frequency　　〔5〕位相角 phase angle
〔6〕位相差 phase difference　　〔7〕進み lead

あるいは $v_2(t)$ が $v_1(t)$ より位相が遅れ[1]という．$\theta_1 < \theta_2$ のときは逆に考える．

正弦波が波動としてある媒体を進行するときの1周期の波の長さを波長[2]という．電波の伝搬速度を ν [m/s]とすれば

$$f \cdot \lambda = \nu \tag{2・11}$$

一般に媒体を空気と考えて，$\nu \fallingdotseq 3 \times 10^8$ [m/s]が用いられる．たとえばある放送電波の周波数 $f = 594$ [kHz]の波長は $\lambda = 3 \times 10^8 / 594 \times 10^3 \fallingdotseq 505$ [m] である．

【例題2・1】 次のような瞬時電圧があるとき，最大値，角周波数，周波数，周期，初期位相を求めよ．

$$v(t) = 141.4 \sin\left(314\,t - \frac{\pi}{6}\right) \text{ [V]}$$

（解） 式（2・6）より

最大値 $V_m = 141.4$ [V]，角周波数 $\omega = 314$ [rad/s]，周波数 $f = \omega/2\pi = 50$ [Hz]となる．

また周期 $T = 1/f = 20$ [ms]，初期位相 $\theta = -\pi/6$ [rad] となる．

【例題2・2】 次の電圧と電流の位相差を，電圧を基準にして示せ．

(1) $v(t) = V_m \sin\left(\omega t - \dfrac{\pi}{6}\right)$ $i(t) = I_m \cos\left(\omega t - \dfrac{\pi}{6}\right)$

(2) $v(t) = V_m \sin\left(\omega t + \dfrac{\pi}{6}\right)$ $i(t) = I_m \sin\left(\omega t - \dfrac{\pi}{6}\right)$

（解）

(1) 電圧を基準に考えると，瞬時電力の cos を sin に変換すれば $+\pi/2$ となり

$$i(t) = I_m \cos\left(\omega t - \frac{\pi}{6}\right) = I_m \sin\left(\omega t - \frac{\pi}{6} + \frac{\pi}{2}\right)$$

$$= I_m \sin\left(\omega t + \frac{\pi}{3}\right)$$

となり，電圧と電流の位相差は

$$\frac{\pi}{3} - \left(-\frac{\pi}{6}\right) = \frac{\pi}{3} + \frac{\pi}{6} = \frac{\pi}{2}$$

---

[1] 遅れ lag   [2] 波長 wavelength

である．したがって，電流は電圧より $\pi/2$〔rad〕進んでいる．

（2）題意より初期位相分だけ変化しており，電流は電圧より $\pi/3$〔rad〕遅れている．

2・3　平均値と実効値

■1　平　均　値

交流電圧，電流の大きさを時刻に関係なく表すには，前に述べた最大値を用いることもある．これは絶縁物の絶縁破壊の際の電圧や，伝送線路上の衝撃波（通信回路の雑音や伝送線の落雷など）のように，交流の最大値が問題になるような場合に重要な値である．しかし図2・3のように同じ最大値を示す交流でも種々の波形を示すので，最大値のみで交流波形を表現するのはなお不十分である．

そこで波形の山をならした値である平均値について述べる．これは交流を整流した場合などに用いられる．

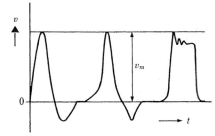

図2・3　同一な正の最大値をもつ波形の例

交流 $i(= i(t))$ の平均値[1] I_a とは，その値の絶対値を1周期にわたって平均したもので

$$I_a = \frac{1}{T}\int_0^T |i|\, dt \tag{2・12}$$

で表される．

しかし，正弦波関数のような周期関数の平均値は，波形の対称性から半周期を選択しても平均が求められる．すなわち正弦波の平均値は

$$|\sin\theta|\text{の平均値} = \frac{1}{2\pi}\int_0^{2\pi}|\sin\theta|\,d\theta$$

$$= \frac{1}{\pi}\int_0^{\pi}\sin\theta\,d\theta = \frac{2}{\pi} \fallingdotseq 0.637 \tag{2・13}$$

であるから $i = I_m \sin\omega t$ とすると

---
〔1〕平均値 average value または mean value

$$I_a = \frac{1}{T}\int_0^T |i|\,dt = \frac{I_m}{T}\int_0^T |\sin\omega t|\,dt = \frac{2I_m}{T}\int_0^{\frac{T}{2}}\sin\omega t\,dt$$

$$= \frac{2I_m}{T}\left[-\frac{1}{\omega}\cos\omega t\right]_0^{\frac{T}{2}} = \frac{2}{\pi}\,I_m \fallingdotseq 0.637\,I_m \qquad (2\cdot14)$$

となり，正弦波交流では

$$平均値 = \frac{2}{\pi} \times 最大値$$

となる.

　次に図2・4のような最大値が V_m の三
角波の平均値を求めてみる．この場合は
積分法でなくとも，図形の面積を求め，
これを周期で割ることで求めることがで
きる.

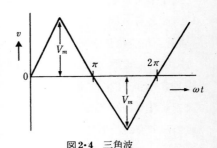

図2·4　三角波

　すなわち波形の面積は $\frac{1}{2}V_m \times \pi$ で表さ
れるので，これを半周期 π で割って

$$V_a = \frac{1}{\pi}\left(\frac{1}{2}V_m \times \pi\right) = \frac{1}{2}V_m$$

となる.

② 実　効　値

　交流の大きさの表し方には最大値や平均値，あるいは前項で示した瞬時値な
どあるが，いずれにしても実際に交流を流して仕事をさせた場合に，最も都合
のよい表し方があればよい.

　そこで交流の波形や周波数に関係なく，電流が抵抗を流れるときの発熱作用
の大小で，交流の大きさを決める方法が用いられる．すなわち，ある交流を抵
抗 R に t 時間流したときの発熱量が，同じ抵抗に直流電流 I を t 時間流したと
きの発熱量と等しいとき，この交流の大きさを I と決めるのである.

　このように交流の大きさをそれと等しい仕事をする直流の大きさにおきかえ
て表したとき，これを実効値[1]という.

---

〔1〕実効値 root mean square value または RMS

抵抗 $R〔\Omega〕$ に直流電流 $I〔A〕$ を単位時間流したときの発熱量 $W_d〔J〕$ は

$$W_d = RI^2 \qquad\qquad (2\cdot15)$$

同じ抵抗に交流電流 $i〔A〕$ を流したときの発熱量 $w_a〔J〕$ は

$$w_a = i^2R \qquad\qquad (2\cdot16)$$

となる．そこで電流の 1 周期について平均すれば

$$w_a = (i^2R \text{ の平均})$$

となる．すなわち

$$w_a = \frac{1}{T}\int_0^T i^2R\, dt \qquad\qquad (2\cdot17)$$

$W_d = w_a$ とすると

$$I^2R = \frac{1}{T}\int_0^T i^2R\, dt \qquad \therefore I = \sqrt{\frac{1}{T}\int_0^T i^2\, dt} \qquad (2\cdot18)$$

となり，実効値 I は瞬時値 i の 2 乗の平均値の平方根である．

すなわち正弦波において $\sin^2\theta$ の平均値を求めると，$\sin^2\theta = \dfrac{1}{2}(1-\cos 2\theta)$ であるから

$$\sin^2\theta \text{ の平均値} = \frac{1}{T}\int_0^T \sin^2\theta\, d\theta = \frac{1}{2} = 0.5$$

となるので，実効値は

$$\sin^2\theta \text{ の平均値の平方根} = \sqrt{\frac{1}{T}\int_0^T I_m{}^2\sin^2\theta\, d\theta}$$

$$= \sqrt{\frac{I_m{}^2}{2T}\int_0^T (1-\cos 2\theta)\, d\theta} = \frac{1}{\sqrt{2}}I_m \fallingdotseq 0.707\,I_m \qquad (2\cdot19)$$

となり，正弦波交流では

$$\text{実効値} = \frac{1}{\sqrt{2}}\times\text{最大値}$$

となる．

また図 2·5 のような方形波電流では

$$\text{平均値} = \frac{1}{\pi}\times\pi\times I_m = I_m$$

$$\text{実効値} = \sqrt{\frac{1}{\pi}\int_0^\pi I_m{}^2\, dt} = \sqrt{I_m{}^2} = I_m$$

となる．

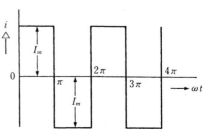

図 2·5　方形波

　以上のように，実効値は回路中で実際に作用する電力から求めたものであるから，実用的に最も重要な値であり，ふつう交流の大きさを表すには，実効値を用いる.

　一般に用いられている交流の電圧計や電流計は，みな実効値を測定するようになっている. 本書でも，今後とくにことわらないかぎり実効値で交流を表すことにする.

　なお，交流の波形を表す一つの目安に，次の式で表される波高率[1]や波形率[2]を用いることがある.

$$波高率 = \frac{最大値}{実効値}$$

$$波形率 = \frac{実効値}{平均値}$$

　これは電気機器の設計など波形が正弦波からあまり著しく異なっていない場合だけに有効に用いられ，通信方面で用いられるような非常に複雑な波形に対しては利用価値は少ない. **表2・1**に主な交流波形の実効値，平均値，波高率および波形率を示す.

表2・1　交流波形の諸量

交流の波形		実効値	平均値	波高率	波形率
正弦波		$\frac{1}{\sqrt{2}} \fallingdotseq 0.707$	$\frac{2}{\pi} \fallingdotseq 0.637$	1.414	1.111
方形波		1.0	1.0	1.0	1.0
三角波		$\frac{1}{\sqrt{3}} \fallingdotseq 0.577$	0.5	1.732	1.155
半円波		0.816	0.785	1.226	1.039

〔1〕波高率 crest factor または peak factor　　〔2〕波形率 form factor

【例題2・3】 図2・4に示す三角波の実効値を求めよ.

（解）

$$V = \sqrt{\frac{2}{\pi}\int_0^{\frac{\pi}{2}} v^2\,d\theta} = \sqrt{\frac{2}{\pi}\int_0^{\frac{\pi}{2}}\left(\frac{2V_m}{\pi}\theta\right)^2 d\theta} = \sqrt{\frac{8V_m^2}{\pi^3}\int_0^{\frac{\pi}{2}}\theta^2\,d\theta}$$

$$= \sqrt{\frac{8V_m^2}{\pi^3}\left[\frac{\theta^3}{3}\right]_0^{\frac{\pi}{2}}} = \sqrt{\frac{8V_m^2}{\pi^3}\times\frac{\pi^3}{24}} = \sqrt{\frac{V_m^2}{3}} = \frac{V_m}{\sqrt{3}}$$

となる.

【例題2・4】 図2・6に示す全波整流波形の実効値と平均値を求めよ.

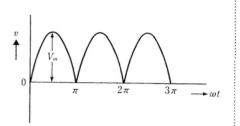

図2・6 全波整流波形

（解）

$$実効値 = \sqrt{\frac{1}{\pi}\int_0^{\pi}(V_m\sin\omega t)^2\,d(\omega t)} = \sqrt{\frac{V_m^2}{2}} = \frac{V_m}{\sqrt{2}}$$

$$= 0.707\,V_m$$

となる.

また

$$平均値 = \frac{1}{\pi}\int_0^{\pi} V_m\sin\omega t\,d(\omega t)$$

$$= 0.637\,V_m$$

となる.

2 章　演 習 問 題

1　周波数 50〔Hz〕，実効値 100〔V〕で $t = 0$ における瞬時値が 100〔V〕であった．この正弦波電圧を瞬時式で示せ．

2　図の波形の最大値，実効値，平均値，ピークピーク値を求めよ．

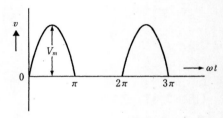

3　図の波形の平均値および実効値を求めよ．

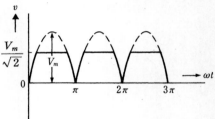

4　図に示す波形の平均値は $\dfrac{1}{2} V_m$ であった．このときの図中の角 θ を求めよ．

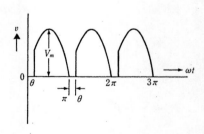

第3章 回路素子

電気回路を構成している要素はいろいろな種類のものがあるが，回路が集中定数の受動回路であれば，これらをその作用から分けると，抵抗 R，インダクタンス L および静電容量 C（キャパシタンス）の 3 つになる．これらを回路の素子[1] と呼び，それらの大きさを表す値を回路の定数[2] という．本章では正弦波と回路の現象を理解するために，これらの素子の作用を調べる．

3·1 抵 抗 R

図 3·1 に示す抵抗だけの回路に，正弦波電圧 v を加えた場合を考える．ただし抵抗 R は電流の値に無関係に一定値とする．

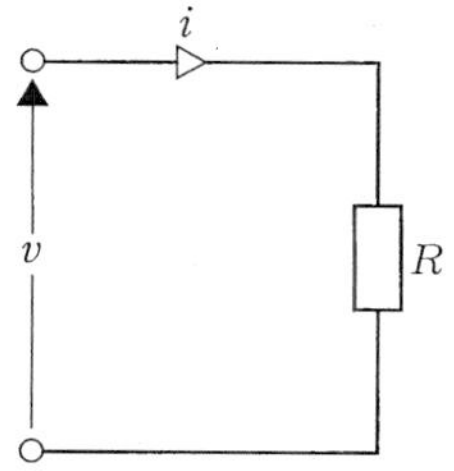

直流回路の場合と同様に交流回路でも，オームの法則が成立するから，抵抗 R 中に電流が流れると，その大きさは

図 3·1 抵抗による回路

$$i = \frac{v}{R} \tag{3·1}$$

で求められる．ここで正弦波交流を V_m を最大値として

$$v = V_m \sin \omega t \tag{3·2}$$

のようにおくと，電流は

$$i = \frac{V_m}{R} \sin \omega t = I_m \sin \omega t \tag{3·3}$$

となり，電流の最大値 I_m は

---

〔1〕素子 element 〔2〕定数 constant

$$I_m = \frac{V_m}{R} \tag{3・4}$$

となり，実効値 I で示せば

$$\sqrt{2}\, I = \frac{\sqrt{2}\, V}{R}$$

$$I = \frac{V}{R} \tag{3・5}$$

となる.

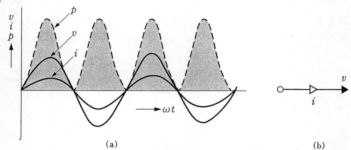

(a)　　　　　　　　　　　　　　　　　　(b)

図 3・2　抵抗による回路の電圧と電流の時間波形

　また，この場合式 (3・2) と式 (3・3) から電圧 v と電流 i との位相関係は同相である．これらの関係を図示すれば図 3・2(a) の v と i の曲線となる.なお位相関係を示すにはベクトルを用いることが便利で図 (b) はこれを示す．ベクトルの取り扱い方は，第 5 章で述べる.

　次に，抵抗 R で消費される電力を考えてみる．まず瞬時電力を $p\,(= p(t))$ とすれば

$$p = vi = V_m\, I_m \sin^2 \omega t = \frac{1}{2} V_m I_m\, (1 - \cos 2\omega t) \tag{3・6}$$

となり，これを図示すると図 3・2(a) の曲線 p となる．ここで p の角周波数が 2ω であることに注意を要する.

　電力の最大値 P_m は式 (3・4), (3・6) より

$$P_m = V_m\, I_m = \frac{V_m^2}{R} = R I_m^2 \tag{3・7}$$

となる.

次に，平均電力[1] P_a は瞬時電力を半周期にわたって平均すればよく式(3・6)より

$$P_a = \frac{2}{T} \int_0^{\frac{T}{2}} p \, dt$$

$$= \frac{V_m I_m}{T} \int_0^{\frac{2}{T}} (1 - \cos 2\omega t) \, dt = \frac{V_m I_m}{2} = \frac{P_m}{2} \tag{3・8}$$

となる．すなわち平均電力 P_a は最大電力 P_m の $1/2$ となる．これを実効値で表せば，$I_m = \sqrt{2} I$，$V_m = \sqrt{2} V$ であるから

$$P_a = \frac{V_m}{\sqrt{2}} \cdot \frac{I_m}{\sqrt{2}} = V I = \frac{V^2}{R} = R I^2 \tag{3・9}$$

となり，直流の場合と形式的に同じとなる．

【例題3・1】 図3・1の回路に瞬時電圧が $v = 10\sqrt{2} \sin \omega t$ 〔V〕が加わったとき，抵抗 $R = 5$〔Ω〕に流れる電流の瞬時値と実効値を求めよ．

（解）　式(3・1)より電流の瞬時値は

$$i = \frac{v}{R} = \frac{V_m}{R} \sin \omega t = \frac{10\sqrt{2}}{5} \sin \omega t = 2\sqrt{2} \sin \omega t \quad 〔A〕$$

となる．また，実効値 I は

$$I = \frac{I_m}{\sqrt{2}} = \frac{2\sqrt{2}}{\sqrt{2}} = 2 \quad 〔A〕$$

となる．

3・2 インダクタンス L

あるコイル* に電流 i が通り，それによってコイル自身と鎖交する磁束 Φ を生ずる．これが時間的に変化すれば自己誘導作用によって誘起される逆起電力が生じ，その大きさ v' は

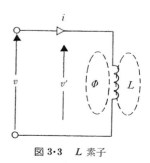

図3・3 L 素子

---

〔1〕平均電力 average power
　* 正確にはコイルは抵抗をもつが，ここでは説明の都合上この抵抗を無視する．

$$v' = -\frac{dN}{dt} \tag{3・10}$$

となる．ただし，Nは$\varPhi$とコイルの巻数nとの総鎖交数[1]すなわち$N = n\varPhi$である．よって

$$v' = -n\frac{d\varPhi}{dt} \tag{3・11}$$

となるから，これを書き直して

$$v' = -n\frac{d\varPhi}{di}\frac{di}{dt} = -L\frac{di}{dt} \tag{3・12}$$

となる．ただし，$nd\varPhi/di = L$で，これは回路に単位電流が通過するとき，それによって生ずる磁束と，この回路との総鎖交数で，コイルの形状，大きさ，巻数ならびに周囲に存在する磁気的条件などによって決定される．これを自己インダクタンスあるいは単にインダクタンス[2]と呼んで$\varPhi$がウェーバ〔Wb〕，iがアンペア〔A〕のときLはヘンリー〔H〕の単位で表される．

図3・3のようなインダクタンスLだけの回路に正弦波電圧vを加えれば，Lに誘起される逆起電力[3]v'がvと平衡を保つように電流が流れるはずである．

すなわち$v + v' = 0$から

$$v = -v' = L\frac{di}{dt} \tag{3・13}$$

で$L\,di/dt$なる電位降下を生じる．

いま正弦波電圧$v = V_m \sin \omega t$が加えられたものとして，この式(3・13)を書き直せば

$$L\frac{di}{dt} = V_m \sin \omega t \tag{3・14}$$

となる．電流iは$i = \dfrac{1}{L}\displaystyle\int_0^t v\,dt$であるが，以下$\dfrac{1}{L}\displaystyle\int v\,dt$で表現すると

$$i = \frac{1}{L}\int v\,dt = \frac{V_m}{L}\int \sin \omega t\,dt = \frac{-V_m}{\omega L}\cos \omega t = \frac{V_m}{\omega L}\sin\left(\omega t - \frac{\pi}{2}\right) \tag{3・15}$$

---

〔1〕 総鎖交数　total interlinkage
〔2〕 インダクタンス　inductance または self-inductance
〔3〕 逆起電力　counter e.m.f.

となる．したがって，電流の最大値I_mは

$$I_m = \frac{V_m}{\omega L} \tag{3・16}$$

となり，実効値Iでは

$$I = \frac{V}{\omega L} \tag{3・17}$$

となる．このωLは電圧，電流の実効値を関係づける点では抵抗Rと同じであるが，物理的性質が違うのでとくに誘導性リアクタンス[1]X_Lといい，単位はオーム〔Ω〕で次のように表す．

$$X_L = \omega L = 2\pi f L \tag{3・18}$$

　この誘導性リアクタンスは式(3・18)のように周波数fに比例する．したがってインダクタンスLは直流（周波数は零）に対しては誘導性リアクタンスが零となるから，なんの作用も現さないが，交流に対しては"周波数に比例して"反抗作用が大きくなる．図3・4はこの関係を示したものである．

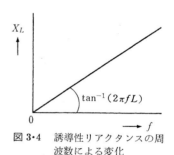

図3・4　誘導性リアクタンスの周波数による変化

　次に，電圧と電流の位相差は，式(3・14)，(3・15)から明らかなように，電流は電圧より位相角において$\pi/2$〔rad〕だけ遅れている（遅れ電流）．

　言い換えれば，流れ込む電流より逆起電力のほうが見掛上$\dfrac{\pi}{2}$〔rad〕進んでい

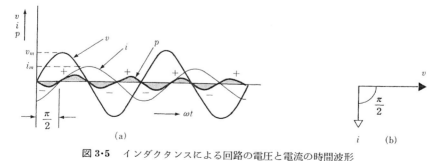

図3・5　インダクタンスによる回路の電圧と電流の時間波形

---

〔1〕誘導性リアクタンス　inductive reactance

ることを示している.

　これらの波形の関係を横軸に ωt をとって示せば図3・5(a)の v と i の曲線のようになる. なお, 位相関係は図(b)に示してある.

　次に, 電力の瞬時値 p を計算すれば

$$p = vi = V_m \sin \omega t \cdot I_m \sin \left(\omega t - \frac{\pi}{2} \right) = -\frac{I_m^2 \omega L}{2} \sin 2\omega t \tag{3・19}$$

で, 図3・5(a)の曲線 p になり, ある半周期で正になり, 次の半周期では負となっている.

　電力の平均値 P_a は

$$P_a = \frac{2}{T} \int_0^{\frac{T}{2}} p \, dt = 0 \tag{3・20}$$

となる. すなわちインダクタンスのみの回路においては, 電力の消費は起こらないことがわかる. これは図3・5(a)の曲線 p が示すように $\frac{\pi}{2}$〔rad〕(電源周波数の2倍の周波数)ごとに電源からエネルギーを受け取り, いったんこれをインダクタンスの中にたくわえて, 次にこれを再び電源に返す作用を繰り返しているわけである.

　すなわち, 抵抗は導体内の電子の移動の難易という導体固有の本質的な現象であるのに対して, 誘導性リアクタンスはコイルに生ずる磁界のエネルギーの蓄積, 放出作用が電流の流通に影響するのであって, コイルを作っている導体そのものには全く関係がなく, コイルの形状や芯の材料が関係するのである.

　それゆえ, 抵抗の場合は, 電流の通過にあたって熱を発生し電力が消費されるが, 誘導性リアクタンスは単に電流の流通の割合を決定するだけであって, 実質的には電子の運動になんら妨害を与えず, したがって電力の消費も伴わないのである.

　【例題3・2】 図3・3に示すようなインダクタンス $L = 10$〔mH〕のコイルに, 瞬時電圧 $v = 100\sqrt{2} \sin \omega t$〔V〕が加わった. このとき, コイルに流れる電流の瞬時値と実効値を求めよ. ただし, $\omega = 100\pi$〔rad/s〕とする.

（解）　誘導性リアクタンス X_L は

$$X_L = \omega L = (100\pi) \times (10 \times 10^{-3}) = 3.14 \ (\Omega)$$

となる．したがって，電流の最大値 I_m は

$$I_m = \frac{V_m}{X_L} = \frac{100\sqrt{2}}{3.14} = 31.8\sqrt{2} = 45.0 \ (A)$$

となる．また，電流の位相は，電圧より $\pi/2$ 〔rad〕遅れるので，瞬時値は

$$i = 45.0 \sin\left(100\pi t - \frac{\pi}{2}\right) \ (A)$$

となり，実効値は 31.8〔A〕となる．

3・3　静電容量 C

　一般に，静電容量 C のコンデンサ[1]に直流電圧を加えても定常状態では電流は流れないが，正弦波電圧を加えると，コンデンサの電荷は増減し，これに伴って電流が流れる．

　図3・6のように静電容量[2] C に正弦波電圧

$$v = V_m \sin \omega t \tag{3・21}$$

を加えれば，任意の時間 t においてこの静電容量に流入した電荷の総量，すなわち瞬時 t に静電容量に存在する電荷 $\pm q$ は $q = \int_0^t i\,dt$ であるが，以下 $\int i\,dt$ で表現すると，この静電容量の端子間には電圧 v と平衡すべき逆起電力 v' が生じ

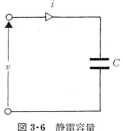

図3・6　静電容量

$$v = -v' = \frac{q}{C} = \frac{1}{C}\int i\,dt \tag{3・22}$$

となる．よって

$$i = C\frac{dv}{dt} = \omega C V_m \cos \omega t = \omega C V_m \sin\left(\omega t + \frac{\pi}{2}\right) \tag{3・23}$$

となるか，あるいは電荷に着目して

$$q = Cv = C V_m \sin \omega t \tag{3・24}$$

となる．したがって，流れる電流 i は

---

〔1〕コンデンサ condenser　　〔2〕静電容量 electrostatic capacity，単位は farad

$$i = \frac{dq}{dt} = \omega C V_m \cos \omega t = \omega C V_m \sin\left(\omega t + \frac{\pi}{2}\right) \tag{3・25}$$

となり，電圧，電流の最大値 V_m, I_m と実効値 V, I との間に次の関係がある．

$$V_m = \frac{1}{\omega C} I_m \qquad V = \frac{1}{\omega C} I \tag{3・26}$$

また，式 (3・21), (3・23), (3・25) から電流は電圧より $\pi/2$〔rad〕だけ進んでいる（進み電流）．この関係を図示すると図 3・7 (a), (b) のようになる．

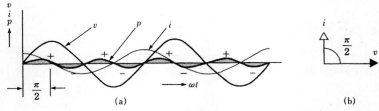

図 3・7　キャパシタンス回路の電圧と電流の時間波形

ここで，$1/\omega C$ は前項の ωL と同様，電圧と電流の大きさを関係づける量で容量性リアクタンス[1] X_c といい，その単位は〔Ω〕で

$$X_c = \frac{1}{\omega C} = \frac{1}{(2\pi f) C}{}^{*} \tag{3・27}$$

となる．

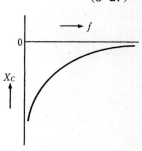

図 3・8　容量性リアクタンスの周波数

このXcもⅡ前項の誘導性リアクタンスの場合と同じように周波数によってその大きさが変わるが，この関係を図示すると図 3・8 のようになり，誘導性リアクタンスと逆の性質をもっている．すなわち X_c は周波数 f と静電容量 C に反比例する．

直流（周波数は零）に対しては大きさだけ考えると，$|X_c| = \infty$ となり，C は直流を阻止する働きをもっている．

以上のように，誘導性リアクタンスと容量性リアクタンスとはいろいろな点

〔1〕容量性リアクタンス capacitive reactance
＊位相関係をも考えに入れるときは，容量性リアクタンス $X_c = -1/\omega C$ としなければならない．

で似た性質をもっているが，両者を比べるとすべての面で反対の作用を表す．

それらに符号を付けて

    誘導性リアクタンス X_L を正のリアクタンス

    容量性リアクタンス X_C を負のリアクタンス

というように考えると，この両者のリアクタンスで構成されている回路を取り扱っていく場合，理論の統一上からも，正負を考慮して計算する必要がある．

次に，この場合の瞬時電力 p を計算すれば

$$p = vi = V_m^2 \omega C \sin \omega t \cdot \cos \omega t = \frac{1}{2} V_m^2 \omega C \sin 2\omega t$$

$$= V^2 \omega C \sin 2\omega t \tag{3·28}$$

となるが，電力の平均値 P_a は

$$P_a = \frac{2}{T} \int_0^{\frac{T}{2}} p \, dt = 0 \tag{3·29}$$

となる．

つまり，インダクタンスのみの回路の場合と同様に，v および i の周波数の2倍の周波数で電源と負荷との間を互いに往復するだけで，静電容量のみの回路では電力は全く消費されない．ただし図3·7の曲線 p のように負荷に出入する電力はインダクタンスの場合とは位相が逆になる．

【**例題3·3**】 図3·6に示す回路に，最大値 I_m が $10\sqrt{2}$ 〔A〕で周波数 f が 200〔kHz〕の正弦波電流が流れたとき，静電容量 C に加えられた電圧の実効値 V を求め，瞬時値 v で示せ．ただし，$C = 0.4$〔μF〕とする．

（**解**） 容量性リアクタンス X_C は

$$X_C = \frac{1}{\omega C} = \frac{1}{(2\pi f)\,C} = \frac{1}{2 \times \pi \times 200 \times 10^3 \times 0.4 \times 10^{-6}} = 2 \ 〔\Omega〕$$

となる．したがって，加えられた電圧の実効値 V は，$V = X_C I = 20$〔V〕となる．

また加えられた電圧は，電流を基準に考えると，$\pi/2$〔rad〕位相が遅れているので，瞬時値は

$$v = 20\sqrt{2} \, \sin\left(\omega t - \frac{\pi}{2}\right) \quad 〔\text{V}〕$$

となる．

3章　演習問題

1　抵抗 $R = 25 \,(\Omega)$ に，$i = 10\sqrt{2}\,\sin\omega t \,(A)$ の電流が流れた．このとき抵抗に発生する端子電圧の実効値 V を求め，それを瞬時電圧 v で示せ．

2　5 (mH) のインダクタンス L に周波数 50 (Hz) で実効値 $V = 3.14$ (V) の電圧を加えたとき，コイルの誘導性リアクタンス X_L を求めよ．次に，コイルに流れる電流の実効値 I を求めよ．また，誘導性リアクタンス X_L が 5 (Ω) になるのは周波数 f がいくつのときか．

3　100 (μF) の静電容量 C をもつコンデンサに $f = 50$ (Hz) の電流が流れた．このときの容量性リアクタンス X_C を求めよ．次に，周波数が 1 (kHz)，5 (kHz) と変わったら X_C はどう変化するか．

4　ある静電容量 C をもったコンデンサに，$V = 100$ (V) で $f = 50$ (Hz) の電流を加えたら実効値 $I = 15.7$ (A) の電流が流れた．このコンデンサの静電容量 C を求めよ．

第 **4** 章　基 本 回 路

　前章までに交流の基本である正弦波交流の表し方や回路素子の作用について述べた. そこで素子の組合せによる回路のうち, よく用いられる基本的なものについて交流の作用, あるいはその取り扱いについて調べていくことにする.

4·1　*RL* 直列回路

　図 **4·1** のように, 抵抗 R とインダクタンス L を直列に接続した回路に交流電流 i を流すのに要する電圧 v は, R および L における電圧降下をそれぞれ v_R, v_L とすると

$$v = v_R + v_L \tag{4·1}$$

の関係で平衡状態となる. 一方

$$v_R = Ri \qquad v_L = L\frac{di}{dt}$$

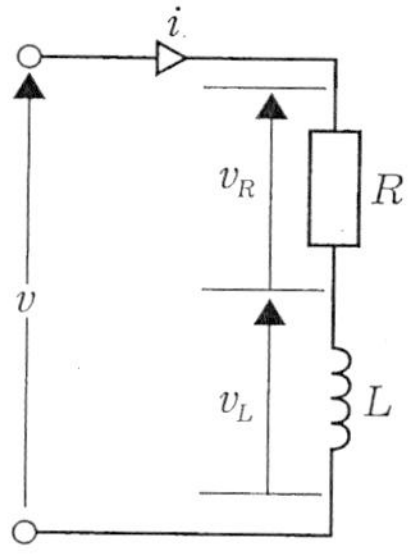

であるから

$$v = Ri + L\frac{di}{dt} \tag{4·2}$$

図 **4·1**　*RL* 直列回路

となる. いま, 瞬時電流を

$$i = I_m \sin \omega t \tag{4·3}$$

とすると

$$v = RI_m \sin \omega t + \omega L I_m \cos \omega t$$

$$= \sqrt{R^2 + (\omega L)^2}\, I_m \left(\sin \omega t \cdot \frac{R}{\sqrt{R^2 + (\omega L)^2}} + \cos \omega t \cdot \frac{\omega L}{\sqrt{R^2 + (\omega L)^2}} \right)$$

ここで, $\tan \varphi = \omega L / R$, $\varphi = \tan^{-1} \omega L / R$ とすれば

$$\frac{R}{\sqrt{R^2 + (\omega L)^2}} = \cos \varphi \qquad \frac{\omega L}{\sqrt{R^2 + (\omega L)^2}} = \sin \varphi$$

となる．したがって

$$v = \sqrt{R^2+(\omega L)^2}\, I_m\,(\sin \omega t \cdot \cos \varphi + \cos \omega t \cdot \sin \varphi)$$
$$= \sqrt{R^2+(\omega L)^2}\, I_m \sin (\omega t + \varphi) \tag{4.4}$$

となり，式(4·4)から v の最大値を V_m とすると

$$V_m = \sqrt{R^2+(\omega L)^2}\, I_m$$

となり，実効値 V は

$$V = \sqrt{R^2+(\omega L)^2}\, I = \sqrt{R^2+X_L^2}\, I \tag{4.5}$$

となる．ここに $\sqrt{R^2+(\omega L)^2}$ は電圧と電流との大きさを関係づける量で，この回路のインピーダンス[1]といい，Z なる記号で表し，単位はオーム〔Ω〕である．図4·2に示すように抵抗 R に相当する長さを横軸にとり，縦軸にリアクタンス $X_L (=\omega L)$ に相当する長さをとれば，斜辺の長さは

$$Z = \sqrt{R^2+(\omega L)^2} = \sqrt{R^2+X_L^2} \tag{4.6}$$

となる．また式(4·3)，式(4·4)より電流の位相は電圧の位相より φ だけ遅れている（遅れ電流）．

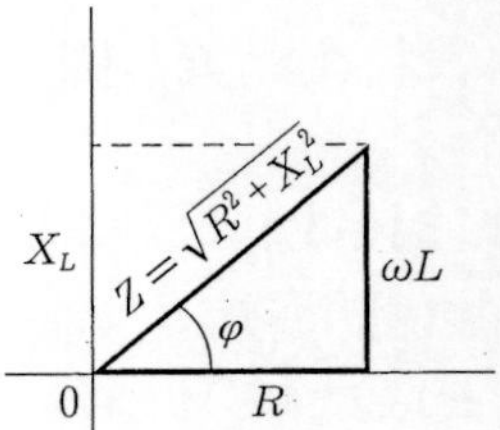

この位相角 φ は

$$\varphi = \tan^{-1}\left(\frac{\omega L}{R}\right) \tag{4.7}$$

で示され，図4·2の R と Z とのなす角であり，インピーダンス角ともいう．

図4·2 　RL 直列回路のインピーダンス

【例題4·1】　図4·1の RL 直列回路に，瞬時電流 $i = 2\sin 500t$〔A〕が流れたとき，加えられた電圧の瞬時値を求めよ．ただし，$R = 10$〔Ω〕，$L = 20$〔mH〕とする．

(解)　式(4·6)よりインピーダンス Z は，$\omega = 500$〔rad/s〕を用いて

$$Z = \sqrt{R^2+(\omega L)^2} = \sqrt{10^2+(500\times 20\times 10^{-3})^2} = 14.14 \;\;〔Ω〕$$

となる．また，式(4·7)よりインピーダンス角は

$$\varphi = \tan^{-1}\left(\frac{\omega L}{R}\right) = \tan^{-1}\left(\frac{(500\times 20\times 10^{-3})}{10}\right) = 45°$$

となる．

---

〔1〕インピーダンス impedance

したがって，加えられた電圧の瞬時値 v は

$$v = Zi = 28.28 \sin(500\,t + 45°) \quad 〔V〕$$

となる.

4・2　*RC* 直列回路

　図 **4・3** のように抵抗 R と静電容量 C なるコンデンサが
接続されている. この回路に i なる電流を流すために要
する電圧 v は，キルヒホッフの法則より抵抗 R での電圧
降下 v_R とコンデンサでの電圧降下 v_c の和が平衡となる
状態で，

$$v = v_R + v_c \tag{4・8}$$

となり

$$v_R = Ri \qquad v_c = \frac{1}{C}\int i\,dt$$

であるから

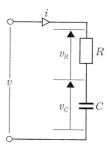

図 4・3　*RC* 直列回路

$$v = Ri + \frac{1}{C}\int i\,dt \tag{4・9}$$

となる. いま，瞬時電流

$$i = I_m \sin \omega t \tag{4・10}$$

がこの回路を流れるとすると

$$v = RI_m \sin \omega t + \frac{-1}{\omega C} I_m \cos \omega t$$

$$= \sqrt{R^2 + \left(\frac{1}{\omega C}\right)^2}\, I_m \left(\sin \omega t\, \frac{R}{\sqrt{R^2 + (1/\omega C)^2}} + \cos \omega t\, \frac{-1/\omega C}{\sqrt{R^2 + (1/\omega C)^2}} \right)$$

$$\tag{4・11}$$

である. ここで

$$\tan(-\varphi) = \frac{-1/\omega C}{R} \qquad -\varphi = \tan^{-1}\frac{-1}{\omega C R}$$

とすると

$$\frac{R}{\sqrt{R^2+(1/\omega C)^2}} = \cos\varphi \qquad \frac{-1/\omega C}{\sqrt{R^2+(1/\omega C)^2}} = \sin(-\varphi)$$

となり

$$v = \sqrt{R^2+\left(\frac{1}{\omega C}\right)^2}\, I_m\, (\sin\omega t\cdot\cos\varphi-\cos\omega t\cdot\sin\varphi)$$

$$= \sqrt{R^2+\left(\frac{1}{\omega C}\right)^2}\, I_m\, \sin(\omega t-\varphi) \tag{4·12}$$

となる. したがって電圧と電流の最大値, 実効値の間にはそれぞれ次の関係が成り立つ.

$$V_m = \sqrt{R^2+\left(\frac{1}{\omega C}\right)^2}\, I_m \qquad V = \sqrt{R^2+\left(\frac{1}{\omega C}\right)^2}\, I \tag{4·13}$$

また位相角については式(4·10),(4·12)から電流の位相は電圧よりφだけ進むことになる(進み電流).

またインピーダンスZは

$$Z = \sqrt{R^2+\left(\frac{1}{\omega C}\right)^2} = \sqrt{R^2+X_c^2} \quad (4·14)$$

となり, 前節と同様に横軸にRを, 縦軸にリアクタンスX_cをとると図4·4のように斜辺の長さはインピーダンスZとなり, RとZの作る角φは

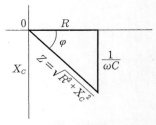

図4·4　*RC*直列回路のインピーダンス

$$\varphi = \tan^{-1}\left(\frac{1}{\omega CR}\right) \tag{4·15}$$

で示され, 電圧, 電流の位相差となる.

【例題4·2】　図4·3のRC直列回路に, 瞬時電流$i=2\cos(5\,000\,t)$〔A〕が流れた. このときの加えられた瞬時電圧vを求めよ. ただし, $R=5$〔Ω〕, $C=20$〔μF〕とする.

（解）　インピーダンスZは, 式(4·14)より

$$Z = \sqrt{R^2 + \left(\frac{1}{\omega C}\right)^2} = \sqrt{5^2 + \left(\frac{1}{5\,000 \times 20 \times 10^{-6}}\right)^2} = 11.18 \quad [\Omega]$$

となる．またインピーダンス角は，式（4·15）より

$$\varphi = \tan^{-1}\left(\frac{1}{\omega C R}\right) = \tan^{-1}\left(\frac{1}{5\,000 \times 20 \times 10^{-6} \times 5}\right) = 63.4°$$

となり，電圧は電流より 63.4° 遅れていくので，瞬時電圧 v は

$$v = Zi = 22.4 \cos(5\,000t - 63.4°) \quad [V]$$

となる．

4·3 *RL* 並列回路

　図 4·5 のように抵抗 R とインダクタンス L を並列に接続した回路に瞬時電圧 v なる交流電圧を加えた場合，キルヒホッフの法則より流れる電流 i は R に流れる電流 i_R と L に流れる電流 i_L を用いて

$$i = i_R + i_L \tag{4·16}$$

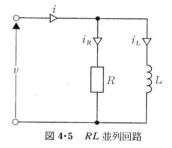

図 4·5 *RL* 並列回路

であるから

$$i_R = \frac{v}{R} \qquad i_L = \frac{1}{L}\int v\,dt$$

を用いて書き直すと

$$i = \frac{v}{R} + \frac{1}{L}\int v\,dt \tag{4·17}$$

のようになる．いま，瞬時電圧を

$$v = V_m \sin \omega t \tag{4·18}$$

とすると

$$i = \frac{V_m}{R}\sin \omega t + \frac{1}{L}\int V_m \sin \omega t\,dt = \frac{V_m}{R}\sin \omega t - \frac{V_m}{\omega L}\cos \omega t$$

のようになり，式（4·11）と同様にして

$$i = \sqrt{\left(\frac{1}{R}\right)^2 + \left(\frac{1}{\omega L}\right)^2}\,V_m \sin(\omega t - \varphi) \tag{4·19}$$

となる. ただし, $\varphi = \tan^{-1}(R/\omega L)$ となる.

電圧と電流の最大値, 実効値の間にはそれぞれ

$$I_m = \sqrt{\left(\frac{1}{R}\right)^2 + \left(\frac{1}{\omega L}\right)^2}\, V_m \qquad I = \sqrt{\left(\frac{1}{R}\right)^2 + \left(\frac{1}{\omega L}\right)^2}\, V \qquad (4\cdot20)$$

の関係が成り立つので

$$Y = \sqrt{\left(\frac{1}{R}\right)^2 + \left(\frac{1}{\omega L}\right)^2} = \sqrt{G^2 + B^2} \qquad (4\cdot21)$$

とすると

$$I = YV \qquad (4\cdot22)$$

と表すことができる.

ここで Y は電流と電圧の大きさを関係づける量で, この回路のアドミタンス[1]といい, 単位はジーメンス〔S〕である. また G と B はそれぞれコンダクタンス, サセプタンス[2]といい, 単位は両者ともジーメンス〔S〕で表す.

また位相角 φ は

$$\varphi = \tan^{-1}\left(\frac{R}{\omega L}\right) \qquad (4\cdot23)$$

で示され, 式(4·18),(4·19)から電流の位相は電圧より φ だけ遅れることになる(遅れ電流).

【例題4·3】 図4·5の RL 並列回路に $v = 100\sin(1\,000t)$ 〔V〕が加わったとき, 流れる全電流の瞬時値を求めよ. このとき, $R = 5$〔Ω〕, $L = 20$〔mH〕とする.

(**解**) 式(4·20)より電流の最大値 I_m は

$$I_m = \sqrt{\left(\frac{1}{R}\right)^2 + \left(\frac{1}{\omega L}\right)^2}\, V_m = \sqrt{\left(\frac{1}{5}\right)^2 + \left(\frac{1}{1\,000\times20\times10^{-3}}\right)^2}\,100 = 20.6 \text{ 〔A〕}$$

となる. また位相角は式(4·23)より

$$\varphi = \tan^{-1}\left(\frac{R}{\omega L}\right) = \tan^{-1}\left(\frac{5}{20}\right) = 14°$$

---

〔1〕 アドミタンス admittance 〔2〕 サセプタンス susceptance

となり，瞬時電流 i は

$$i = 20.6 \sin(1\,000t - 14°) \quad \text{〔A〕}$$

となる．

4・4　*RC* 並列回路

次に，図**4・6**のように抵抗 R と静電容量 C
を並列に接続した場合は

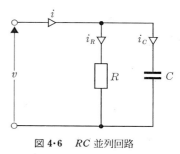

$$i = i_R + i_C \qquad (4・24)$$

となり

$$i_R = \frac{v}{R} \qquad i_C = C\frac{dv}{dt}$$

から

$$i = \frac{v}{R} + C\frac{dv}{dt} \qquad (4・25)$$

図 **4・6**　*RC* 並列回路

となる．いま，瞬時電圧を

$$v = V_m \sin \omega t \qquad (4・26)$$

とすると

$$i = \frac{V_m}{R}\sin \omega t + C\frac{d}{dt}V_m \sin \omega t = \frac{V_m}{R}\sin \omega t + \omega C V_m \cos \omega t$$

$$= \sqrt{\left(\frac{1}{R}\right)^2 + (\omega C)^2}\ V_m \sin(\omega t + \varphi) \qquad (4・27)$$

となる．ただし $\varphi = \tan^{-1} R\omega C$ とする．

電圧と電流の最大値，実効値の間にはそれぞれ次の関係が成り立つ．

$$I_m = \sqrt{G^2 + (\omega C)^2}\ V_m \qquad I = \sqrt{G^2 + (\omega C)^2}\ V \qquad (4・28)$$

ここで

$$Y = \sqrt{G^2 + (\omega C)^2} = \sqrt{G^2 + B^2} \qquad (4・29)$$

で示され，前節と同様にこの Y をアドミタンスという．

また位相角 φ は

$$\varphi = \tan^{-1}(R\omega C) \qquad (4・30)$$

で示され，式(4・26),(4・27)より電流の位相は，電圧よりφだけ進むことになる(進み電流).

　以上 RL あるいは RC の直並列接続回路では，R と L からなる回路の特徴は電流が電圧より遅れた位相で流れ，R と C からなる回路では電流が電圧より進んだ位相で流れる.

【例題4・4】　$R = 10$ 〔Ω〕, $C = 100$ 〔μF〕 の RC 並列回路で，

　$v = 141 \sin(1000\,t)$ 〔V〕 が加わると，流れる全電流 i はいくらか.

（解） この回路のアドミタンス Y は，式(4・29)より

$$Y = \sqrt{\left(\frac{1}{R}\right)^2 + (\omega C)^2} = 0.141 \quad 〔Ω〕$$

となり，また位相角 φ は，式(4・30)より

$$\varphi = \tan^{-1}(R\omega C) = 45°$$

であるので

$$i = Yv = 20 \sin(1000\,t + 45°) \quad 〔A〕$$

となる.

4・5　*RLC* 直列回路

　図4・7のような抵抗 R とインダクタンス L および静電容量 C を直列に接続した回路を考えると，回路を流れる電流 i と電圧 v の間にはキルヒホッフの法則より

$$v = v_R + v_L + v_C \qquad (4・31)$$

が成り立ち，これを電流または電荷で表すと

$$v = Ri + L\frac{di}{dt} + \frac{1}{C}\int i\,dt$$

$$= R\frac{dq}{dt} + L\frac{d^2q}{dt^2} + \frac{1}{C}q \qquad\qquad (4・32)$$

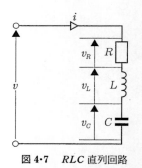

図4・7　*RLC* 直列回路

となる. したがって電圧, 電流の関係は, v を与えて i（または電荷 q）の, あるいは i（または q）を与えて v の定常解を求めればよい.

そこで瞬時電流 i を

$$i = I_m \sin \omega t \tag{4·33}$$

とすると, 回路の電圧 v は

$$v = R I_m \sin \omega t + L \frac{d}{dt} I_m \sin \omega t + \frac{1}{C} \int I_m \sin \omega t \, dt$$

$$= R I_m \sin \omega t + \left(\omega L - \frac{1}{\omega C} \right) I_m \cos \omega t$$

$$= \sqrt{R^2 + \left(\omega L - \frac{1}{\omega C} \right)^2} \, I_m \sin (\omega t + \varphi) \tag{4·34}$$

となる. ただし $\varphi = \tan^{-1} \dfrac{\omega L - \dfrac{1}{\omega C}}{R}$ とする.

電圧と電流の最大値, 実効値の間には次の関係が成り立つ.

$$V_m = \sqrt{R^2 + \left(\omega L - \frac{1}{\omega C} \right)^2} \, I_m$$

$$V = \sqrt{R^2 + \left(\omega L - \frac{1}{\omega C} \right)^2} \, I = Z I \tag{4·35}$$

ここで Z は回路のインピーダンスを示し

$$Z = \sqrt{R^2 + \left(\omega L - \frac{1}{\omega C} \right)^2} = \sqrt{R^2 + X^2} \tag{4·36}$$

となり, $X = \left(\omega L - \dfrac{1}{\omega C} \right)$ はリアクタンスを示し, 単位は〔Ω〕で表す.

また電圧と電流の位相角 φ は

$$\varphi = \tan^{-1} \frac{\omega L - \dfrac{1}{\omega C}}{R} \tag{4·37}$$

で示され, 図 4·8 の R と Z とのなす角 φ で表される.

この位相角については, 電圧の位相は $\varphi > 0$ ならば電流より φ だけ進むことになり, $\varphi < 0$ ならば電圧は電流より φ だけ遅れることになり,

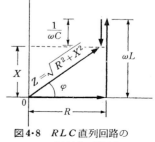

図 4·8 　RLC 直列回路の
　　　　インピーダンス

また, $\varphi = 0$ ならば電圧と電流は同相になる. すなわち, インダクタンスと静
電容量との影響のいずれかが大きいかによって電流が電圧より遅れたり進んだ
りするのである.

また, これまでの考え方とは逆に

$$v = V_m \sin \omega t \tag{4·38}$$

なる正弦波を加えたとすれば瞬時電流 i は

$$i = \frac{V_m}{Z} \sin(\omega t - \varphi) \tag{4·39}$$

となる.

【例題 4·5】　RLC 直列回路に瞬時電流 $i = 3\cos(5000\,t)$ 〔A〕が流れたと
き, 回路全体に発生する瞬時電圧 v と, 各素子に生じる電圧降下の実効値
を求めよ. ただし, $R = 2$〔Ω〕, $L = 1.6$〔mH〕, $C = 20$〔μF〕とする.

（解）　誘導性リアクタンスと容量性リアクタンスを求め, 全インピーダンス Z を求め
ると

$$Z = \sqrt{R^2 + \left(\omega L - \frac{1}{\omega C}\right)^2} = \sqrt{2^2 + \left(5000 \times 1.6 \times 10^{-3} - \frac{1}{5000 \times 20 \times 10^{-6}}\right)^2}$$

$$= 2.82 \ \text{〔Ω〕}$$

このときのインピーダンス角 φ は

$$\varphi = \tan^{-1}\left(\frac{\omega L - \dfrac{1}{\omega C}}{R}\right) = -45°$$

であるので, 発生する瞬時電圧は

$$v = Zi = 2.82 \times 3\cos(5000\,t - 45°) = 8.46\cos(5000\,t - 45°) \ \text{〔V〕}$$

となる.

次に, 抵抗 R に発生する電圧降下の実効値 V_R は

$$V_R = R\,I = 2 \times \frac{3}{\sqrt{2}} = 4.24 \ \text{〔V〕}$$

また, インダクタンス L に発生する電圧降下の実効値 V_L は

$$V_L = \omega L\,I = 5000 \times 1.6 \times 10^{-3} \times \frac{3}{\sqrt{2}} = 17 \ \text{〔V〕}$$

となる.

次に, V_C は

$$V_c = \frac{1}{\omega C} I = \frac{1}{5\,000 \times 20 \times 10^{-6}} \times \frac{3}{\sqrt{2}} = 21.2 \ \text{〔V〕}$$

となる*.

4·6 電　　力

図4·9に示すような負荷に端子電圧 v を加えたとき，i なる電流が流れた場合の瞬時電力 p は

$$v = V_m \sin \omega t$$
$$i = I_m \sin(\omega t + \varphi) \qquad\qquad (4 \cdot 40)$$

とすると

図4·9　交流の電力

$$\begin{aligned}
p &= vi = V_m \sin \omega t \cdot I_m \sin(\omega t + \varphi) \\
&= \sqrt{2}\,V\,\sqrt{2}\,I \sin \omega t \cdot \sin(\omega t + \varphi) \\
&= VI \cos \varphi - VI \cos(2\omega t + \varphi) \\
&= VI \cos \varphi - VI \cos 2\omega t \cdot \cos \varphi + VI \sin 2\omega t \cdot \sin \varphi \\
&= VI \cos \varphi (1 - \cos 2\omega t) + VI \sin \varphi \cdot \sin 2\omega t \qquad (4 \cdot 41)
\end{aligned}$$

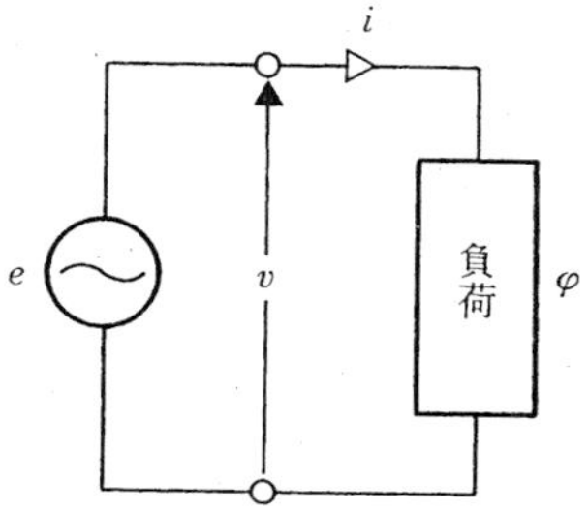

で表される.

右辺第1項は，単位時間当たり負荷の抵抗分で消費されるエネルギーを，第2項は負荷のリアクタンス中に電磁的ないしは静電的に蓄えられるエネルギーに基づくものである.

平均電力 P_a は p の平均値をとり

$$\begin{aligned}
P_a &= \frac{1}{T} \int_0^T p \, dt \\
&= VI \cos \varphi \cdot \frac{1}{T} \int_0^T (1 - \cos 2\omega t) \, dt + VI \sin \varphi \cdot \frac{1}{T} \int_0^T \sin 2\omega t \, dt \\
&= VI \cos \varphi \qquad\qquad\qquad\qquad\qquad\qquad\qquad (4 \cdot 42)
\end{aligned}$$

となる. すなわち電圧，電流の実効値の積と位相角の余弦 $\cos \varphi$ を乗じたものになる. この $\cos \varphi$ を力率[1]と呼び V を〔V〕，I を〔A〕で表せば P_a の単位はワ

---

〔1〕力率 power factor, $\cos \varphi$ に対して $\sin \varphi$ をリアクタンス率（reactance factor）という場合もある.

＊各素子に発生する端子電圧の実効値の和は，回路全体に発生した瞬時電圧の最大値と等しくならないことに注意する必要がある.

ット〔W〕になる.

また，式 (4·42) で V と I の積を皮相電力[1] P_s といい，単位としてボルトア
ンペア〔VA〕を使用する.

次に電圧 v も電流 i もともに角周波数 ω の正弦波で，その間には位相差が φ
であるので，かりに電流 i を v と同相の i_a と，v と $90°$ の位相差のある i_r との
2 つの正弦波に分解してみると

$$i = I_m \sin(\omega t + \varphi) = (I_m \cos \varphi) \sin \omega t + (I_m \sin \varphi) \cos \omega t$$

$$i_a = I_m \cos \varphi \cdot \sin \omega t = \sqrt{2} I_a \sin \omega t$$

$$i_r = I_m \sin \varphi \cdot \cos \omega t = \sqrt{2} I_r \cos \omega t \tag{4·43}$$

となる．ここで i_a は電圧と同相であり電流の有効分[2]と呼び，i_r は電圧と $\pi/2$
〔rad〕の位相差があるから，電流 i の無効分[3]と呼ぶ．式 (4·31) から

$$I_a = I \cos \varphi \qquad I_r = I \sin \varphi$$

の関係が成立し，各電流成分と電圧の実効値との積

$$VI_a = VI \cos \varphi = P_a \tag{4·44}$$

$$VI_r = VI \sin \varphi = P_r \tag{4·45}$$

を求め，式 (4·41) と比較すれば式 (4·44) の P_a は式 (4·41) の第 1 項の振幅
に等しく，これを有効電力[4]ということもある.

また，式 (4·45) の P_r は式 (4·41) の第 2 項の振幅に等しく，単に電源と負
荷の間を往復する電力であるので，これを無効電力[5]といい，単位をバール[6]
〔var〕という．また皮相電力 P_s と P_a, P_r には

$$P_s = \sqrt{(P_a)^2 + (P_r)^2} \tag{4·46}$$

の関係がある.

【注】 電流が電圧より進み角 φ としているのは，無効電力の符号の関係でこう
取っておく．有効電力はエネルギーの消費の割合であるから，正負は判然とし
た物理的意義をもっているが，無効電力の正負は φ の正負をいずれに取るかに
よって変わる.

---

〔1〕皮相電力 apparent power　　〔2〕有効分 active component
〔3〕無効分 reactive component　　〔4〕有効電力 active power
〔5〕無効電力 reactive power or wattless power　〔6〕volt ampere reactive の略で var

【例題 4·6】　抵抗分が 3〔Ω〕でリアクタンス分が 4〔Ω〕の負荷に，瞬時電圧 $v = 100\sqrt{2}\sin(\omega t)$〔V〕が加わった．このとき回路に発生する有効電力，無効電力，皮相電力，力率を求めよ．

（解）　負荷のインピーダンス Z を求めると

$$Z = \sqrt{3^2 + 4^2} = 5\ 〔\Omega〕$$

$$\varphi = \tan^{-1}\frac{4}{3} = 53.1°$$

となり

$$\cos\varphi = 0.6$$

となる．

また，流れる電流の瞬時値は

$$i = \frac{v}{Z} = \frac{100\sqrt{2}}{5}\sin(\omega t + 53.1°) = 20\sqrt{2}\sin(\omega t + 53.1°)$$

が得られる．また，電流の実効値 I と電圧の実効値 V は

$$I = 20\ 〔A〕\qquad V = 100\ 〔V〕$$

であるので，有効電力 P_a は

$$P_a = VI\cos\varphi = 100\times20\times0.6 = 1200\ 〔W〕$$

無効電力 P_r は

$$P_r = VI\sin\varphi = 100\times20\times0.8 = 1600\ 〔var〕$$

皮相電力 P_s は

$$P_s = VI = 100\times20 = 2000\ 〔VA〕$$

となる．

4章 演 習 問 題

1　　RL 直列回路で，L の端子電圧 v_L が $v_L = 15 \sin(200t)$ 〔V〕であった．このとき
の回路に加えられた電圧 v，流れる電流 i，位相差 φ，およびインピーダンス Z を
求めよ．ただし，$R = 3$〔Ω〕，$L = 20$〔mH〕とする．

2　　RC 直列回路で，コンデンサにかかる電圧が $v_C = 50 \cos(1500t)$〔V〕の電圧が
加わった．このときの全電圧 v，電流 i の進み角 φ，インピーダンス Z を求めよ．
ただし，$R = 28.3$〔Ω〕，$C = 66.7$〔μF〕とする．

3　　RL 並列回路で，インダクタンスに流れる電流が $i_L = 5 \sin(2000t - 45°)$ であっ
た．このときの全電流 i，抵抗 R に流れる電流 i_r と，加えられた電圧の位相差 φ を
求めよ．ただし，$R = 10$〔Ω〕，$L = 5$〔mH〕とする．

4　　RC 並列回路に，$v = 150 \cos(5000t - 30°)$〔V〕が加わった．このときに流れる
全電流 i を求めよ．ただし，$R = 10$〔Ω〕，$C = 100$〔μF〕とする．

5　　RLC 直列回路で，流れた電流 i は電圧 v より 30° 遅れで，L にかかる電圧の最大
値 v_L は，C にかかる電圧 v_C の 2 倍となり，$v_L = 10 \sin(1000t)$〔V〕であった．こ
のとき，$R = 20$〔Ω〕として，L と C の値を求めよ．

6　　ある負荷に，$v = 100\sqrt{2} \sin(\omega t + 10°)$〔V〕を加えると，$i = 5\sqrt{2} \sin(\omega t - 50°)$〔A〕
が流れた．この回路で消費する有効電力 P_a，無効電力 P_r，皮相電力 P_s および力
率 $\cos\varphi$ を求めよ．

第 **5** 章　ベクトル記号法

正弦波は微分しても積分しても角周波数 ω の変わらない正弦波であって，その振幅と位相を求めればよいという立場から，ベクトル記号法[1]または複素記号演算が考案された．このことにより複雑な交流回路の計算を簡単に行うことができるようになった．すなわち，この方法を用いれば直流回路と同様に代数的に交流回路を解くことができる．

　本章では，この記号法を用いて，オームの法則，キルヒホッフの法則などの法則が直流だけでなく交流回路にも適用できることを学び，実際に計算し問題を解いていく．

5・1　複素数計算

▉ 複　素　数

実数[2]と虚数[3]の和として表される数で，a および b を実数，j を虚数の単位* とする場合

$$\dot{Z}=a+jb \quad ただし \quad j^2=-1 \tag{5・1}$$

で与えられる $\dot{Z}$ を複素数[4]と名づけ，a を実数部[5]，b を虚数部[6]とよび

$$a=\mathrm{Re}[\dot{Z}] \qquad b=\mathrm{Im}[\dot{Z}] \tag{5・2}$$

と書く．

　また，複素数に関する演算は次のように定義されている．

　(1) $\dot{Z}_1=a_1+jb_1$ および $\dot{Z}_2=a_2+jb_2$ を二つの複素数とするとき，$a_1=a_2$，$b_1=b_2$ なるときに限り $\dot{Z}_1=\dot{Z}_2$ とが相等しいという．したがって

---

〔1〕ベクトル記号法　vector symbolic method　　〔2〕実　数　real number
〔3〕虚　数　imaginary number　　　　　　　　　〔4〕複素数　complex number
〔5〕実数部　real part　　　　　　　　　　　　　〔6〕虚数部　imaginary part
＊数学では i を用いるが，電気工学では i を電流の記号としてすでに使っているので混同を
　避けるため j を用いる．

$a_1+jb_1=0$ のとき $a_1=0,\ b_1=0$ である.

(2) 複素数の加減乗除は次の式で定められる.

$$(a_1+jb_1)+(a_2+jb_2)=(a_1+a_2)+j(b_1+b_2) \tag{5·3}$$

$$(a_1+jb_1)-(a_2+jb_2)=(a_1-a_2)+j(b_1-b_2) \tag{5·4}$$

$$(a_1+jb_1)(a_2+jb_2)=(a_1a_2-b_1b_2)+j(a_1b_2+a_2b_1) \tag{5·5}$$

$$\frac{(a_1+jb_1)}{(a_2+jb_2)}=\frac{(a_1+jb_1)(a_2-jb_2)}{(a_2+jb_2)(a_2-jb_2)}$$

$$=\frac{(a_1a_2+b_1b_2)}{a_2^2+b_2^2}+j\frac{(a_2b_1-a_1b_2)}{a_2^2+b_2^2} \tag{5·6}$$

なお複素数の加減乗除の結果も一つの複素数である.

② 複素数のベクトル表示

図5·1のように直角座標の横軸（X軸）
に実数，縦軸（Y軸）に虚数をとれば複素
数$\dot{Z}$は直角座標表示$\dot{Z}=a+jb$によって
平面上の1点Pが与えられる.

逆にこの平面上の1点Pからこれに対す
る複素数が定められる.

このような平面を複素平面[1]またはガウ
ス平面といい，X軸を実数軸[2]，Y軸を虚
数軸[3]という.

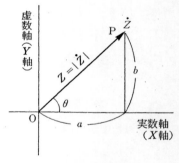

図5·1　ベクトル図

複素数$\dot{Z}$をベクトル$\dot{Z}$で表すには図5·1の複素面上で$\overrightarrow{OP}$なるベクトルを
考え，aおよびbをそれぞれX成分，Y成分とすると，P点に対応する複素
数は$a+jb$であるから実数部が$\overrightarrow{OP}$ベクトルのX成分，虚数部が$\overrightarrow{OP}$ベクト
ルのY成分とする. すなわち$\overrightarrow{OP}$のベクトルそのものをとって，これが$a+jb$
なる複素数を表すとすれば，このようなベクトルを用いても複素数を用いても，
いずれも複素面上のベクトルを表すことができる.

このように複素数をベクトルで表すと$\dot{Z}$の絶対値[4]Zは

[1] 複素平面　complex plane または Gauss plane　　[2] 実数軸　real axis
[3] 虚数軸　imaginary axis　　　　　　　　　　　　[4] 絶対値　absolute value

$$Z = |\dot{Z}| = |a+jb| = \sqrt{a^2+b^2} \tag{5·7}$$

と複素数の絶対値と同一であり，$\dot{Z}$ の偏角[1] θ は

$$\tan\theta = \frac{b}{a} \qquad \theta = \tan^{-1}\frac{b}{a} \tag{5·8}$$

であり，θ は

$$\theta = \arg\dot{Z} = \angle\dot{Z}$$

の表示が用いられる．ここで $\theta+2n\pi$（n は整数）も同一値を与えるが

$$-\pi < \theta \leqq \pi \tag{5·9}$$

と限定し，これを偏角の主値[2]という．

したがって Z と θ で $\dot{Z}$ を

$$\dot{Z} = Z\angle\theta = Z(\cos\theta + j\sin\theta) \tag{5·10}$$

として表せる．これを極座標表示[3]またはベクトル表示という．$\angle\theta$ は実数軸から反時計まわり（正の方向）に θ をとったことを示し，時計まわり（負の方向）に θ をとれば $\angle-\theta$ である．

また，直角座標表示と極座標表示の間には

$$\dot{Z} = a+jb = \sqrt{a^2+b^2}\,(\cos\theta + j\sin\theta) \tag{5·11}$$

の関係があり，または

$$\dot{Z} = \sqrt{a^2+b^2}\,\angle\tan^{-1}\frac{b}{a} \tag{5·12}$$

の関係がある．

3 複素数の指数関数表示

ε を自然対数の基数とすると*

$$\varepsilon^{\pm x} = 1 \pm \frac{x}{1!} + \frac{x^2}{2!} \pm \frac{x^3}{3!} + \cdots\cdots \tag{5·13}$$

で表される．いま x の代わりに jy とおくと

$$\varepsilon^{\pm jy} = 1 \pm \frac{jy}{1!} + \frac{(jy)^2}{2!} \pm \frac{(jy)^3}{3!} + \cdots\cdots \tag{5·14}$$

〔1〕偏角 argument 〔2〕主値 principal value 〔3〕極座標表示 polar form
* ここでいう ε は数学では e と書くが，電気工学では起電力 e との混同を防ぐため ε と書くのが習慣である．

となり，ここで $j^2 = -1$ であるから

$$\varepsilon^{\pm jy} = \left(1 - \frac{y^2}{2!} + \frac{y^4}{4!} - \frac{y^6}{6!} + \cdots\cdots\right) \pm j\left(\frac{y}{1!} - \frac{y^3}{3!} + \cdots\cdots\right) \quad (5\cdot15)$$

となる．ところで

$$\left.\begin{array}{l} 1 - \dfrac{y^2}{2!} + \dfrac{y^4}{4!} - \dfrac{y^6}{6!} + \cdots\cdots = \cos y \\[3mm] \dfrac{y}{1!} - \dfrac{y^3}{3!} + \dfrac{y^5}{5!} - \dfrac{y^7}{7!} + \cdots\cdots = \sin y \end{array}\right\} \quad (5\cdot16)$$

であるから

$$\varepsilon^{\pm jy} = \cos y \pm j \sin y \quad (5\cdot17)$$

なる関係式となる．これをオイラーの公式[1]という．

式 (5·17) と式 (5·10) から

$$\dot{Z} = Z(\cos\theta + j\sin\theta) = Z\varepsilon^{j\theta} \quad (5\cdot18)$$

となり，これを複素数の指数関数表示[2]という．

4 共役複素数

$\dot{Z} = a + jb$ に対し，とくに $a - jb$ なる複素数あるいは $\dot{Z} = a - jb$ に対し $a + jb$ を共役複素数[3]といい $\overline{Z}$ なる記号で表し，$\dot{Z}$ と $\overline{Z}$ を互いに共役であるという．

たとえば，**図 5·2** のように互いに共役な複素数同士は，絶対値が等しく位相角が相反する．

すなわち

$$\left.\begin{array}{l} \dot{Z} = a + jb = Z(\cos\theta + j\sin\theta) \\ \quad = Z\varepsilon^{j\theta} \\ \overline{Z} = a - jb = Z(\cos\theta - j\sin\theta) \\ \quad = Z\varepsilon^{-j\theta} \end{array}\right\}$$

$$(5\cdot19)$$

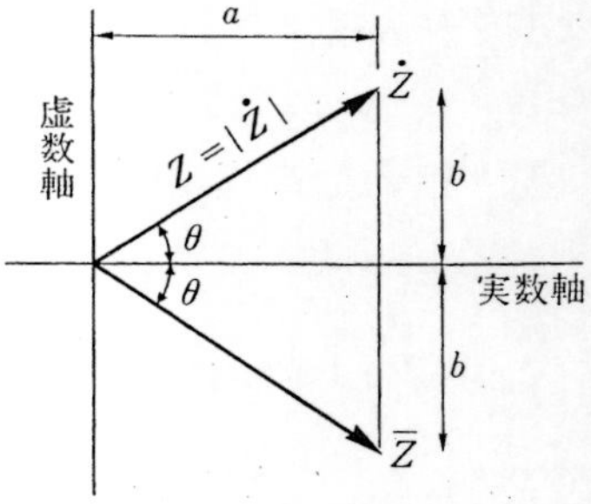

図 5·2 共役複素数

---

〔1〕オイラーの公式 Euler's formula   〔2〕指数関数表示 exponential form
〔3〕共役複素数 conjugate complex number

である．したがって

$$Z = |\dot{Z}| = \sqrt{a^2 + b^2} = \sqrt{(a+jb)(a-jb)} = \sqrt{\dot{Z}\overline{\dot{Z}}} \qquad (5・20)$$

となる．

⑤　複素数の加減乗除

（1）加　減　算

この場合は式 (5・3)，(5・4) を用い，加減
を行う複素数の実数部と虚数部とをそれぞれ
加減すればよい．いま $\dot{Z}_1 = a + jb$，$\dot{Z}_2 = c$
$+jd$ を加えれば図 5・3 に示すように次式を
うる．

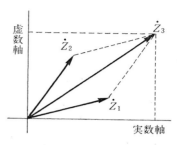

図 5・3　$\dot{Z}_1$ と $\dot{Z}_2$ の和のベクトル

$$\dot{Z}_3 = \dot{Z}_1 + \dot{Z}_2 = (a+c) + j(b+d) \qquad (5・21)$$

減算は方向反対のベクトルを加える要領で行う．

（2）乗　除　算

この場合は式 (5・5)，(5・6) を用いるより，式 (5・10) または式 (5・18) を用
いるのが便利である．すなわち $\dot{Z}_1 = Z_1 \angle \theta_1 = Z_1 \varepsilon^{j\theta_1}$ に $\dot{Z}_2 = Z_2 \angle \theta_2 = Z_2 \varepsilon^{j\theta_2}$
を掛けると

$$\dot{Z}_3 = \dot{Z}_1 \dot{Z}_2 = Z_1 Z_2 \angle (\theta_1 + \theta_2) \qquad (5・22)$$

または

$$\dot{Z}_3 = Z_1 Z_2 \varepsilon^{j(\theta_1 + \theta_2)} \qquad (5・23)$$

すなわち，図 5・4 のように「ベクトルの積
とは大きさを掛け合わせ，位相を足し合わせる
こと」である．すなわち「$\dot{Z}_2$ に $\dot{Z}_1$ を掛ける
ということは Z_2 の大きさを Z_1 倍し，位相を
θ_1 だけ反時計方向に回転する（進める）」とみ
ることができる．また

$$\dot{Z}_3 = \dot{Z}_1 \dot{Z}_2 = \dot{Z}_2 \dot{Z}_1 \qquad (5・24)$$

で乗法の順序には関係がない．

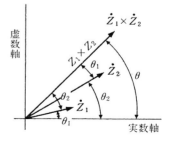

図 5・4　複素数の乗算

同様に割り算では「$\dot{Z}_1$ を $\dot{Z}_2$ で割ることは Z_1 の大きさを Z_2 で割り，位相は
θ_2 だけ引けば（遅らせる）よい」のである．

すなわち

$$\dot{Z}_3 = \frac{\dot{Z}_1}{\dot{Z}_2} = \frac{Z_1 \varepsilon^{j\theta_1}}{Z_2 \varepsilon^{j\theta_2}} = \frac{Z_1}{Z_2} \varepsilon^{j(\theta_1 - \theta_2)} \tag{5・25}$$

または

$$\dot{Z}_3 = \frac{\dot{Z}_1}{\dot{Z}_2} = \frac{Z_1}{Z_2} \angle (\theta_1 - \theta_2) \tag{5・26}$$

したがって，複素数の逆数を求めるには

$$\frac{1}{\dot{Z}} = \frac{1}{|\dot{Z}|} \varepsilon^{-j\theta} = \frac{1}{|\dot{Z}|} \angle -\theta \tag{5・27}$$

とすればよい.

6　複素数の乗べき

複素数の n 乗または n 乗根を求める場合には指数関数表示を用いる方が都合がよい. $\dot{Z} = Z \varepsilon^{j\theta}$ とすると

$$\dot{Z}^n = Z^n \varepsilon^{jn\theta} \qquad (n \text{ は正の整数}) \tag{5・28}$$

$\dot{Z}^{\frac{1}{n}}$ を求めると

$$\dot{Z}^{\frac{1}{n}} = Z^{\frac{1}{n}} \varepsilon^{j\frac{\theta}{n}} \tag{5・29}$$

が一つと，このほかに大きさは同じで位相角が $2\pi/n$ だけずつ異なる $(n-1)$ 個の複素数がある．すなわち求めるものは n 個の分円点である.

したがって

$$\dot{Z} = Z^{\frac{1}{n}} \varepsilon^{j\frac{\theta \pm 2m\pi}{n}} \qquad (m = 0, 1, 2) \tag{5・30}$$

として偏角は $(\theta \pm 2m\pi)/n$ のうち式 (5・9) の範囲にはいる値はすべて取り上げるのである.

7　ベクトル演算子（ベクトルオペレータ）

(1) $\dot{Z}_0 = j = \varepsilon^{j\frac{\pi}{2}}$ の場合

虚数の単位 j は，ベクトルの計算においては単に数以上の作用をもっている．ベクトル $\dot{Z} = a + jb$ に $\dot{Z}_0 = j \left(= \varepsilon^{j\frac{\pi}{2}} \right)$ を掛けてみると

$$j\dot{Z} = j(a + jb) = -b + ja \tag{5・31}$$

となって図 5・5 の $j\dot{Z}$ のベクトルになる.

ところで $j\dot{Z}$ の絶対値と偏角とを求めると

$$\left.\begin{array}{l}|j\dot{Z}| = \sqrt{a^2+b^2} = |\dot{Z}| \\[2mm] \theta_j = \tan^{-1}\dfrac{a}{-b} = \theta + \dfrac{\pi}{2}\end{array}\right\}$$

$$(5\cdot32)$$

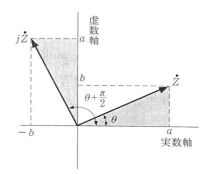

図5・5 $\dot{Z}$ と $j\dot{Z}$ の関係

であるから，$\dot{Z}$ と同じ絶対値で，偏角が $\pi/2$〔rad〕増加していることがわかる．すなわち「あるベクトルに j を乗ずることは，そのベクトルの絶対値を変えないで，偏角を $\pi/2$〔rad〕だけ進める」ことを意味する．

(2) $\dot{Z}_0 = -j = \varepsilon^{-j\frac{\pi}{2}}$ の場合

次に，ベクトル $\dot{Z}$ を j で割る場合は

$$\left.\begin{array}{l}-j = \dfrac{j}{-1} = \dfrac{j}{j^2} = \dfrac{1}{j} \\[2mm] \dfrac{1}{j} = \dfrac{j}{j^2} = \dfrac{j}{-1} = -j\end{array}\right\}$$

$$(5\cdot33)$$

で $-j$ を掛けることと同じで，同様に $-j$ を乗ずると

$$-j\dot{Z} = -j(a+jb) = b - ja$$

となり，$-j\dot{Z}$ の絶対値と偏角を求めると

$$|-j\dot{Z}| = \sqrt{a^2+b^2} = |\dot{Z}|$$

$$(5\cdot34)$$

$$\theta_{-j} = \tan^{-1}\dfrac{-a}{b} = \theta - \dfrac{\pi}{2}$$

$$(5\cdot35)$$

つまり「あるベクトルに $-j$ を乗ずることは，そのベクトルの絶対値を変えないで $\pi/2$〔rad〕だけ負の方向に回転する」ことである．また $j^2 = -1$，$j^3 = -j$ を掛けた場合は図5・6のようになる．

このように，j はベクトルに対してはその偏角を $\pi/2$〔rad〕進める演算子[1]の働き

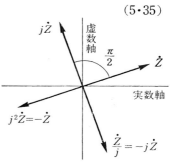

図5・6 j オペレータの作用

〔1〕演算子 operator

をもっている.

(3) $\dot{Z}_0 = \varepsilon^{\pm j\theta} (= 1 \angle \pm \theta)$ の場合

この複素数を $\dot{Z}$ に掛けると,$\dot{Z}$ の大きさを変えずに単に位相角を θ だけ反時計方向または時計方向に回転するのみである.これをロテータ[1]またはフェーザ[2]ともいう.

【例題 5·1】 次のベクトルを極座標表示は直角座標表示へ,直角座標表示は極座標表示に変換せよ.

(1) $\dot{A} = 5 \angle 45°$ (2) $\dot{A} = 4 \angle \dfrac{\pi}{3}$ (3) $\dot{A} = 2 + j2$

(4) $\dot{A} = -2 + j4$

(解) (1) $A = 5$,$\cos\theta = \cos 45° = \dfrac{1}{\sqrt{2}} = \dfrac{\sqrt{2}}{2}$,$\sin\theta = \sin 45° = \dfrac{1}{\sqrt{2}} = \dfrac{\sqrt{2}}{2}$

これらにより $\dot{A} = A\cos\theta + jA\sin\theta = \dfrac{5}{2}\sqrt{2} + j\dfrac{5}{2}\sqrt{2}$

(2) $A = 4$,$\cos\theta = \cos 60° = \dfrac{1}{2}$,$\sin\theta = \sin 60° = \dfrac{\sqrt{3}}{2}$

これらにより $\dot{A} = A\cos\theta + jA\sin\theta = 2 + j2\sqrt{3}$

(3) $A = \sqrt{2^2 + 2^2} = 2\sqrt{2}$,$\theta = \tan^{-1}\dfrac{2}{2} = 45°$

これらにより $\dot{A} = 2\sqrt{2} \angle 45°$

(4) $A = \sqrt{(-2)^2 + 4^2} = 2\sqrt{5}$,$\theta = 180° - \tan^{-1}\dfrac{4}{2} \fallingdotseq 117°$

これらにより $\dot{A} = 2\sqrt{5} \angle 117°$

5·2 交流回路への複素数の導入

■1 電圧・電流の場合

一般に正弦波電圧は次式で与えられる.

$$v = V_m \sin(\omega t + \theta)$$
$$= V_m \sin\omega t\cos\theta + V_m \cos\omega t\sin\theta \tag{5·36}$$

---

[1] ロテータ rotator   [2] フェーザ phasor

いま

$$V_m \cos \theta = V_a \qquad V_m \sin \theta = V_r \qquad (5\cdot37)$$

とおくと

$$v = V_a \sin \omega t + V_r \cos \omega t$$
$$= V_a \sin \omega t + V_r \sin(\omega t + 90°) \qquad (5\cdot38)$$

ここで $\cos \omega t$ は $\sin \omega t$ と同じ振幅であって，位相が $90°$ 進んでいる波にすぎない．したがって，一方を基準にとれば他方はつねに上記の関係でしばられる．

いま $\sin \omega t$ を基準にとれば $\cos \omega t$ は $90°$ 進んでいるから

$$\cos \omega t \longrightarrow j \sin \omega t \qquad (5\cdot39)$$

（$\cos \omega t$ の軸上の大きさ $\longrightarrow j \sin \omega t$ の軸上の大きさ）

と考えられる．この関係を用いると式 (5・38) は

$$v = V_a \sin \omega t + j V_r \sin \omega t$$
$$= (V_a + j V_r) \sin \omega t \qquad (5\cdot40)$$

となり，この $(V_a + j V_r)$ は $\sin \omega t$ にかかる 1 つの作用ベクトル，すなわち複素数で表した振幅となる．ここで振幅は $\dot{V}_m = V_a + j V_r$ の記号法で表示できる．

また逆に電圧が式 (5・40) で与えられるならば，図 5・7 を参照して

$$\left.\begin{array}{c} V_m = \sqrt{V_a^2 + V_r^2} \\[1em] \theta = \tan^{-1} \dfrac{V_r}{V_a} \end{array}\right\} \qquad (5\cdot41)$$

であるから

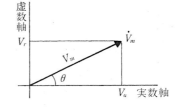

図 5・7　複素振幅（作用ベクトル）

$$v = \sqrt{V_a^2 + V_r^2} \sin\left(\omega t + \tan^{-1} \frac{V_r}{V_a}\right)$$

が求められる．

このように一つの複素数で表示される作用あるいは変換ベクトルを考えて演算を行う方法をベクトル記号法という．

電流についてもまったく同様に考えることができ

$$i = I_m \sin(\omega t + \psi) \qquad (5\cdot42)$$

は式 (5・39) を用いると

$$i = I_a \sin \omega t + j I_r \sin \omega t$$

$$= (I_a + j I_r) \sin \omega t \tag{5・43}$$

となる.

ただし

$$I_a = I_m \cos \psi \qquad I_r = I_m \sin \psi \tag{5・44}$$

である.

2　回路素子の場合

次に回路素子について考える. まずインダクタンス L に電流 $i = I_m \sin \omega t$ が流れたことによる電圧は式 (3・13) より

$$v_L = L \frac{di}{dt} = \omega L I_m \cos \omega t$$

であり, これに式 (5・39) の記号法を導入すると

$$\omega L I_m \cos \omega t \longrightarrow j \omega L I_m \sin \omega t$$

となり

$$v_L = L \frac{di}{dt} \longrightarrow j \omega L i \tag{5・45}$$

となる. いいかえれば, インダクタンス L に正弦波電流 i が流れるには i に $j \omega L$ を掛けた電圧が必要である. すなわち電流に ωL を掛けた大きさで $90°$ 進んだ電圧が得られる.

ここで $j \omega$ は一種の変換ベクトルであり

$$\frac{d}{dt} \overset{\longrightarrow}{\longleftarrow} j \omega \tag{5・46}$$

と簡単化される.

静電容量 C の場合は式 (3・22) と式 (5・33) より

$$v_C = \frac{1}{C} \int i \cdot dt = -\frac{I_m}{\omega C} \cos \omega t = -j \frac{I_m}{\omega C} \sin \omega t$$

$$= \frac{I_m}{j \omega C} \sin \omega t \tag{5・47}$$

すなわち記号的には

$$v_c = \frac{1}{C}\int i \cdot dt \longrightarrow \frac{1}{j\omega C} i \tag{5·48}$$

すなわち電流に $1/\omega C$ を掛けた大きさで $90°$ 遅れた電圧が得られる．ここで $j\omega$ は一種の変換ベクトルで，この場合の変換ベクトルは $1/j\omega$ となり

$$\int dt \; \underset{\longleftarrow}{\longrightarrow} \; \frac{1}{j\omega} \tag{5·49}$$

と簡単化される．

最後に抵抗 R の場合は

$$v_R = Ri$$

であるから，この場合は電圧と電流は同相である．

以上のように正弦波電圧，電流の場合，定常状態を考えるには第3章，第4章で述べたように，微分方程式を解くよりも j という記号を用いることにより簡単に結果を求めることができる．

すなわち正弦波電圧，電流の定常状態においては

$$\left.\begin{array}{l} \dfrac{d}{dt}\sin\omega t \; \underset{\longleftarrow}{\longrightarrow} \; j\omega \sin\omega t \\[3mm] \displaystyle\int \sin\omega t \cdot dt \; \underset{\longleftarrow}{\longrightarrow} \; \dfrac{1}{j\omega}\sin\omega t \end{array}\right\} \tag{5·50}$$

と書くことができる．

3 *RLC* 直列回路への導入

次に，*RLC* 直列回路に $j\omega$ を導入する．

$$v = Ri + L\frac{di}{dt} + \frac{1}{C}\int i \cdot dt \tag{5·51}$$

なる関係式が成立することは式 (4·32) で述べたとおりである．この回路に流れる電流を $i = I_m \sin(\omega t + \psi)$ とすると式 (5·43)，(5·44) より

$$i = I_m \sin(\omega t + \psi) = (I_a + jI_r)\sin\omega t$$
$$= I_m \varepsilon^{j\psi} \sin\omega t = \dot{I}_m \sin\omega t \tag{5·52}$$

となり，これより電圧を求めると

式 (5·50)，(5·51) より

$$v = Ri + j\omega Li + \frac{1}{j\omega C}i$$

$$= \left\{ R + j\omega L - j\,\frac{1}{\omega C} \right\}(I_a + jI_r)\sin \omega t$$

$$= \left\{ R + j\left(\omega L - \frac{1}{\omega C}\right) \right\} I_m \varepsilon^{j\psi} \sin \omega t = \dot{V}_m \sin \omega t \tag{5.53}$$

ただし

$$\dot{V}_m = \left\{ R + j\left(\omega L - \frac{1}{\omega C}\right) \right\} I_m \varepsilon^{j\psi}$$

なる関係が得られる.

ところで電圧，電流を示す式 (5・52), (5・53) の振幅はともに複素数で表示されており，これを複素振幅ともいう．すなわち複素振幅は $\sin \omega t$ にかかる一つの作用ベクトルとなり，このベクトルが反時計方向に角速度 ω をもって回転していることを示している．回転角速度 ω は電圧，電流ともにまったく同じであるから，両方静止して考えたほうが，電圧，電流の相互関係については，わかりやすい．そこで $\sin \omega t$ を省いて電圧，電流を静止させると

$$\dot{I}_m = I_m \cdot \varepsilon^{j\psi} \qquad \dot{V}_m = \left\{ R + j\left(\omega L - \frac{1}{\omega C}\right) \right\} \dot{I}_m \tag{5.54}$$

また，電気工学では電圧，電流の大きさとしては通常実効値 V, I を用いるので $V = V_m/\sqrt{2}$, $I = I_m/\sqrt{2}$ を用いて

$$\dot{I} = I\varepsilon^{j\psi} \tag{5.55}$$

$$\dot{V} = \left\{ R + j\left(\omega L - \frac{1}{\omega C}\right) \right\} \dot{I} \tag{5.56}$$

これを書き直して

$$\dot{V} = \sqrt{ R^2 + \left(\omega L - \frac{1}{\omega C}\right)^2 }\, \varepsilon^{j\varphi} I\varepsilon^{j\psi}$$

$$= ZI\varepsilon^{j(\varphi+\psi)} = V\varepsilon^{j(\varphi+\psi)} \tag{5.57}$$

ただし

$$Z = \sqrt{ R^2 + \left(\omega L - \frac{1}{\omega C}\right)^2 } \tag{5.58}$$

$$\varphi = \tan^{-1} \frac{\omega L - \dfrac{1}{\omega C}}{R} \qquad (5 \cdot 59)$$

$$V = \sqrt{R^2 + \left(\omega L - \frac{1}{\omega C}\right)^2}\, I$$

$$(5 \cdot 60)$$

以上，式 (5・55)，(5・57) のように $\dot{I} = I\varepsilon^{j\psi}$，$\dot{V} = V\varepsilon^{j(\varphi+\psi)}$ をそれぞれ電流ベクトル，電圧ベクトルという．なおこれを図示すると図 5・8 となる．

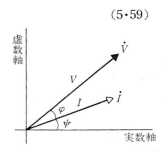

図 5・8 電圧ベクトルと電流ベクトルの関係

【例題 5・2】 次の瞬時値をベクトル表示せよ．

(1) $v = \sqrt{2}\,100 \sin\left(100\,\pi\,t + \dfrac{\pi}{6}\right)$ 〔V〕

(2) $i = \sqrt{2}\,100 \sin\left(100\,\pi\,t + \dfrac{\pi}{4}\right)$ 〔A〕

（解）　(1) $\dot{V} = 100\,\varepsilon^{j\frac{\pi}{6}}$

直角座標で示すと

$$\dot{V} = 100\,\varepsilon^{j\frac{\pi}{6}} = 100\left(\cos\frac{\pi}{6} + j\sin\frac{\pi}{6}\right) = 86.6 + j\,50 \;〔V〕$$

(2) $\dot{I} = 100\,\varepsilon^{j\frac{\pi}{4}}$

直角座標で示すと

$$\dot{I} = 100\,\varepsilon^{j\frac{\pi}{4}} = 100\left(\cos\frac{\pi}{4} + j\sin\frac{\pi}{4}\right) = 70.7 + j\,70.7 \;〔A〕$$

5・3　イミタンス*への導入

■ インピーダンスベクトル

式 (5・56) から

---

* インピーダンスとアドミタンスには共通した性質があり，これらを総称したいことがあり，その場合イミタンス（immitance）という．

$$\left. \begin{array}{l} \dot{V} = \left\{ R + j\left(\omega L - \dfrac{1}{\omega C} \right) \right\} \dot{I} \\[2mm] R + j\left(\omega L - \dfrac{1}{\omega C} \right) = \dot{Z} \end{array} \right\} \tag{5·61}$$

とすれば

$$\dot{V} = \dot{Z}\dot{I} \tag{5·62}$$

となり，形式的にはまったく直流におけるオームの法則と同じになる．ここに新たに導入された複素数 $\dot{Z}$ をインピーダンスベクトル[1]あるいは複素インピーダンス[2]と名づける．$\dot{Z}$ を実数部と虚数部とに分けて

$$\dot{Z} = R + jX \tag{5·63}$$

とすれば R は抵抗，X はリアクタンスである．

$$Z = |\dot{Z}| = \sqrt{R^2 + X^2}$$

であり，インピーダンス $\dot{Z}$ の位相角 φ は電圧 V と電流 I との位相差を意味し，$|\dot{Z}|$ は電圧 V と電流 I との大きさを関係づけている．

　すなわち

$$\dot{Z} = \frac{\dot{V}}{\dot{I}} = |\dot{Z}|\,\varepsilon^{j\varphi}$$

ここで

$$\varphi = \tan^{-1}\frac{X}{R} \tag{5·64}$$

このインピーダンスを図示すると図 **5·9** となる．

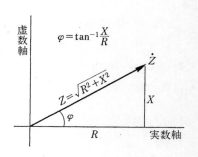

図5·9　インピーダンスベクトル

❷　アドミタンスベクトル

インピーダンスベクトル $\dot{Z}$ の逆数

$$\dot{Y} = \frac{1}{\dot{Z}} \tag{5·65}$$

をアドミタンスベクトル[3]という．電圧，電流の間には

〔1〕インピーダンスベクトル　impedance vector
〔2〕複素インピーダンス　complex impedance
〔3〕アドミタンスベクトル　admittance vector

$$\dot{I} = \dot{Y}\dot{V}$$

なる関係が成立する．いま $\dot{Z} = R + jX = |\dot{Z}|\varepsilon^{j\varphi}$ とすればアドミタンス $\dot{Y}$ は

$$\dot{Y} = \frac{1}{\dot{Z}} = \frac{1}{R+jX} = \frac{R}{R^2+X^2} - j\,\frac{X}{R^2+X^2} = G + jB$$

$$= Y\varepsilon^{-j\varphi} \tag{5・66}$$

ここで

$$G = \frac{R}{R^2+X^2} \qquad B = \frac{-X}{R^2+X^2} \tag{5・67}$$

$$Y = |\dot{Y}| = \sqrt{G^2+B^2}$$

とし，G をコンダクタンス[1]，B をサセプタンス[2] という．単位はジーメンス〔S〕* である．

また

$$|\dot{Y}| = \frac{1}{|\dot{Z}|} \tag{5・68}$$

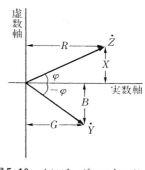

図5・10　インピーダンスとアドミタンスベクトル

で Y の位相角は図5・10のように $-\varphi$ で示される．

5・4　時間因子 $\varepsilon^{j\omega t}$

以上，電圧，電流およびそれを関係づけるイミタンスがベクトルで表示できたが，その際，回転角速度 ω は電圧，電流とも同じであるので両方静止させた．

そこで少し前にもどって式 (5・42) の $i = I_m \sin(\omega t + \psi)$ の代わりに次のような複素数を考える．

$$\dot{I}_m = I_m\varepsilon^{j(\omega t+\psi)} = I_m \cos(\omega t+\psi) + jI_m \sin(\omega t+\psi) \tag{5・69}$$

この虚数部は正弦波の電流の瞬時値である．

ここで式 (5・69) から m をとれば

$$\dot{I} = I\varepsilon^{j(\omega t+\psi)} = I \cos(\omega t+\psi) + jI \sin(\omega t+\psi) \tag{5・70}$$

---

〔1〕コンダクタンス　conductance　　　〔2〕サセプタンス　susceptance
＊　B は容量性のとき正値，誘導性のとき負値となる．

となり，これを式（5・62）に適応させると

$$\dot{V} = Z\varepsilon^{j\varphi} I\varepsilon^{j(\omega t+\psi)} = Z I\varepsilon^{j(\omega t+\varphi+\psi)} = V\varepsilon^{j(\omega t+\varphi+\psi)} \tag{5・71}$$

この式から時間因子 $\varepsilon^{j\omega t}$ を消去すると

$$\dot{V} = Z I\varepsilon^{j(\varphi+\psi)} = V\varepsilon^{j(\varphi+\psi)} \tag{5・72}$$

となり，式（5・57）に等しくなる．

一方 $\dot{V} = V\varepsilon^{j(\omega t+\varphi+\psi)}$，$\dot{I} =$ $I\varepsilon^{j(\omega t+\psi)}$ として取り扱うことは，これらを複素平面上で考えると図5・11に示すような回転ベクトルと考えることができる．

図5・11 は $t = 0$ で絶対値が V，I で位相角が $(\varphi+\psi)$，ψ である複素数が，時間 t とともに同一角速度 ω で反時計方向に回転してい

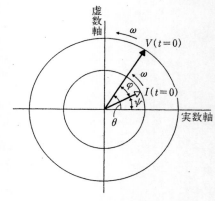

図5・11　回転ベクトル

る回転ベクトルである．この場合の回転ベクトルの実数軸への写影が式（5・69）の cos 部であり，虚数軸への写影が sin 部である．

このことは逆にいえば，電圧，電流の実効値（= 最大値/$\sqrt{2}$ ）と位相角とがわかれば，必要に応じて瞬時値を求めることができるので，任意の時刻における値を必要とする場合には電圧，電流のベクトル表示

$$\dot{V} = V\varepsilon^{j(\varphi+\psi)} = V\varepsilon^{j\theta}, \qquad \dot{I} = I\varepsilon^{j\psi}$$

を

$$\dot{V} = V\varepsilon^{j(\omega t+\theta)}, \qquad \dot{I} = I\varepsilon^{j(\omega t+\psi)} \tag{5・73}$$

と表示して計算することができる．

5・5　基準ベクトル

インピーダンス $\dot{Z}$ により電圧，電流の関係が式（5・62）の $\dot{V} = \dot{Z}\dot{I}$ として与えられた場合について考える．

$$\dot{I} = I\varepsilon^{j\psi} \qquad \dot{Z} = Z\varepsilon^{j\varphi} = R + jX \tag{5・74}$$

とすると，5・2 **3** の式（5・57）と図5・8に示したと同様に

$$\dot{V} = Z\varepsilon^{j\varphi} I\varepsilon^{j\psi} = Z I\varepsilon^{j(\varphi+\psi)} \tag{5・75}$$

となり，$\dot{I}$, $\dot{V}$ のベクトル図は図5・12（a）となる．この場合 $\dot{V}$ と $\dot{I}$ の位相差を示すのは φ であって ψ ではない．したがって図5・12（b）に示すように $\dot{V}, \dot{I}$ を $-\phi$ だけ回転させて，$\psi=0$ としてベクトル図を描いてさしつかえない．

このとき $\dot{I} = I\angle 0 = I$ を基準ベクトルにとったという．

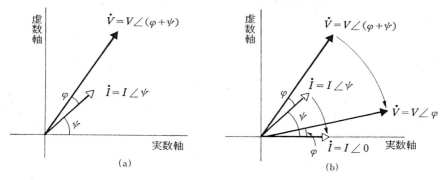

図5・12　基準ベクトルの取り方

なお $\dot{Z} = Z\varepsilon^{j\varphi} = R+jX$ を図に示せば図5・13（a）であるが，これにより $\dot{I} = I\angle 0 = I$ を基準にして $\dot{V}$ を求めると

$$\dot{V} = (R+jX)I = RI+jXI$$

となり図5・13（b）となり同図（a）と相似となる．

場合によっては電圧 $\dot{V} = V\angle 0 = V$ を基準ベクトルとして描いてもよい．

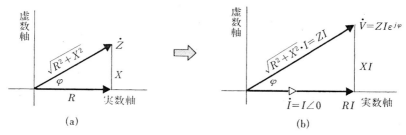

図5・13　電流基準のベクトル図の作り方

5·6　基本回路への適用

1 *RL* 直列回路

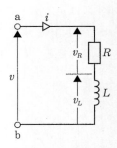

図5·14のように抵抗 R とインダクタンスL との直列回路に電源電圧 v を加えたとき，流れる電流を

$$i = \sqrt{2}\, I \sin \omega t$$

とする.

図 5·14　*RL* 直列回路

(1) R と L のそれぞれの電圧降下 v_R と v_L は，式 (3·1)，式 (3·13) より

$$v_R = Ri = \sqrt{2}\, RI \sin \omega t$$

$$v_L = L\,\frac{di}{dt} = \sqrt{2}\, \omega LI \cos \omega t = \sqrt{2}\, \omega LI \sin(\omega t + 90°)$$

となる. したがって，これらの電流および電圧ベクトルは，式 (5·39) より

$$\dot{I} = I + j0 = I \angle 0° \qquad \dot{V}_R = RI + j0 = RI \angle 0$$

$$\dot{V}_L = j\omega LI = \omega LI \angle 90°$$

となる. つまり加えた電圧のベクトルを $\dot{V}$ とすると $\dot{V}$ は $\dot{V}_R$ と $\dot{V}_L$ の両者の和に等しいから

$$\dot{V} = \dot{V}_R + \dot{V}_L = RI + j\omega LI = (R + j\omega L)\,I \tag{5·76}$$

であり，電圧 $\dot{V}$ の大きさ，すなわち電圧の実効値は

$$V = \sqrt{V_R^2 + V_L^2} = \sqrt{R^2 + (\omega L)^2}\, I = \sqrt{R^2 + X_L^2}\, I$$

$$= ZI \tag{5·77}$$

また電圧の位相角，すなわち $\dot{V}$ の偏角 φ は

$$\varphi = \tan^{-1} \frac{V_L}{V_R} = \tan^{-1} \frac{\omega L}{R} \tag{5·78}$$

となる. これをベクトル図（$\dot{I} = I \angle 0$ を基準）に描くと**図 5·15** となる.

したがって，*RL* 直列回路では電圧と

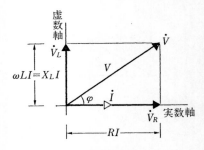

図 5·15　*RL* 直列回路のベクトル（電流基準）

電流との間には，大きさについて $V/I = \sqrt{R^2 + (\omega L)^2}$，位相については「電圧が電流より $\tan^{-1}(\omega L/R)$ だけ進む」という関係がある．このことから電圧を基準にすれば「電流は電圧より $\tan^{-1}(\omega L/R)$ 遅れる」という関係がある．

（2）最初に端子 a b からみたインピーダンス

$$\dot{Z} = R + jX_L = R + j\omega L$$

を求め

$$\dot{V} = \dot{Z}\dot{I}$$
$$= (R + j\omega L)I\varepsilon^{j0} = (R + j\omega L)I \tag{5・79}$$

とすると式（5・76）を求めることができる．

【例題 5・3】 ある RL 直列回路の端子電圧および電流の瞬時値がそれぞれ

$$v = \sqrt{2} \cdot 220 \sin\left(100\pi t + \frac{\pi}{4}\right) \ \text{〔V〕}$$

$$i = \sqrt{2} \cdot 5 \sin 100\pi t \ \text{〔A〕}$$

であるとき，これらを複素数で示し，かつ回路のインピーダンス，抵抗，リアクタンスおよびインダクタンスを求めよ．

（**解**）　題意より電圧，電流を複素数で表すと

$$\dot{V} = 220 \angle \frac{\pi}{4} = 220\left(\cos\frac{\pi}{4} + j\sin\frac{\pi}{4}\right) = 155.6 + j155.6 \ \text{〔V〕}$$

$$\dot{I} = 5 \angle 0° = 5 \ \text{〔A〕}$$

$$\dot{Z} = \frac{\dot{V}}{\dot{I}} = \frac{220 \angle \dfrac{\pi}{4}}{5 \angle 0} = 44 \angle \frac{\pi}{4} \ \text{〔Ω〕} \qquad \therefore \ Z = 44 \ \text{〔Ω〕}$$

また，$\dot{Z}$ を複素数表示すると

$$\dot{Z} = 44\left(\cos\frac{\pi}{4} + j\sin\frac{\pi}{4}\right) = 31.1 + j31.1 = R + jX_L$$

となり，実数部，虚数部から

$$\therefore \ R = 31.1 \ \text{〔Ω〕} \qquad X_L = 31.1 \ \text{〔Ω〕}$$

が求まる．

　次にインダクタンスを求めると

$$X_L = \omega L, \quad L = \frac{X_L}{\omega} = \frac{31.1}{100\pi} = 0.099 \quad \therefore \ L = 99 \ \text{[mH]}$$

が得られる.

2 RC 直列回路

図 5·16 のような回路において，インピーダンスベクトルは

$$\dot{Z} = R + \frac{1}{j\omega C} = R - j\,\frac{1}{\omega C}$$

$$= R - j X_c \tag{5·80}$$

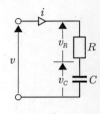

となり，流れる電流を $i = \sqrt{2}\,I \sin \omega t$ とすると

$$\dot{I} = I \angle 0$$

であるから

図 5·16 RC 直
列回路

$$\dot{V} = \dot{Z} I \angle 0 = \left(R - j\,\frac{1}{\omega C}\right) I$$

大きさの関係は

$$V = \sqrt{R^2 + \left(\frac{1}{\omega C}\right)^2}\,I$$

$$= \sqrt{R^2 + X_c^2}\,I \quad \text{[V]} \tag{5·81}$$

位相角は

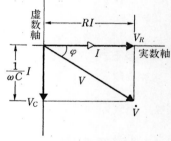

$$\varphi = \tan^{-1} \frac{-1/\omega C}{R} = \tan^{-1} \frac{-1}{\omega C R}$$

図 5·17 RC 直列回路のベクト
ル図（電流基準）

となり，ベクトル図は図 5·17 のようになる.

【例題 5·4】 $R = 30$ [Ω], $X_c = 40$ [Ω] の直列回路に，周波数 50 [Hz] で実
効値 220 [V] の正弦波交流電圧を加えた場合に，流れる電流およびその瞬
時値を求め，かつ電圧，電流のベクトル図を描け.

（解） 回路のインピーダンス $\dot{Z}$ を求めると

$$\dot{Z} = R + \frac{1}{j\omega C} = R - j X_c = 30 - j\,40 = 50 \angle \tan^{-1}\left(\frac{-4}{3}\right)$$

$$= 50 \angle -\tan^{-1} \frac{4}{3} \quad \text{[Ω]}$$

となる．また加えた電圧 $\dot{V}$ は

$$\dot{V} = 220 \angle 0 \ \text{〔V〕}$$

で表されるので求める電流 $\dot{I}$ は

$$\dot{I} = \frac{\dot{V}}{\dot{Z}} = \frac{220 \angle 0}{50 \angle \left(-\tan^{-1} \dfrac{4}{3} \right)}$$

$$= 4.4 \angle \tan^{-1} \frac{4}{3} \ \text{〔A〕}$$

$$\therefore \ I = |\dot{I}| = 4.4 \ \text{〔A〕}$$

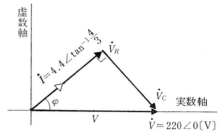

図5·18 RC 直列回路の電圧・電流のベクトル図（電圧基準）

が得られる．次に瞬時値を得るために実効電圧を最大値に直し，$\sin \omega t$ を復活させると

$$i = 4.4\sqrt{2} \sin\left(100 \pi t + \tan^{-1} \frac{4}{3} \right) \ \text{〔A〕}$$

と表すことができる．

なお，ベクトル図は**図5·18**のようになる．

3 **RL 並列回路**

図5·19の回路においてベクトル記号法で計算を行うと

$$\dot{I}_R = \frac{\dot{V}}{R} \tag{5·82}$$

$$\dot{I}_L = \frac{\dot{V}}{j\omega L} \tag{5·83}$$

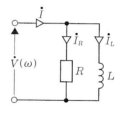

図5·19 RL 並列回路

したがって全電流 $\dot{I}$ は

$$\dot{I} = \dot{I}_R + \dot{I}_L = \frac{\dot{V}}{R} + \frac{\dot{V}}{j\omega L} = \frac{\dot{V}}{R} - j\frac{\dot{V}}{\omega L}$$

$$= (G + jB)\dot{V} = \dot{Y}\dot{V} \tag{5·84}$$

なお B の符号については，67 ページの脚注を参照のこと．

$\dot{V}$ を基準ベクトルとすると電圧，電流の関係は複素平面で**図5·20**となる．

また，電圧と全電流の位相差は

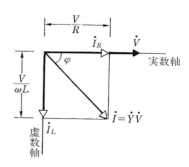

図5·20 RL 並列回路のベクトル図（電圧基準）

$$\varphi = \tan^{-1}\frac{-I_L}{I_R} = \tan^{-1}\frac{R}{-\omega L} = -\tan^{-1}\frac{R}{\omega L}$$

なお実効値では

$$I = \sqrt{\left(\frac{1}{R}\right)^2 + \left(\frac{1}{\omega L}\right)^2}\,V = \sqrt{G^2 + B^2}\,V = YV$$

となる.

❹　RC 並列回路

図 5・21 のような R と C の並列回路では

$$\left.\begin{array}{l} \dot{I}_R = \dfrac{\dot{V}}{R} \\[3mm] \dot{I}_C = j\omega C\dot{V} \end{array}\right\} \qquad (5\cdot85)$$

したがって全電流 $\dot{I}$ は

$$\dot{I} = \dot{I}_R + \dot{I}_C = \frac{\dot{V}}{R} + j\omega C\dot{V}$$

$$= (G + jB)\dot{V} = \dot{Y}\dot{V} \qquad (5\cdot86)$$

$\dot{V}$ を基準ベクトルにとって複素平面に電
圧，電流の関係を描くと図 5・22 となり，
電圧と全電流の位相差は

$$\varphi = \tan^{-1}\frac{I_C}{I_R} = \tan^{-1}\omega CR$$

となる.

$$I = \sqrt{\left(\frac{1}{R}\right)^2 + (\omega C)^2}\,V = \sqrt{G^2 + B^2}\,V$$

となり式 (4・28) と等しくなる.

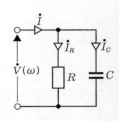

図 5・21　RC の並列
　　　　回路

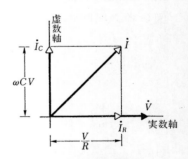

図 5・22　RC 並列回路のベクトル
　　　　図（電圧基準）

【例題 5・5】　抵抗 5〔Ω〕，静電容量 23.9〔μF〕の並列回路に $\dot{V} = 20 + j0$〔V〕，
周波数 1 000〔Hz〕の電圧を加えるとき，各素子を流れる電流 $\dot{I}_R$, $\dot{I}_C$ および
合成電流 $\dot{I}$ とその大きさ I を求めよ.

（解）　$\dot{I}_R = \dfrac{\dot{V}}{R} = \dfrac{20+j\,0}{5} = 4\angle 0 = 4+j\,0$　〔A〕

　　　　$\therefore\ I_R = 4$　〔A〕

　　　$\dot{I}_C = j\,\omega C\,\dot{V} = j\,2\pi f C\,\dot{V} = j\,2\pi \times 1\,000 \times 23.9 \times 10^{-6} \times 20$

　　　　　　$= j\,0.15 \times 20 = j\,3$　〔A〕

　　　　$\therefore\ I_C = 3$　〔A〕

が得られる．また合成電流 $\dot{I}$ は

　　　　$\dot{I} = \dot{I}_R + \dot{I}_C = 4+j\,3$〔A〕

であり，その大きさ I は

　　　　$I = \sqrt{4^2+3^2} = 5$〔A〕

となる．

5　RLC 直列回路

　図 5·23 の回路で計算を行うと

$$\left.\begin{array}{l} \dot{V}_R = R\,\dot{I} \\[4pt] \dot{V}_L = j\,\omega L\,\dot{I} \\[4pt] \dot{V}_C = \dfrac{1}{j\,\omega C}\,\dot{I} \end{array}\right\} \qquad (5\cdot 87)$$

したがって全電圧 $\dot{V}$ は

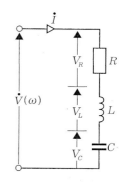

図5·23　RLC 直列回路

$$\dot{V} = \dot{V}_R + \dot{V}_L + \dot{V}_C = R\,\dot{I} + j\,\omega L\,\dot{I} + \dfrac{1}{j\,\omega C}\,\dot{I}$$

$$= \left\{ R + j\left(\omega L - \dfrac{1}{\omega C} \right) \right\}\dot{I}$$

$$= \{R + j\,(X_L - X_C)\}\dot{I} = (R+jX)\,\dot{I}$$

$$= \dot{Z}\,\dot{I} \qquad\qquad (5\cdot 88)$$

$\dot{I}$ を基準ベクトルにとると電圧，電流のベクトル図は図 5·24 となり，位相角 φ は

$$\varphi = \tan^{-1} \dfrac{\omega L - \dfrac{1}{\omega C}}{R}$$

となる．

　なお電圧と電流を実効値で表せば

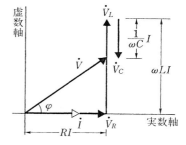

図5·24　RLC 直列回路のベクトル図（電流基準）

$$V = \sqrt{R^2 + \left(\omega L - \frac{1}{\omega C}\right)^2}\, I = \sqrt{R^2 + X^2}\, I = ZI$$

となり，式 (4・35) と等しくなる．

5・7　電力のベクトル表示

　起電力 $\dot{V}$ と電流 $\dot{I}$ の各ベクトルの位相が図 **5・25** のような関係であるとして，電力をベクトル表示してみる．まず $\dot{V}$ の共役複素数 $\overline{V}$ と $\dot{I}$ の積をとってみる．

$$\left.\begin{array}{l} \dot{V} = V\varepsilon^{j\theta}, \quad \overline{V} = V\varepsilon^{-j\theta} \\[4pt] \dot{I} = I\varepsilon^{j(\theta+\varphi)} \end{array}\right\} \quad (5\cdot89)$$

したがって

$$\overline{V}\dot{I} = VI\varepsilon^{-j\theta+j(\varphi+\theta)} = VI\varepsilon^{j\varphi} \quad (5\cdot90)$$
$$= VI\cos\varphi + j\,VI\,\sin\varphi \quad (5\cdot91)$$

となる．

　ここで式 (4・44) および式 (4・45) より $VI\cos\varphi$ は有効電力 P_a に等しく $VI\sin\varphi$ は無効電力 P_r に等しいから

$$\dot{P} = \overline{V}\dot{I} = P_a + jP_r \tag{5・92}$$

となる．

　$\overline{V}\dot{I}$ は図 **5・26** のような有効電力を実数部とし，無効電力を虚数部とするベクトルとすると，$\dot{P}$ は有効，無効電力を同時に一つのベクトルとして示すことができる．

　また $\dot{V}\overline{I}$ を考えると

$$\dot{V}\overline{I} = VI\varepsilon^{j\theta-j(\theta+\varphi)} = VI\varepsilon^{-j\varphi} \tag{5・93}$$
$$= VI\cos\varphi - j\,VI\sin\varphi \tag{5・94}$$

となり式 (5・91) とは虚数部の符号が異なるだけであり，いずれも電力のベクトル表現として用いられる．これは $\varphi > 0$ と $\varphi < 0$ の違いであるが，計算を途中で変更しない限り，いずれを用いてもよい．本書では式 (5・92) に従い

$$\dot{P} = P_a + jP_r = \overline{V}\dot{I} \tag{5・95}$$

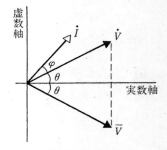

図 **5・25**　電圧ベクトルと
　　　　　電流ベクトル

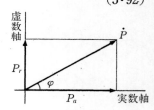

図 **5・26**　電力のベクトル表示

とする*. したがってここでは図5・25のように電圧，電流の位相をおいたので，誘導性の無効電力を $-j$ で，容量性の無効電力を $+j$ で表すものとなる.

また式 (5・91), (5・94) から

$$P_a = \frac{1}{2} \left(\overline{V} \dot{I} + \dot{V} \overline{I} \right) \tag{5・96}$$

となる.

次に，式 (5・95) に

$$\dot{I} = \dot{Y} \dot{V} = (G + jB) \dot{V} \tag{5・97}$$

を代入すれば

$$\dot{P} = \overline{V} \dot{Y} \dot{V} = \dot{Y} \mid \dot{V} \mid^2 = G \mid \dot{V} \mid^2 + jB \mid \dot{V} \mid^2 \tag{5・98}$$

となり，有効電力 P_a および P_r は

$$P_a = G \mid \dot{V} \mid^2 \qquad P_r = B \mid \dot{V} \mid^2 \tag{5・99}$$

として表される. またインピーダンス $\dot{Z}$ を用いれば

$$\dot{V} = \dot{Z} \dot{I} \qquad \overline{V} = \overline{Z} \overline{I}$$

となるから，電力ベクトル $\dot{P}$ は次式で表される.

$$\dot{P} = \overline{Z} \overline{I} \dot{I} = \overline{Z} \mid \dot{I} \mid^2 \tag{5・100}$$

ここで

$$\dot{Z} = R + jX \qquad \overline{Z} = R - jX$$

であるから

$$\dot{P} = R \mid \dot{I} \mid^2 - jX \mid \dot{I} \mid^2 \tag{5・101}$$

となり，この式から有効電力 P_a および無効電力 P_r を次のように表現することもできる.

$$P_a = R \mid \dot{I} \mid^2 \qquad P_r = X \mid \dot{I} \mid^2 \tag{5・102}$$

なお電力は本来大きさだけを表すので，一般に $+-$ は付けない.

これらのことから逆に次式により定義される R および X をそれぞれ実効抵抗および実効リアクタンスと名づける.

$$R = \frac{P_a}{I^2} \qquad X = \frac{P_r}{I^2} \tag{5・103}$$

---

* IEC(International Electrotechnical Commission；国際電気標準会議) の申合せ (1953年) では式 (5・95) を使用するのでここでは IEC に従う.

また式 (5·99) から次式に定義される G および B をそれぞれ実効コンダクタンスおよび実効サセプタンスと名づける.

$$G = \frac{P_a}{V^2} \qquad B = \frac{P_r}{V^2} \tag{5·104}$$

【例題 5·6】 ある回路に加えられる電圧と電流が $v = 200\sqrt{2} \sin(\omega t + \pi/6)$ 〔V〕, $i = 20\sqrt{2} \sin(\omega t - \pi/6)$ 〔A〕のときのこの回路の皮相電力 P_s, 有効電力 P_a, 無効電力 P_r を求めよ. さらに実効抵抗 R, 実効リアクタンス X, 実効コンダクタンス G, 実効サセプタンス B を求めよ.

(**解**) まず電圧, 電流をベクトルで示すと

$$\dot{V} = 200\,\varepsilon^{j30°} \qquad \overline{V} = 200\,\varepsilon^{-j30°} \qquad \dot{I} = 20\,\varepsilon^{-j30°}$$

となり, これよりベクトル電力 $\dot{P}$ は

$$\dot{P} = \overline{V}\,\dot{I} = 200\,\varepsilon^{-j30°} \cdot 20\,\varepsilon^{-j30°} = 4\,000\,\varepsilon^{-j60°}$$

となる.

よって皮相電力 $P_s = 4\,000$ 〔VA〕

次にベクトル電力 $\dot{P}$ を複素表示すれば

$$\dot{P} = 4\,000\,(\cos 60° - j\sin 60°) = 4\,000\left(\frac{1}{2} - j\frac{\sqrt{3}}{2}\right)$$
$$= 2\,000 - j\,2\,000\,\sqrt{3}$$

が得られる.

$\dot{P} = P_a + P_r$ だから

有効電力 $P_a = 2\,000$ 〔W〕

無効電力 $P_r = 3\,464$ 〔var〕

となる.

これは虚数部が $-j$ ゆえに誘導性の負荷である.

つぎに実効抵抗 R は

$$R = \frac{P_a}{I^2} = \frac{2\,000}{20^2} = 5 \quad 〔\Omega〕$$

実効リアクタンス X は

$$X = \frac{P_r}{I^2} = \frac{3\,464}{20^2} = 8.65 \quad 〔\Omega〕$$

実効コンダクタンス G は

$$G = \frac{P_a}{V^2} = \frac{2\,000}{200^2} = 0.05 \quad 〔S〕$$

実効サセプタンス B は

$$B = \frac{P_r}{V^2} = \frac{3\,464}{200^2} = 0.0866 \quad \text{〔S〕}$$

が得られる.

5・8　ベクトル軌跡

前節までに電圧，電流，インピーダンス，アドミタンス，電力等はベクトルで記号化することができた．そこでこれらのベクトルの頂点の描く軌跡[1]で電気的な量の変化を調べる.

■1　実数部が一定なベクトルの軌跡

インピーダンスベクトルが $\dot{Z} = R + jX$ として表され，抵抗 R が一定でリアクタンス X が $-\infty$ から $+\infty$ まで変化すれば，$\dot{Z}$ の軌跡は図 **5・27** に示すように，虚数軸に平行で，虚数軸より R だけ離れた直線となる.

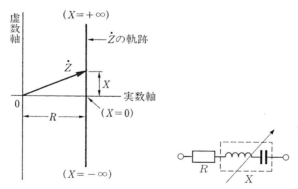

図 **5・27**　抵抗が一定のベクトル軌跡

■2　虚数部が一定なベクトルの軌跡

$\dot{Z} = R + jX$ なるインピーダンスベクトルにおいて，リアクタンス X が一定で抵抗 R が 0 から $+\infty$ まで変化するとすれば，$\dot{Z}$ の軌跡は図 **5・28** に示すよ

〔1〕ベクトル軌跡　vector locus

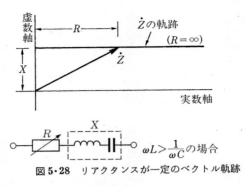

図 5·28   リアクタンスが一定のベクトル軌跡

うに実数軸から jX だけ離れた直線となる.

③ 実数部が一定なベクトルの逆数の軌跡

一定抵抗と可変リアクトルの直列回路のインピーダンスベクトルを $\dot{Z}$ とするとき，その逆数 $1/\dot{Z}$ なるアドミタンスベクトル $\dot{Y}$ の軌跡を考えてみる.

$$\dot{Y} = \frac{1}{\dot{Z}} = \frac{1}{R+jX} = \frac{R}{R^2+X^2} + j\,\frac{-X}{R^2+X^2} \tag{5·105}$$

$$= G+jB \tag{5·106}$$

とすれば

$$G = \frac{R}{R^2+X^2} \qquad B = \frac{-X}{R^2+X^2} \tag{5·107}$$

ここで G^2+B^2 を計算すると

$$\left.\begin{array}{l} G^2+B^2 = \dfrac{R^2+X^2}{(R^2+X^2)^2} = \dfrac{1}{R^2+X^2} = \dfrac{G}{R} \\[3mm] \left(G-\dfrac{1}{2R}\right)^2+B^2 = \left(\dfrac{1}{2R}\right)^2 \end{array}\right\} \tag{5·108}$$

となり，円の方程式となる.

すなわち，式(5·108)は図5·29 に示すように $(G=1/2R,\ B=0)$ の座標の点を中心として $1/2R$ の長さを半径とする円を示している. $X=0$ のとき $\dot{Y}$ は $1/R$ であり X が増加するに従って $\dot{Y}$ は円周を移動し $X=\infty$ のときは 0 点 となる. すなわち X が誘導性のときは下半円，容量性のときは上半円で与えられる.

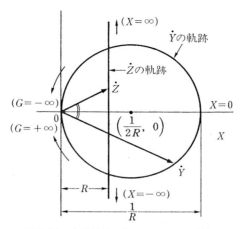

図5・29　実数部が一定なベクトルの逆数の軌跡

　このように，あるベクトル軌跡が虚数軸に平行な直線であるときは，その逆数のベクトルは中心が実数軸上にある原点を通る円となる．

　以上のように交流回路においては，回路素子の値が変わったり，周波数が変化したりする場合の，回路の状態を調べることがしばしば必要になる．このような場合，回路の状態の概要をつかんだり，簡単な数値計算をするのにベクトル軌跡を用いることが多い．

　このベクトル軌跡は，誘導電動機の特性を調べたり，送電系統の運転状況を改善するために用いられる円線図[1]や通信線路のインピーダンスの計算に利用されるスミスチャート[2]もベクトル軌跡の応用とされている．さらに，最近は帰還増幅器の増幅度の周波数による変化を調べて，安定な状態を求めるためのナイキスト線図[3]や，それを改良したボード線図[4]が主として自動制御の方面で使用されている．

---

〔1〕円線図　circle diagram　　　　〔2〕スミスチャート　Smith chart
〔3〕ナイキスト線図　Nyquist diagram　　〔4〕ボード線図　Bode diagram

5章 演習問題

1　図に示す電流のベクトル $\dot{I}_1, \dot{I}_2$ を実効値で示せ. ただし角周波数は 30〔rad/s〕である.

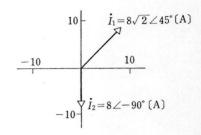

2　次に示す瞬時値をベクトルの極座標表示で示せ.

(1) $v = 80\sqrt{2}\sin 30t$ 〔V〕

(2) $i = 10\sqrt{2}\sin\left(15t + \dfrac{\pi}{4}\right)$ 〔A〕

3　$R = 500$〔Ω〕, $L = 1$〔H〕の RL 直列回路において, 電流 $\dot{I}$, 抵抗 R の端子間電圧 $\dot{V}_R$, インダクタンス L の端子間電圧 $\dot{V}_L$ およびこれらの瞬時値を求めよ. ただし, 回路に加える電圧は $\dot{V} = 100$〔V〕, $f = 60$〔Hz〕とする.

4　$R = 30$〔Ω〕, $X_C = 30$〔Ω〕の直列回路に $\dot{V} = 80 + j\,80$〔V〕の電圧を加えたときの電流 $\dot{I}$, アドミタンスベクトル $\dot{Y}$ を求めよ.

5　$\dot{Z}_1 = 20 + j\,30$〔Ω〕, $\dot{Z}_2 = 40 + j\,50$〔Ω〕の直列回路に電圧 $\dot{V} = 100$〔V〕を加えたときに流れる電流 $\dot{I}$ を求めよ.

6　端子間電圧 $\dot{V} = 10 + j\,10$〔V〕に負荷として抵抗 $R = 5$〔Ω〕を接続した. このとき負荷に流れる電流 $\dot{I}_R$ を求めよ. また, 抵抗を取りはずし, かわりに $X_L = 4$〔Ω〕にした場合の $\dot{I}_L$, さらに $X_C = 2$〔Ω〕へと負荷を変えた場合の電流 $\dot{I}_C$ を求めよ.

7　RC 直列回路に電圧 $\dot{V}$ を加えたとき抵抗 R の端子間電圧 $\dot{V}_R$, 静電容量 C の端子間電圧 $\dot{V}_C$ の大きさと, $\dot{V}$ と $\dot{I}$ との位相差を求めよ.

8　図の回路について電流 $\dot{I}$, 有効電力 P_a, 無効電力 P_r および皮相電力 P_s を求めよ.

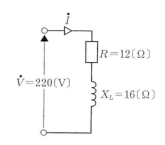

9　ある回路に $\dot{V} = 100 + j\,173$〔V〕の電圧を加えたところ $\dot{I} = 3.46 + j\,2$〔A〕が流れた. 有効電力 P_a, 無効電力 P_r を求めよ.

10　RL 直列回路において

（1）抵抗 R だけ変化させたとき

（2）リアクタンス ωL だけ変化させたとき

のインピーダンスベクトル軌跡を図に示せ.

11　RL 並列回路において, ω を変化させるときのインピーダンスベクトル, アドミタンスベクトルの軌跡を図に示せ.

第6章　回路の基礎

第5章で述べたように正弦波電圧，電流を複素数で表し，ベクトルとして取り扱えば，形式的にオームの法則とまったく同様に $\dot{V}=\dot{Z}\dot{I}$ が成立し，また，**1・4** 節で述べた直流回路のキルヒホッフの法則も成立する.

この章ではこれらの法則を適用した基本的な種々の計算を行ってみる.

6・1　直 列 回 路

図 **6・1** のようにインピーダンス $\dot{Z}_1, \dot{Z}_2, \cdots\cdots, \dot{Z}_n$ が直列に接続されているとき，これに $\dot{I}$ なる電流を流すために必要な電圧 $\dot{V}$ は，各インピーダンスの電圧

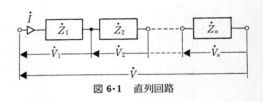

図 **6・1**　直列回路

降下が $\dot{V}_1=\dot{Z}_1\dot{I},\ \dot{V}_2=\dot{Z}_2\dot{I},\ \cdots\cdots,\ \dot{V}_n=\dot{Z}_n\dot{I}$ で与えられるから

$$\dot{V}=\dot{V}_1+\dot{V}_2+\cdots\cdots+\dot{V}_n=(\dot{Z}_1+\dot{Z}_2+\cdots\cdots+\dot{Z}_n)\dot{I} \tag{6・1}$$

となり，回路の合成インピーダンス[1] Z は

$$\dot{Z}=\frac{\dot{V}}{\dot{I}}=\dot{Z}_1+\dot{Z}_2+\cdots\cdots+\dot{Z}_n \tag{6・2}$$

となる.

ここで，$\dot{Z}_1=R_1+jX_1,\ \dot{Z}_2=R_2+jX_2,$ $\cdots\cdots,\ \dot{Z}_n=R_n+jX_n$ とすれば，合成インピーダンス $\dot{Z}$ は

$$\dot{Z}=R+jX=(R_1+R_2+\cdots\cdots+R_n) \\ +j(X_1+X_2+\cdots\cdots+X_n) \tag{6・3}$$

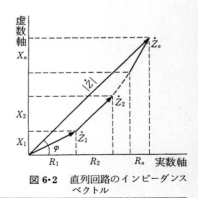

図 **6・2**　直列回路のインピーダンスベクトル

〔1〕合成インピーダンス combined impedance

となり，これをベクトル図で示せば，**図6·2** となる．

なお，$\dot{Z}=Z\angle\varphi$ とすると

$$\left.\begin{aligned}
Z &= |\dot{Z}| = \sqrt{(R_1+R_2+\cdots\cdots+R_n)^2+(X_1+X_2+\cdots\cdots+X_n)^2} \\
\varphi &= \tan^{-1}\left(\frac{X_1+X_2+\cdots\cdots+X_n}{R_1+R_2+\cdots\cdots+R_n}\right)
\end{aligned}\right\} \quad (6\cdot4)$$

である．

【例題6·1】 図6·3のように $\dot{Z}_1$ $= R_1+jX_L$ と $\dot{Z}_2 = R_2-jX_C$ を直列に接続し，電圧 $\dot{V}$ を印加したとき，回路に流れる電流 $\dot{I}$ とその大きさ I，各インピーダンス $\dot{Z}_1,\dot{Z}_2$ にかかる電圧 $\dot{V}_1,\dot{V}_2$ とその大きさ

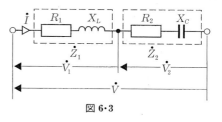

図6·3

V_1, V_2 および，この回路で消費される有効電力 P_a，無効電力 P_r，　力率 $\cos\varphi$ を求めよ．

（**解**）　回路の合成インピーダンス $\dot{Z}$ は

$$\dot{Z} = \dot{Z}_1+\dot{Z}_2 = (R_1+jX_L)+(R_2-jX_C) = (R_1+R_2)+j(X_L-X_C)$$

ゆえに，電流 $\dot{I}$ は

$$\dot{I} = \frac{\dot{V}}{\dot{Z}} = \frac{\dot{V}}{(R_1+R_2)+j(X_L-X_C)}$$

したがって，電流の大きさ I は

$$I = |\dot{I}| = \frac{|\dot{V}|}{\sqrt{(R_1+R_2)^2+(X_L-X_C)^2}}$$

$\dot{Z}_1$ にかかる電圧 $\dot{V}_1$ は

$$\dot{V}_1 = \dot{Z}_1\dot{I} = \frac{(R_1+jX_L)}{(R_1+R_2)+j(X_L-X_C)}\,\dot{V}$$

$\dot{Z}_1$ にかかる電圧の大きさ V_1 は

$$V_1 = |\dot{V}_1| = \sqrt{\frac{R_1^2+X_L^2}{(R_1+R_2)^2+(X_L-X_C)^2}}\,|\dot{V}|$$

$\dot{Z}_2$ にかかる電圧 $\dot{V}_2$ は

$$\dot{V}_2 = \dot{Z}_2 \dot{I} = \frac{(R_2 - jX_C)}{(R_1 + R_2) + j(X_L - X_C)} \dot{V}$$

$\dot{Z}_2$ にかかる電圧の大きさ V_2 は

$$V_2 = |\dot{V}_2| = \sqrt{\frac{R_2^2 + X_C^2}{(R_1 + R_2)^2 + (X_L - X_C)^2}} \ |\dot{V}|$$

となる.

電流 $\dot{I}$ を基準ベクトルとして各部の電圧をベクトル図で示すと図 **6·4** のようになる.

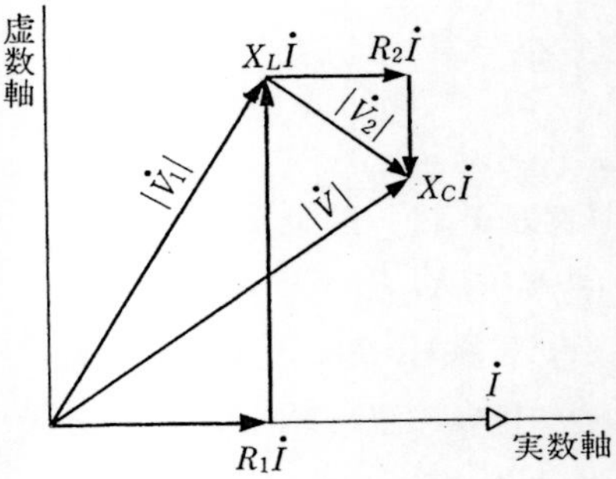

次に，回路に消費される有効電力 P_a および無効電力 P_r は $\dot{P} = P_a + j P_r = \dot{Y}|\dot{V}|^2$ であるから

図 6·4

$$\dot{Y} = \frac{1}{\dot{Z}} = \frac{1}{(R_1 + R_2) + j(X_L - X_C)}$$

$$= \frac{(R_1 + R_2)}{(R_1 + R_2)^2 + (X_L - X_C)^2}$$

$$-j \frac{(X_L - X_C)}{(R_1 + R_2)^2 + (X_L - X_C)^2}$$

ゆえに

$$P_a = \frac{(R_1 + R_2)}{(R_1 + R_2)^2 + (X_L - X_C)^2} |\dot{V}|^2$$

$$P_r = \frac{(X_L - X_C)}{(R_1 + R_2)^2 + (X_L - X_C)^2} |\dot{V}|^2$$

となる.

力率は $\cos \varphi = \dfrac{P_a}{|\dot{V}||\dot{I}|} = \dfrac{\dot{Z} \text{の実数部}}{|\dot{Z}|}$ であるから

$$\cos \varphi = \frac{R_1 + R_2}{\sqrt{(R_1 + R_2)^2 + (X_L - X_C)^2}}$$

となる.

6·2 並列回路

図 **6·5** のようにインピーダンス $\dot{Z}_1, \dot{Z}_2, \cdots\cdots, \dot{Z}_n$ が並列に接続されている回

路に電圧 $\dot{V}$ を加え，各インピーダンスに流れる電流をおのおの $\dot{I}_1, \dot{I}_2, \cdots\cdots, \dot{I}_n$ とすると

$$\dot{I}_1 = \frac{\dot{V}}{\dot{Z}_1}, \ \dot{I}_2 = \frac{\dot{V}}{\dot{Z}_2}, \cdots\cdots, \dot{I}_n = \frac{\dot{V}}{\dot{Z}_n}$$

$$(6\cdot5)$$

であるから，回路に流れる全電流 $\dot{I}$ は

$$\dot{I} = \dot{I}_1 + \dot{I}_2 + \cdots\cdots + \dot{I}_n$$

$$= \left(\frac{1}{\dot{Z}_1} + \frac{1}{\dot{Z}_2} + \cdots\cdots + \frac{1}{\dot{Z}_n} \right) \dot{V}$$

$$(6\cdot6)$$

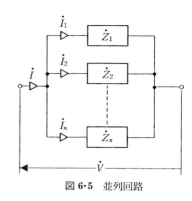

図6·5 並列回路

となる．

したがって，合成インピーダンス $\dot{Z}$ は

$$\dot{Z} = \frac{\dot{V}}{\dot{I}} = \cfrac{1}{\cfrac{1}{\dot{Z}_1} + \cfrac{1}{\dot{Z}_2} + \cdots\cdots + \cfrac{1}{\dot{Z}_n}} \qquad (6\cdot7)$$

となる．

また，各インピーダンスの逆数であるアドミタンス[1]を $\dot{Y}_1, \dot{Y}_2, \cdots\cdots, \dot{Y}_n$ とすると，合成アドミタンス[2] $\dot{Y}$ は

$$\dot{Y} = \dot{Y}_1 + \dot{Y}_2 + \cdots\cdots + \dot{Y}_n \qquad (6\cdot8)$$

となる．

ここで，$\dot{V} = \dot{Z}\dot{I} = \dot{Z}_1\dot{I}_1 = \dot{Z}_2\dot{I}_2 = \cdots\cdots = \dot{Z}_n\dot{I}_n$ より

$$\dot{I}_1 = \frac{\dot{Z}}{\dot{Z}_1}\dot{I} \quad, \ \dot{I}_2 = \frac{\dot{Z}}{\dot{Z}_2}\dot{I} \quad, \cdots\cdots, \dot{I}_n = \frac{\dot{Z}}{\dot{Z}_n}\dot{I} \qquad (6\cdot9)$$

$$\dot{I}_1 = \frac{\dot{Y}_1}{\dot{Y}}\dot{I}, \ \dot{I}_2 = \frac{\dot{Y}_2}{\dot{Y}}\dot{I}, \cdots\cdots, \ \dot{I}_n = \frac{\dot{Y}_n}{\dot{Y}}\dot{I} \qquad (6\cdot10)$$

となり，並列回路の各素子に流れる電流は各素子のアドミタンスの値に比例する．したがって，並列回路の場合はアドミタンスで計算すると便利である．

[1] アドミタンス admittance　　[2] 合成アドミタンス combined admittance

【例題6・2】　図6・6のように$\dot{Z}_1 = R_1 + jX_L$と$\dot{Z}_2 = R_2 - jX_C$を並列に接続し，電圧$\dot{V}$を印加したとき，回路に流れる電流$\dot{I}_1, \dot{I}_2, \dot{I}$およびその大きさ$I_1, I_2, I$を求めよ．

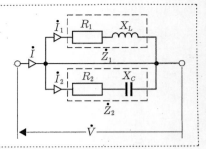

図6・6

（解）　回路のアドミタンス$\dot{Y}$は

$$\dot{Y}_1 = \frac{1}{R_1 + jX_L} = \frac{R_1 - jX_L}{(R_1 + jX_L)(R_1 - jX_L)} = \frac{R_1}{R_1^2 + X_L^2} - j\frac{X_L}{R_1^2 + X_L^2}$$

$$\dot{Y}_2 = \frac{1}{R_2 - jX_C} = \frac{R_2 + jX_C}{(R_2 - jX_C)(R_2 + jX_C)} = \frac{R_2}{R_2^2 + X_C^2} + j\frac{X_C}{R_2^2 + X_C^2}$$

$$\dot{Y} = \dot{Y}_1 + \dot{Y}_2 = \frac{R_1}{R_1^2 + X_L^2} + \frac{R_2}{R_2^2 + X_C^2} - j\left(\frac{X_L}{R_1^2 + X_L^2} - \frac{X_C}{R_2^2 + X_C^2}\right)$$

したがって，回路に流れる電流$\dot{I}_1, \dot{I}_2, \dot{I}$は

$$\dot{I}_1 = \dot{Y}_1 \dot{V} = \left(\frac{R_1}{R_1^2 + X_L^2} - j\frac{X_L}{R_1^2 + X_L^2}\right)\dot{V}$$

$$\dot{I}_2 = \dot{Y}_2 \dot{V} = \left(\frac{R_2}{R_2^2 + X_C^2} + j\frac{X_C}{R_2^2 + X_C^2}\right)\dot{V}$$

$$\dot{I} = \dot{Y}\dot{V} = \left\{\frac{R_1}{R_1^2 + X_L^2} + \frac{R_2}{R_2^2 + X_C^2} - j\left(\frac{X_L}{R_1^2 + X_L^2} - \frac{X_C}{R_2^2 + X_C^2}\right)\right\}\dot{V}$$

また，電流の大きさI_1, I_2, Iは

$$I_1 = |\dot{I}_1| = |\dot{Y}_1||\dot{V}|$$

$$= \sqrt{\left(\frac{R_1}{R_1^2 + X_L^2}\right)^2 + \left(\frac{X_L}{R_1^2 + X_L^2}\right)^2}\,|\dot{V}|$$

$$I_2 = |\dot{I}_2| = |\dot{Y}_2||\dot{V}|$$

$$= \sqrt{\left(\frac{R_2}{R_2^2 + X_C^2}\right)^2 + \left(\frac{X_C}{R_2^2 + X_C^2}\right)^2}\,|\dot{V}|$$

$$I = |\dot{I}| = |\dot{Y}||\dot{V}|$$

$$= \sqrt{\left(\frac{R_1}{R_1^2 + X_L^2} + \frac{R_2}{R_2^2 + X_C^2}\right)^2 + \left(\frac{X_L}{R_1^2 + X_L^2} - \frac{X_C}{R_2^2 + X_C^2}\right)^2}\,|\dot{V}|$$

となる．

電圧 V を基準ベクトルとして，各部の電流のベクトル図を示すと図 **6・7** となる．

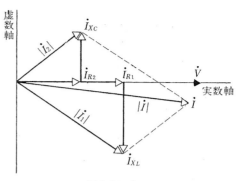

図 **6・7**

6・3 直並列回路

数個のインピーダンスが直列または並列に接続されたものが，さらに並列または直列に接続された回路の合成インピーダンスと各部の電圧，電流は **6・1** 節，**6・2** 節で述べた直列回路，並列回路の関係を部分的に適用することにより求められる．

例えば図 **6・8** のように 4 個のインピーダンスが直並列に接続されているとき，回路の合成インピーダンスは

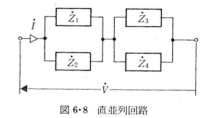

図 **6・8** 直並列回路

$$\dot{Z} = \frac{1}{\dfrac{1}{\dot{Z}_1} + \dfrac{1}{\dot{Z}_2}} + \frac{1}{\dfrac{1}{\dot{Z}_3} + \dfrac{1}{\dot{Z}_4}}$$

$$= \frac{\dot{Z}_1 \dot{Z}_2}{\dot{Z}_1 + \dot{Z}_2} + \frac{\dot{Z}_3 \dot{Z}_4}{\dot{Z}_3 + \dot{Z}_4} \tag{6・11}$$

となる．

また，回路に流れる電流を $\dot{I}$ とすると

$$\dot{I} = \frac{\dot{V}}{\dot{Z}} = \frac{\dot{V}}{\dfrac{\dot{Z}_1 \dot{Z}_2}{\dot{Z}_1 + \dot{Z}_2} + \dfrac{\dot{Z}_3 \dot{Z}_4}{\dot{Z}_3 + \dot{Z}_4}}$$

$$= \frac{(\dot{Z}_1 + \dot{Z}_2)(\dot{Z}_3 + \dot{Z}_4)\dot{V}}{\dot{Z}_1 \dot{Z}_2 (\dot{Z}_3 + \dot{Z}_4) + \dot{Z}_3 \dot{Z}_4 (\dot{Z}_1 + \dot{Z}_2)} \tag{6・12}$$

となる．

【例題6·3】 図6·9の合成インピーダ
ンス $\dot{Z}$ とその大きさ Z および各部に
流れる電流 $\dot{I}, \dot{I}_1, \dot{I}_2$ とその大きさ $I, I_1,$
I_2 を求めよ.

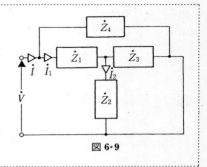

ただし, $\dot{Z}_1 = 3+j5$ 〔Ω〕, $\dot{Z}_2 = 2-j4$
〔Ω〕, $\dot{Z}_3 = 2+j1$ 〔Ω〕, $\dot{Z}_4 = 5-j5$ 〔Ω〕,
$\dot{V} = 100+j0$ 〔V〕とする.

図6·9

（解） 図6·10のように回路を分解して考え
ると容易である.

図6·10(a)より, $\dot{Z}_2$ と $\dot{Z}_3$ からなる並列回
路のアドミタンス $\dot{Y}_{23}$ は

$$\dot{Y}_{23} = \frac{1}{\dot{Z}_2} + \frac{1}{\dot{Z}_3} = \frac{1}{2-j4} + \frac{1}{2+j1}$$

$$= \frac{4-j3}{8-j6} \quad 〔S〕$$

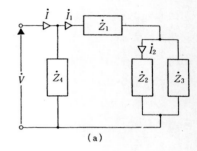

(a)

図6·10(b)より, $\dot{Y}_{23}$ と $\dot{Z}_1$ からなる直列回路のインピーダ
ンス $\dot{Z}_{1Y}$ は

$$\dot{Z}_{1Y} = \dot{Z}_1 + \frac{1}{\dot{Y}_{23}} = (3+j5) + \frac{8-j6}{4-j3} = \frac{35+j5}{4-j3} \quad 〔Ω〕$$

図6·10(c)より, $\dot{Z}_{1Y}$ と $\dot{Z}_4$ からなる並列回路のアドミタン
ス $\dot{Y}$ は

$$\dot{Y} = \frac{1}{\dot{Z}_4} + \frac{1}{\dot{Z}_{1Y}} = \frac{1}{5-j5} + \frac{4-j3}{35+j5} = \frac{4-j3}{20-j15} \quad 〔S〕$$

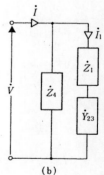

(b)

したがって, 図6·10(d)のように合成インピーダンス $\dot{Z}$ は

$$\dot{Z} = \frac{1}{\dot{Y}} = \frac{20-j15}{4-j3} = 5+j0 \quad 〔Ω〕$$

また, 合成インピーダンスの大きさ Z は

$$Z = |\dot{Z}| = \sqrt{5^2} = 5 \, 〔Ω〕$$

ゆえに, 回路に流れる電流 $\dot{I}$ は

$$\dot{I} = \frac{\dot{V}}{\dot{Z}} = \frac{100+j0}{5+j0} = 20+j0 \quad 〔A〕$$

また, 電流の大きさ I は

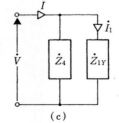

(c)

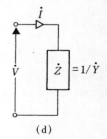

(d)

図6·10

$$I = |\dot{I}| = \sqrt{20^2} = 20 \ \text{[A]}$$

ゆえに，$\dot{Z}_1$ に流れる電流 $\dot{I}_1$ は

$$\dot{I}_1 = \frac{\dot{Z}_4}{\dot{Z}_{1Y} + \dot{Z}_4} \ \dot{I} = \frac{(5-j5)(20+j0)}{\dfrac{35+j5}{4-j3} + 5 - j5} = \frac{20-j140}{8-j6} = \frac{1\,000-j1\,000}{100} = 10 - j10 \ \text{[A]}$$

また，$\dot{Z}_1$ に流れる電流の大きさ I_1 は

$$I_1 = |\dot{I}_1| = \sqrt{10^2 + 10^2} = 14.1 \ \text{[A]}$$

$\dot{Z}_2$ に流れる電流 $\dot{I}_2$ は

$$\dot{I}_2 = \frac{\dot{Z}_3}{\dot{Z}_2 + \dot{Z}_3} \ \dot{I}_1 = \frac{(2+j1)(10-j10)}{(2-j4)+(2+j1)} = \frac{30-j10}{4-j3} = \frac{150+j50}{25} = 6 + j2 \ \text{[A]}$$

また，$\dot{Z}_2$ に流れる電流の大きさ I_2 は

$$I_2 = |\dot{I}_2| = \sqrt{6^2 + 2^2} = 6.32 \ \text{[A]}$$

となる．

6・4　直並列回路の変換

　回路を解く場合，並列回路を等価な直列回路に，あるいは直列回路を等価な並列回路におきかえて考えると，インダクタンスと静電容量が同時に存在する回路でもそのいずれか一方のみで扱える等，便利な場合が多い．

　すなわち，インピーダンスは抵抗とリアクタンスから構成されるから，直列にしても並列にしても，結局，これら2つの要素に分けることができる．

■1　並列回路を直列回路に変換

　図 **6・11**(a) において，並列回路に流れる全電流 $\dot{I}$ は

$$\dot{I} = \dot{I}_R + \dot{I}_X = \frac{\dot{V}}{R} + \frac{\dot{V}}{\pm jX} = \frac{R \pm jX}{\pm jRX} \dot{V} = \frac{1}{\dfrac{\pm jRX}{R \pm jX}} \dot{V} = \frac{1}{\dfrac{RX^2 \pm jR^2X}{R^2 + X^2}} \dot{V}$$

$$= \frac{1}{\dfrac{RX^2}{R^2+X^2} \pm j \dfrac{R^2X}{R^2+X^2}} \dot{V} = \frac{1}{\dot{Z}} \dot{V} \tag{6・13}$$

ただし，$\dot{Z}$ は端子間の合成インピーダンスである．

　ここで，図 **6・11**(a) と等価な回路を図 **6・11**(b) として，この回路の合成イン

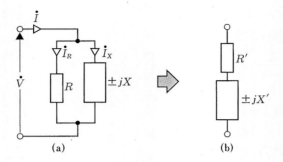

図 6·11　並列回路の直列変換

ピーダンスを $\dot{Z}'$ とすると

$$\dot{I}=\frac{1}{\dot{Z}'}\,\dot{V} \tag{6·14}$$

であるから，$\dot{Z}'=\dot{Z}$ とおいて

$$\dot{Z}'=R'\pm jX'=\frac{RX^2}{R^2+X^2}\pm j\,\frac{R^2X}{R^2+X^2} \tag{6·15}$$

したがって

$$\left.\begin{array}{l}R'=\dfrac{RX^2}{R^2+X^2}=\dfrac{\left(\dfrac{1}{R}\right)}{\left(\dfrac{1}{R}\right)^2+\left(\dfrac{1}{X}\right)^2}\\[6mm]X'=\pm\dfrac{R^2X}{R^2+X^2}=\pm\dfrac{\left(\dfrac{1}{X}\right)}{\left(\dfrac{1}{R}\right)^2+\left(\dfrac{1}{X}\right)^2}\end{array}\right\} \tag{6·16}$$

となる．ここで X' が正の場合は誘導性リアクタンスと考えられるので

$$X'=\omega L'=\frac{\left(\dfrac{1}{\omega L}\right)}{\left(\dfrac{1}{R}\right)^2+\left(\dfrac{1}{\omega L}\right)^2} \tag{6·17}$$

$$L'=\frac{\left(\dfrac{1}{\omega^2 L}\right)}{\left(\dfrac{1}{R}\right)^2+\left(\dfrac{1}{\omega L}\right)^2} \tag{6·18}$$

また，X' が負の場合は容量性リアクタンスと考えられるので

$$X' = -\frac{1}{\omega C'} = -\frac{\omega C}{\left(\dfrac{1}{R}\right)^2 + (\omega C)^2} \tag{6・19}$$

$$C' = \frac{\left(\dfrac{1}{R}\right)^2 + (\omega C)^2}{\omega^2 C} \tag{6・20}$$

となる．

2　直列回路を並列回路に変換

図 6・12(a) において，直列回路に流れる電流 $\dot{I}$ は

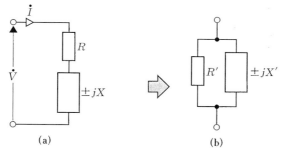

(a)　　　　　　　　　　　　　　　　(b)

図 6・12　直列回路の並列変換

$$\dot{I} = \frac{1}{R \pm jX}\,\dot{V} = \frac{R \pm jX}{R^2 + X^2}\,\dot{V} = \left(\frac{R}{R^2 + X^2} \pm j\,\frac{X}{R^2 + X^2}\right)\dot{V}$$

$$= \left(\frac{1}{\dfrac{R^2 + X^2}{R}} \pm j\,\frac{1}{\dfrac{R^2 + X^2}{X}}\right)\dot{V} = \dot{Y}\dot{V} \tag{6・21}$$

ただし，$\dot{Y}$ は合成アドミタンスである．

ここで，図6・12(b) における合成アドミタンスを $\dot{Y}'$ とすると

$$\dot{I} = \dot{Y}'\,\dot{V}$$

であるから，$\dot{Y}' = \dot{Y}$ として

$$\dot{Y}' = \frac{1}{R'} \pm j\frac{1}{X'} = \frac{1}{\dfrac{R^2 + X^2}{R}} \pm j\,\frac{1}{\dfrac{R^2 + X^2}{X}} \tag{6・22}$$

したがって

$$R' = \frac{R^2 + X^2}{R}$$
$$X' = \pm \frac{R^2 + X^2}{X}$$

$$\left.\right\} \tag{6·23}$$

となる．ここで，X' が正の場合は誘導性リアクタンスと考えられるので

$$X' = \omega L' = \frac{R^2 + (\omega L)^2}{\omega L} \tag{6·24}$$

$$L' = \frac{R^2 + (\omega L)^2}{\omega^2 L} \tag{6·25}$$

また，X' が負の場合は容量性リアクタンスと考えられるので

$$X' = -\frac{1}{\omega C'} = -\frac{R^2 + \left(\dfrac{1}{\omega C}\right)^2}{\left(\dfrac{1}{\omega C}\right)} \tag{6·26}$$

$$C' = \frac{\left(\dfrac{1}{\omega C}\right)}{\omega \left\{ R^2 + \left(\dfrac{1}{\omega C}\right)^2 \right\}} \tag{6·27}$$

となる．

このようにして，直列または並列回路と等価な回路の等価抵抗 R' と等価インダクタンス L' および等価容量 C' を求めることができる．

【**例題 6·4**】　図 **6·13**(a)に示す回路の等価回路が図 **6·13**(b)で表される場合，その等価直列抵抗 R_e および等価直列インダクタンス L_e を求めよ．

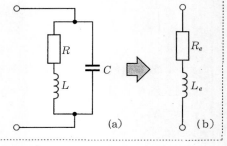

図 **6·13**　(a)　(b)

（解）　図 6·13(a)において合成インピーダンス $\dot{Z}$ は

$$\dot{Z} = \frac{1}{\dfrac{1}{R + j\omega L} + j\omega C} = \frac{R + j\omega L}{1 + j\omega C(R + j\omega L)} = \frac{R + j\omega L}{(1 - \omega^2 L C) + j\omega C R}$$

$$= \frac{R}{(1-\omega^2 LC)^2+\omega^2 C^2 R^2} +j\omega\frac{\{L(1-\omega^2 LC)-CR^2\}}{(1-\omega^2 LC)^2+\omega^2 C^2 R^2}$$

したがって，等価直列抵抗 R_e および等価直列インダクタンス L_e は

$$R_e = \frac{R}{(1-\omega^2 LC)^2+\omega^2 C^2 R^2}$$

$$L_e = \frac{L(1-\omega^2 LC)-CR^2}{(1-\omega^2 LC)^2+\omega^2 C^2 R^2}$$

となる.

　このように，インダクタンス L と静電容量 C の直並列回路における合成リアクタンスは，回路が共振状態＊にある場合を除いて，誘導性または容量性リアクタンスのどちらかであるから，インダクタンス L または静電容量 C のいずれか一方で考えることができる.

　したがって，上記の例題において，等価直列インダクタンス L_e に代えて等価直列静電容量 C_e を求める場合は

$$\dot{Z} = \frac{R}{(1-\omega^2 LC)^2+\omega^2 C^2 R^2} -j\frac{\omega\{CR^2-L(1-\omega^2 LC)\}}{(1-\omega^2 LC)^2+\omega^2 C^2 R^2}$$

より

$$\frac{1}{\omega C_e} = \frac{\omega\{CR^2-L(1-\omega^2 LC)\}}{(1-\omega^2 LC)^2+\omega^2 C^2 R^2}$$

であるから，等価直列静電容量 C_e は

$$C_e = \frac{(1-\omega^2 LC)^2+\omega^2 C^2 R^2}{\omega^2\{CR^2-L(1-\omega^2 LC)\}}$$

となる.

6·5 △−Y，Y−△変換

　回路網中の一部の枝路が△またはY形に接続されている場合，これをいずれかの形に変換することにより，その回路を簡単に解くことができる場合がある. 特にブリッジ回路や，後に述べる三相回路において有用である.

＊共振状態とは L, C を含む回路の合成インピーダンスの虚数部が零となる場合をいう. 詳しくは **6·10** 節を参照.

1 △－Y 変換

図6・14(a), (b)が等価であると仮定すると，図6・14(a)の△形接続におい
て，ａｂ端子からみたインピーダンス $\dot{Z}_{ab}$ は

$$\dot{Z}_{ab}=\frac{1}{\dfrac{1}{\dot{Z}_1}+\dfrac{1}{\dot{Z}_2+\dot{Z}_3}}=\frac{\dot{Z}_1(\dot{Z}_2+\dot{Z}_3)}{\dot{Z}_1+(\dot{Z}_2+\dot{Z}_3)} \tag{6・28}$$

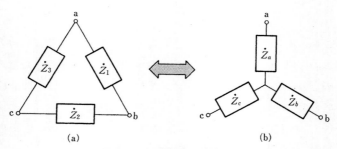

図6・14 △－Y，Y－△変換

また，図6・14(b)のY形接続において，ａｂ端子からみたインピーダンス
$\dot{Z}_{ab}$ は

$$\dot{Z}_{ab}=\dot{Z}_a+\dot{Z}_b \tag{6・29}$$

したがって，これらを等しいとおくと

$$\dot{Z}_a+\dot{Z}_b=\frac{\dot{Z}_1\dot{Z}_2+\dot{Z}_3\dot{Z}_1}{\dot{Z}_1+\dot{Z}_2+\dot{Z}_3} \tag{6・30}$$

となる．同様にして

$$\dot{Z}_b+\dot{Z}_c=\frac{\dot{Z}_1\dot{Z}_2+\dot{Z}_2\dot{Z}_3}{\dot{Z}_1+\dot{Z}_2+\dot{Z}_3} \tag{6・31}$$

$$\dot{Z}_c+\dot{Z}_a=\frac{\dot{Z}_3\dot{Z}_1+\dot{Z}_2\dot{Z}_3}{\dot{Z}_1+\dot{Z}_2+\dot{Z}_3} \tag{6・32}$$

そこで，上式を $\dot{Z}_a, \dot{Z}_b, \dot{Z}_c$ について解くと

$$\dot{Z}_a=\frac{\dot{Z}_3\dot{Z}_1}{\dot{Z}_1+\dot{Z}_2+\dot{Z}_3}$$

$$\dot{Z}_b=\frac{\dot{Z}_1\dot{Z}_2}{\dot{Z}_1+\dot{Z}_2+\dot{Z}_2} \tag{6・33}$$

$$\dot{Z}_c = \frac{\dot{Z}_2 \dot{Z}_3}{\dot{Z}_1 + \dot{Z}_2 + \dot{Z}_3}$$

となり，等価回路の各インピーダンスとの関係式が得られる．

2 Y-△変換

まず，図6・14(a), (b)において端子 bc 間を短絡する．

図6・14(b)のY形接続において，ab端子からみたインピーダンス $\dot{Z}_{ab}$ は

$$\dot{Z}_{ab} = \dot{Z}_a + \frac{1}{\dfrac{1}{\dot{Z}_b} + \dfrac{1}{\dot{Z}_c}} = \frac{\dot{Z}_a \dot{Z}_b + \dot{Z}_c \dot{Z}_a + \dot{Z}_b \dot{Z}_c}{\dot{Z}_b + \dot{Z}_c} \tag{6・34}$$

また，図6・14(a)の△形接続より，インピーダンス $\dot{Z}_{ab}$ は

$$\dot{Z}_{ab} = \frac{1}{\dfrac{1}{\dot{Z}_1} + \dfrac{1}{\dot{Z}_3}} \tag{6・35}$$

したがって

$$\frac{1}{\dot{Z}_1} + \frac{1}{\dot{Z}_3} = \frac{\dot{Z}_b + \dot{Z}_c}{\dot{Z}_a \dot{Z}_b + \dot{Z}_b \dot{Z}_c + \dot{Z}_c \dot{Z}_a} \tag{6・36}$$

同様にして

$$\frac{1}{\dot{Z}_1} + \frac{1}{\dot{Z}_2} = \frac{\dot{Z}_a + \dot{Z}_c}{\dot{Z}_a \dot{Z}_b + \dot{Z}_b \dot{Z}_c + \dot{Z}_c \dot{Z}_a} \tag{6・37}$$

$$\frac{1}{\dot{Z}_2} + \frac{1}{\dot{Z}_3} = \frac{\dot{Z}_a + \dot{Z}_b}{\dot{Z}_a \dot{Z}_b + \dot{Z}_b \dot{Z}_c + \dot{Z}_c \dot{Z}_a} \tag{6・38}$$

そこで，上式を $\dot{Z}_1, \dot{Z}_2, \dot{Z}_3$ について解くと

$$\left.\begin{array}{l} \dot{Z}_1 = \dfrac{\dot{Z}_a \dot{Z}_b + \dot{Z}_b \dot{Z}_c + \dot{Z}_c \dot{Z}_a}{\dot{Z}_c} \\[3mm] \dot{Z}_2 = \dfrac{\dot{Z}_a \dot{Z}_b + \dot{Z}_b \dot{Z}_c + \dot{Z}_c \dot{Z}_a}{\dot{Z}_a} \\[3mm] \dot{Z}_3 = \dfrac{\dot{Z}_a \dot{Z}_b + \dot{Z}_b \dot{Z}_c + \dot{Z}_c \dot{Z}_a}{\dot{Z}_b} \end{array}\right\} \tag{6・39}$$

となり，等価回路の各インピーダンスとの関係式が得られる．

【例題6·5】　図**6·15**に示す回路に流れる電流$\dot{I}$を求めよ.

　　ただし，$\dot{Z}_1=3+j2$〔Ω〕，$\dot{Z}_2=5-j4$〔Ω〕，$\dot{Z}_3=7+j6$〔Ω〕，$\dot{Z}_4=9+j8$〔Ω〕，$\dot{Z}_5=11-j10$〔Ω〕，$\dot{V}=100+j0$〔V〕とする.

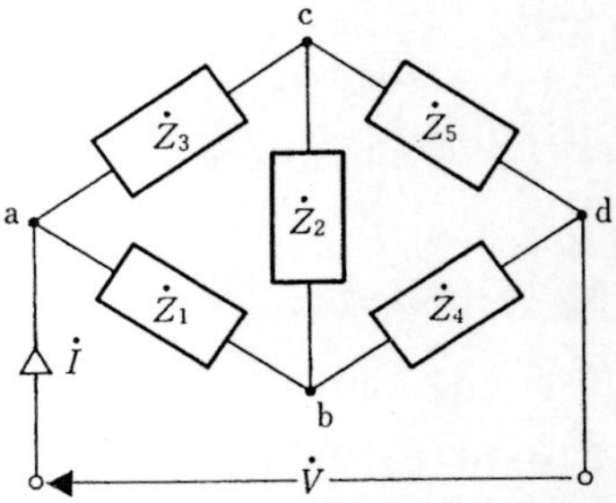

図 6·15

（解）　図6·15の△abcまたは△bcdをY形接続に変換して考える.

　すなわち，与えられた回路の△abcをY形接続に変換すると図**6·16**のようになるから，$\dot{Z}_a, \dot{Z}_b, \dot{Z}_c$は

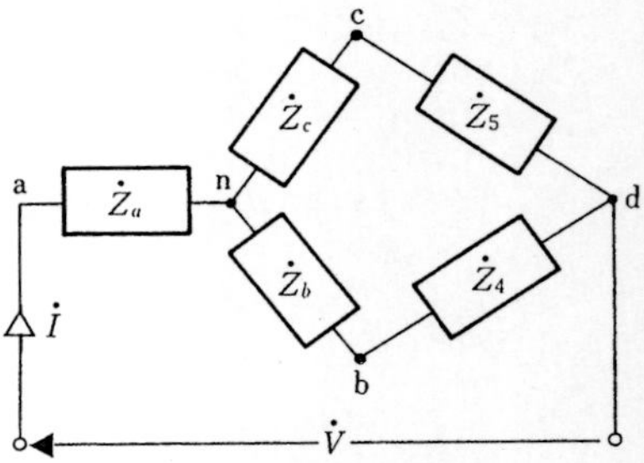

図 6·16

$$\dot{Z}_a=\frac{\dot{Z}_3\dot{Z}_1}{\dot{Z}_1+\dot{Z}_2+\dot{Z}_3}$$

$$=\frac{(7+j6)(3+j2)}{(3+j2)+(5-j4)+(7+j6)}$$

$$=\frac{9+j32}{15+j4}=\frac{263+j444}{241}=1.09+j1.84 \text{〔Ω〕}$$

$$\dot{Z}_b=\frac{\dot{Z}_1\dot{Z}_2}{\dot{Z}_1+\dot{Z}_2+\dot{Z}_3}=\frac{(3+j2)(5-j4)}{(3+j2)+(5-j4)+(7+j6)}=\frac{23-j2}{15+j4}$$

$$=\frac{337-j122}{241}=1.40-j0.51 \text{〔Ω〕}$$

$$\dot{Z}_c=\frac{\dot{Z}_2\dot{Z}_3}{\dot{Z}_1+\dot{Z}_2+\dot{Z}_3}=\frac{(5-j4)(7+j6)}{(3+j2)+(5-j4)+(7+j6)}=\frac{59+j2}{15+j4}$$

$$=\frac{893-j206}{241}=3.71-j0.85 \text{〔Ω〕}$$

$$\dot{Y}_{nd}=\frac{1}{\dot{Z}_c+\dot{Z}_5}+\frac{1}{\dot{Z}_b+\dot{Z}_4}=\frac{1}{(3.71-j0.85)+(11-j10)}+\frac{1}{(1.40-j0.51)+(9+j8)}$$

$$=\frac{25.11-j3.36}{234.25-j2.66} \text{〔S〕}$$

$$\dot{Z}=\dot{Z}_a+\frac{1}{\dot{Y}_{nd}}=1.09+j1.84+\frac{234.25-j2.66}{25.11-j3.36}$$

$$= \frac{267.8 + j\,39.88}{25.11 - j\,3.36} = \frac{6\,590.47 + j\,1\,901.20}{641.80} = 10.27 + j\,2.96 \ [\Omega]$$

ゆえに，回路に流れる電流 $\dot{I}$ は

$$\dot{I} = \frac{\dot{V}}{\dot{Z}} = \frac{100 + j\,0}{10.27 + j\,2.96} = \frac{1\,027 - j\,296}{114.23} = 8.99 - j\,2.59 \ [\mathrm{A}]$$

となる．

6・6 キルヒホッフの法則

前節までで取り扱ったような簡単な直並列回路で表すことのできない複雑な回路でも電圧，電流，インピーダンスに記号法を用いることによって直流回路におけるキルヒホッフの法則が，そのままの形で交流回路にも適用できる．

キルヒホッフの法則は **1・4** 節で既に述べたが，以下の二つの法則から成る．

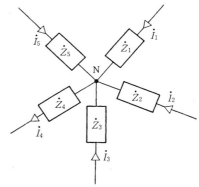

図 **6・17** キルヒホッフの第 1 法則 (KCL)

第1法則（KCL）： 回路網中の任意の節点に流れ込む電流の総和は零である．

例えば，図 **6・17** の節点 N において，流入する電流を正とすれば

$$\dot{I}_1 + \dot{I}_2 + \dot{I}_3 + (-\dot{I}_4) + \dot{I}_5 = 0 \tag{6・40}$$

となる．

第2法則（KVL）： 回路網中の任意の一閉路について，これを一巡するとき，各枝路に生ずる電圧降下の総和はその閉路中の起電力の総和に等しい．

例えば，図 **6・18** において $\dot{I}_1$ の方向に一巡するとして，その方向を正とすると

$$\dot{Z}_1\dot{I}_1 + \dot{Z}_2\dot{I}_2 + \dot{Z}_3\dot{I}_3 + \dot{Z}_4\dot{I}_4$$
$$= \dot{V}_1 - \dot{V}_2 \tag{6・41}$$

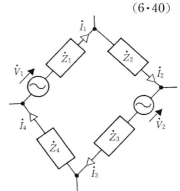

図 **6・18** キルヒホッフの第 2 法則 (KVL)

となる.

　ある回路網中に流れる電流を未知数として，キルヒホッフの法則を適用して解析する方法に枝電流法と網電流法がある. また，キルヒホッフの第1法則を基礎として，回路網中の一つの節点を基準点に選び，他の節点の電圧を未知数として解析する方法に節点電圧法がある.

■ 枝 電 流 法

　図 6·19 のように各枝路に流れる電流 $\dot{I}_1, \dot{I}_2,$ $\dot{I}_3$ を仮定し，N 点にキルヒホッフの第1法則を適用すると

$$\dot{I}_1 + \dot{I}_2 - \dot{I}_3 = 0 \qquad (6\cdot42)$$

　次に閉回路 I および閉回路 II を考え，キルヒホッフの第2法則を適用すると

$$\left.\begin{array}{l} \dot{Z}_1 \dot{I}_1 - \dot{Z}_2 \dot{I}_2 = \dot{V}_1 - \dot{V}_2 \\ \dot{Z}_2 \dot{I}_2 + \dot{Z}_3 \dot{I}_3 = \dot{V}_2 \end{array}\right\} \qquad (6\cdot43)$$

これらより $\dot{I}_1, \dot{I}_2, \dot{I}_3$ が次のように求まる.

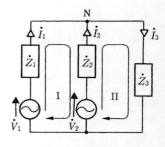

図 6·19　枝電流法

$$\dot{I}_1 = \cfrac{\begin{vmatrix} 0 & 1 & -1 \\ (\dot{V}_1 - \dot{V}_2) & -\dot{Z}_2 & 0 \\ \dot{V}_2 & \dot{Z}_2 & \dot{Z}_3 \end{vmatrix}}{\begin{vmatrix} 1 & 1 & -1 \\ \dot{Z}_1 & -\dot{Z}_2 & 0 \\ 0 & \dot{Z}_2 & \dot{Z}_3 \end{vmatrix}} = \cfrac{(\dot{Z}_2 + \dot{Z}_3)\dot{V}_1 - \dot{Z}_3 \dot{V}_2}{\dot{Z}_1 \dot{Z}_2 + \dot{Z}_2 \dot{Z}_3 + \dot{Z}_3 \dot{Z}_1}$$

$$\dot{I}_2 = \cfrac{\begin{vmatrix} 1 & 0 & -1 \\ \dot{Z}_1 & (\dot{V}_1 - \dot{V}_2) & 0 \\ 0 & \dot{V}_2 & \dot{Z}_3 \end{vmatrix}}{\begin{vmatrix} 1 & 1 & -1 \\ \dot{Z}_1 & -\dot{Z}_2 & 0 \\ 0 & \dot{Z}_2 & \dot{Z}_3 \end{vmatrix}} = \cfrac{(\dot{Z}_1 + \dot{Z}_3)\dot{V}_2 - \dot{Z}_3 \dot{V}_1}{\dot{Z}_1 \dot{Z}_2 + \dot{Z}_2 \dot{Z}_3 + \dot{Z}_3 \dot{Z}_1} \left.\right\} (6\cdot44)$$

$$\dot{I}_3 = \frac{\begin{vmatrix} 1 & 1 & 0 \\ \dot{Z}_1 & -\dot{Z} & (\dot{V}_1 - \dot{V}_2) \\ 0 & \dot{Z}_2 & \dot{V}_2 \end{vmatrix}}{\begin{vmatrix} 1 & 1 & -1 \\ \dot{Z}_1 & -\dot{Z}_2 & 0 \\ 0 & \dot{Z}_2 & \dot{Z}_3 \end{vmatrix}} = \frac{\dot{Z}_2 \dot{V}_1 + \dot{Z}_1 \dot{V}_2}{\dot{Z}_1 \dot{Z}_2 + \dot{Z}_2 \dot{Z}_3 + \dot{Z}_3 \dot{Z}_1}$$

2 網 電 流 法

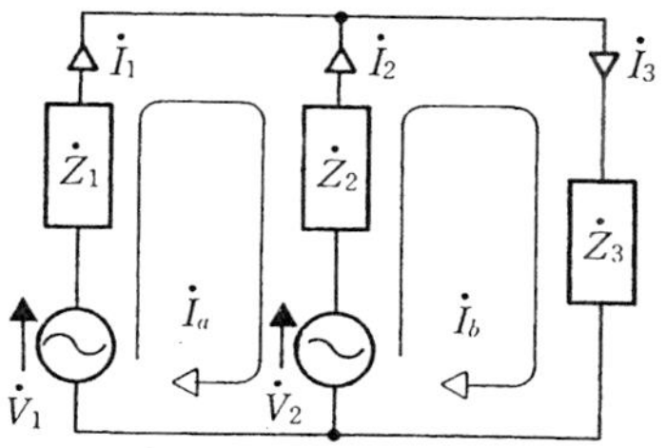

図 **6・20** のように網電流 $\dot{I}_a, \dot{I}_b$ を仮定し，
キルヒホッフの第 2 法則を適用すると

$$\left.\begin{array}{l} \dot{Z}_1 \dot{I}_a + \dot{Z}_2 (\dot{I}_a - \dot{I}_b) = \dot{V}_1 - \dot{V}_2 \\ \dot{Z}_2 (\dot{I}_b - \dot{I}_a) + \dot{Z}_3 \dot{I}_b = \dot{V}_2 \end{array}\right\} \quad (6 \cdot 45)$$

これを整理して

図 **6・20** 網電流法

$$\left.\begin{array}{l} (\dot{Z}_1 + \dot{Z}_2) \dot{I}_a - \dot{Z}_2 \dot{I}_b = \dot{V}_1 - \dot{V}_2 \\ -\dot{Z}_2 \dot{I}_a + (\dot{Z}_2 + \dot{Z}_3) \dot{I}_b = \dot{V}_2 \end{array}\right\} \quad (6 \cdot 46)$$

$$\left.\begin{array}{l} \dot{I}_a = \dfrac{\begin{vmatrix} (\dot{V}_1 - \dot{V}_2) & -\dot{Z}_2 \\ \dot{V}_2 & (\dot{Z}_2 + \dot{Z}_3) \end{vmatrix}}{\begin{vmatrix} (\dot{Z}_1 + \dot{Z}_2) & -\dot{Z}_2 \\ -\dot{Z}_2 & (\dot{Z}_2 + \dot{Z}_3) \end{vmatrix}} = \dfrac{(\dot{Z}_2 + \dot{Z}_3) \dot{V}_1 - \dot{Z}_3 \dot{V}_2}{\dot{Z}_1 \dot{Z}_2 + \dot{Z}_2 \dot{Z}_3 + \dot{Z}_3 \dot{Z}_1} \\[2em] \dot{I}_b = \dfrac{\begin{vmatrix} (\dot{Z}_1 + \dot{Z}_2) & (\dot{V}_1 - \dot{V}_2) \\ -\dot{Z}_2 & \dot{V}_2 \end{vmatrix}}{\begin{vmatrix} (\dot{Z}_1 + \dot{Z}_2) & -\dot{Z}_2 \\ -\dot{Z}_2 & (\dot{Z}_2 + \dot{Z}_3) \end{vmatrix}} = \dfrac{\dot{Z}_2 \dot{V}_1 + \dot{Z}_1 \dot{V}_2}{\dot{Z}_1 \dot{Z}_2 + \dot{Z}_2 \dot{Z}_3 + \dot{Z}_3 \dot{Z}_1} \end{array}\right\} \quad (6 \cdot 47)$$

したがって

$$\left.\begin{array}{l} \dot{I}_1 = \dot{I}_a = \dfrac{(\dot{Z}_2 + \dot{Z}_3) \dot{V}_1 - \dot{Z}_3 \dot{V}_2}{\dot{Z}_1 \dot{Z}_2 + \dot{Z}_2 \dot{Z}_3 + \dot{Z}_3 \dot{Z}_1} \\[1.5em] \dot{I}_2 = \dot{I}_b - \dot{I}_a = \dfrac{(\dot{Z}_1 + \dot{Z}_3) \dot{V}_2 - \dot{Z}_3 \dot{V}_1}{\dot{Z}_1 \dot{Z}_2 + \dot{Z}_2 \dot{Z}_3 + \dot{Z}_3 \dot{Z}_1} \\[1.5em] \dot{I}_3 = \dot{I}_b = \dfrac{\dot{Z}_2 \dot{V}_1 + \dot{Z}_1 \dot{V}_2}{\dot{Z}_1 \dot{Z}_2 + \dot{Z}_2 \dot{Z}_3 + \dot{Z}_3 \dot{Z}_1} \end{array}\right\} \quad (6 \cdot 48)$$

となる.

3 節点電圧法

図 6·21 において S 点を基準点として，N点に
キルヒホッフの第 1 法則を適用すると

$$\dot{I}_1 + \dot{I}_2 = \dot{I}_3 \tag{6·49}$$

となる.

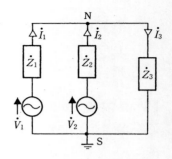

ここで，N点の電位を $\dot{V}$ とすると，$\dot{I}_1$ は

$$\dot{I}_1 = \frac{\dot{V}_1 - \dot{V}}{\dot{Z}_1} = \dot{Y}_1 (\dot{V}_1 - \dot{V}) \tag{6·50}$$

同様にして，$\dot{I}_2, \dot{I}_3$ は

図 6·21　節点電圧法

$$\dot{I}_2 = \frac{\dot{V}_2 - \dot{V}}{\dot{Z}_2} = \dot{Y}_2 (\dot{V}_2 - \dot{V}) \tag{6·51}$$

$$\dot{I}_3 = \frac{\dot{V}}{\dot{Z}_3} = \dot{Y}_3 \dot{V} \tag{6·52}$$

$$\frac{\dot{V}_1 - \dot{V}}{\dot{Z}_1} + \frac{\dot{V}_2 - \dot{V}}{\dot{Z}_2} = \frac{\dot{V}}{\dot{Z}_3} \tag{6·53}$$

となり，上式を整理すると N点における未知の電圧 $\dot{V}$ が求まる.

$$\dot{V} = \frac{\dfrac{\dot{V}_1}{\dot{Z}_1} + \dfrac{\dot{V}_2}{\dot{Z}_2}}{\dfrac{1}{\dot{Z}_1} + \dfrac{1}{\dot{Z}_2} + \dfrac{1}{\dot{Z}_3}} = \frac{\dot{Y}_1 \dot{V}_1 + \dot{Y}_2 \dot{V}_2}{\dot{Y}_1 + \dot{Y}_2 + \dot{Y}_3} \tag{6·54}$$

したがって，$\dot{I}_1, \dot{I}_2, \dot{I}_3$ は

$$\left.\begin{aligned}
\dot{I}_1 &= \dot{Y}_1 \left(\dot{V}_1 - \frac{\dot{Y}_1 \dot{V}_1 + \dot{Y}_2 \dot{V}_2}{\dot{Y}_1 + \dot{Y}_2 + \dot{Y}_3} \right) = \frac{(\dot{Z}_2 + \dot{Z}_3)\dot{V}_1 - \dot{Z}_3 \dot{V}_2}{\dot{Z}_1 \dot{Z}_2 + \dot{Z}_2 \dot{Z}_3 + \dot{Z}_3 \dot{Z}_1} \\
\dot{I}_2 &= \dot{Y}_2 \left(\dot{V}_2 - \frac{\dot{Y}_1 \dot{V}_1 + \dot{Y}_2 \dot{V}_2}{\dot{Y}_1 + \dot{Y}_2 + \dot{Y}_3} \right) = \frac{(\dot{Z}_1 + \dot{Z}_3)\dot{V}_2 - \dot{Z}_3 \dot{V}_1}{\dot{Z}_1 \dot{Z}_2 + \dot{Z}_2 \dot{Z}_3 + \dot{Z}_3 \dot{Z}_1} \\
\dot{I}_3 &= \dot{Y}_3 \left(\frac{\dot{Y}_1 \dot{V}_1 + \dot{Y}_2 \dot{V}_2}{\dot{Y}_1 + \dot{Y}_2 + \dot{Y}_3} \right) = \frac{\dot{Z}_2 \dot{V}_1 + \dot{Z}_1 \dot{V}_2}{\dot{Z}_1 \dot{Z}_2 + \dot{Z}_2 \dot{Z}_3 + \dot{Z}_3 \dot{Z}_1}
\end{aligned}\right\} \tag{6·55}$$

となる.

　一般に，節点電圧法は回路を等
価電流源として解析する場合が多
い．そこで，電流源を用いた等価
回路を図 **6·22** に示す．

　以上のように **1**, **2**, **3** の解析
法は，いずれも最終的に同じ結果
を得ることとなる．

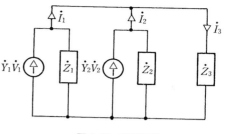

図 **6·22**　等価回路

【**例題 6·6**】図 **6·23** に示す回路
において，各枝路に流れる電流
$\dot{I_1}, \dot{I_2}, \dot{I_3}$ をキルヒホッフの法則を
用いて求めよ．ただし，$R_1 = 2$
〔Ω〕，$R_2 = 2$〔Ω〕，$R_3 = 5$〔Ω〕，
$X_{L1} = 4$〔Ω〕，$X_C = 4$〔Ω〕，

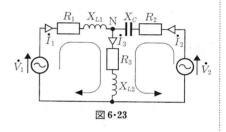

図 **6·23**

$X_{L2} = 7.5$〔Ω〕，$\dot{V_1} = 100 + j0$〔V〕，$\dot{V_2} = 200 + j0$〔V〕とする．なお電
源の内部インピーダンスは無視するものとする．

（**解**）　図 6·23 に示す閉路を考え，枝電流法で解くと

$$\dot{I_1} = \frac{\begin{vmatrix} 0 & 1 & -1 \\ (100+j0) & 0 & (5+j7.5) \\ (200+j0) & (2-j4) & (5+j7.5) \end{vmatrix}}{\begin{vmatrix} 1 & 1 & -1 \\ (2+j4) & 0 & (5+j7.5) \\ 0 & (2-j4) & (5+j7.5) \end{vmatrix}} = -\frac{300+j1\,150}{40+j30} = -18.6 - j14.8 \text{〔A〕}$$

$$\dot{I_2} = \frac{\begin{vmatrix} 1 & 0 & -1 \\ (2+j4) & (100+j0) & (5+j7.5) \\ 0 & (200+j0) & (5+j7.5) \end{vmatrix}}{\begin{vmatrix} 1 & 1 & -1 \\ (2+j4) & 0 & (5+j7.5) \\ 0 & (2-j4) & (5+j7.5) \end{vmatrix}} = \frac{900+j1\,550}{40+j30} = 33.0 + j14.0 \text{〔A〕}$$

$$
\dot{I}_3 = \frac{\begin{vmatrix} 1 & 1 & 0 \\ (2+j4) & 0 & (100+j0) \\ 0 & (2-j4) & (200+j0) \end{vmatrix}}{\begin{vmatrix} 1 & 1 & -1 \\ (2+j4) & 0 & (5+j7.5) \\ 0 & (2-j4) & (5+j7.5) \end{vmatrix}} = \frac{600+j400}{40+j30} = 14.4 - j0.8 \text{ [A]}
$$

となる.

【例題 6・7】　例題 6・6 の図 6・23 に示す回路の各枝路に流れる電流 $\dot{I}_1$, $\dot{I}_2$, $\dot{I}_3$ を節点電圧法を用いて求めよ. ただし, $R_1 = 2$ [Ω], $R_2 = 2$ [Ω], $R_3 = 5$ [Ω], $X_{L1} = 4$ [Ω], $X_C = 4$ [Ω], $X_{L2} = 7.5$ [Ω], $\dot{V}_1 = 100 + j0$ [V], $\dot{V}_2 = 200 + j0$ [V] とする. なお電源の内部インピーダンスは無視するものとする.

(解)　図 6・23 の N 点の電位を $\dot{V}$ とすると, 式 (6・54) より

$$
\dot{V} = \frac{\dfrac{100}{(2+j4)} + \dfrac{200}{(2-j4)}}{\dfrac{1}{(2+j4)} + \dfrac{1}{(2-j4)} + \dfrac{1}{(5+j7.5)}} = 78 + j104 \text{ [V]}
$$

したがって, $\dot{I}_1, \dot{I}_2, \dot{I}_3$ は式 (6・55) より

$$
\dot{I}_1 = \frac{100 - (78 + j104)}{2 + j4} = \frac{22 - j104}{2 + j4} = -18.6 - j14.8 \text{ [A]}
$$

$$
\dot{I}_2 = \frac{200 - (78 + j104)}{2 - j4} = \frac{122 - j104}{2 - j4} = 33.0 + j14.0 \text{ [A]}
$$

$$
\dot{I}_3 = \frac{78 + j104}{5 + j7.5} = 14.4 - j0.8 \text{ [A]}
$$

となる.

【例題 6・8】　図 6・24 の回路において R_2 に流れる電流 $\dot{I}_2$ を, 網電流法と節点電圧法で求めよ.

　　ただし, $R_1 = 5$ [Ω], $R_2 = 4$ [Ω], $R_3 = 2$ [Ω], X_L

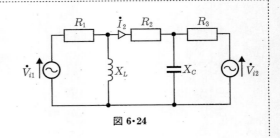

図 6・24

$= 2 〔\Omega〕$, $X_C = 2 〔\Omega〕$, $\dot{V}_{i1} = 50 〔V〕$, $\dot{V}_{i2} = j50 〔V〕$ とする． なお電源の
内部インピーダンスは無視するものとする．

（解）　①　**網電流法による解法**

図 **6・25** のように網電流を仮定し，キ
ルヒホッフの第 2 法則を適用すると

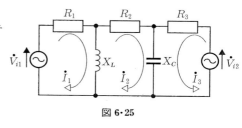
図 **6・25**

$$\left.\begin{array}{c}(R_1+jX_L)\dot{I}_1-jX_L\dot{I}_2 = \dot{V}_{i1} \\ -jX_L\dot{I}_1+\{R_2+j(X_L-X_C)\}\dot{I}_2 \\ -jX_C\dot{I}_3 = 0 \\ -jX_C\dot{I}_2+(R_3-jX_C)\dot{I}_3 = \dot{V}_{i2}\end{array}\right\}$$

を得る．そこで，上式に数値を代入すると次式のようになる．

$$\left.\begin{array}{c}(5+j2)\dot{I}_1-j2\dot{I}_2 = 50 \\ -j2\dot{I}_1+\{4+j(2-2)\}\dot{I}_2-j2\dot{I}_3 = 0 \\ -j2\dot{I}_2+(2-j2)\dot{I}_3 = j50\end{array}\right\}$$

これより，$\dot{I}_2$ は

$$\dot{I}_2 = \frac{\begin{vmatrix}(5+j2) & 50 & 0 \\ -j2 & 0 & -j2 \\ 0 & j50 & (2-j2)\end{vmatrix}}{\begin{vmatrix}(5+j2) & -j2 & 0 \\ -j2 & 4 & -j2 \\ 0 & -j2 & (2-j2)\end{vmatrix}} = \frac{-300}{84-j24}$$

$$= \frac{-25\,200-j7\,200}{7\,632} = -(3.302+j0.943)〔A〕$$

となる．

②　**節点電圧法による解法**

図 **6・26** の節点③を基準節点にとり，節点①，②の電圧をそれぞれ $\dot{V}_1$，$\dot{V}_2$ とする．
また，枝電流がすべて節点①，②から流れ出ているものとして，キルヒホッフの第 1 法

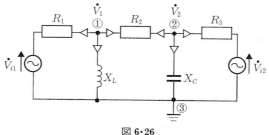
図 **6・26**

則を適用すると

節点①に対して

$$\frac{\dot{V}_1 - \dot{V}_{i1}}{R_1} + \frac{\dot{V}_1}{jX_L} + \frac{\dot{V}_1 - \dot{V}_2}{R_2} = 0$$

節点②に対して

$$\frac{\dot{V}_2 - \dot{V}_1}{R_2} + \frac{\dot{V}_2}{-jX_C} + \frac{\dot{V}_2 - \dot{V}_{i2}}{R_3} = 0$$

を得る．ここで，上式を整理すると次式を得る．

$$\left.\begin{aligned}
\left(\frac{1}{R_1} + \frac{1}{jX_L} + \frac{1}{R_2}\right)\dot{V}_1 - \frac{1}{R_2}\dot{V}_2 = \frac{\dot{V}_{i1}}{R_1} \\[2mm]
-\frac{1}{R_2}\dot{V}_1 + \left(\frac{1}{R_2} + \frac{1}{-jX_C} + \frac{1}{R_3}\right)\dot{V}_2 = \frac{\dot{V}_{i2}}{R_3}
\end{aligned}\right\}$$

そこで，上式に数値を代入すると次式のようになる．

$$\left.\begin{aligned}
\left(\frac{1}{5} + \frac{1}{j2} + \frac{1}{4}\right)\dot{V}_1 - \frac{1}{4}\dot{V}_2 = \frac{50}{5} \\[2mm]
-\frac{1}{4}\dot{V}_1 + \left(\frac{1}{4} + \frac{1}{-j2} + \frac{1}{2}\right)\dot{V}_2 = \frac{j50}{2}
\end{aligned}\right\}$$

さらに，上式を整理して次式を得る．

$$(0.45 - j0.5)\dot{V}_1 - 0.25\dot{V}_2 = 10$$
$$-0.25\dot{V}_1 + (0.75 + j0.5)\dot{V}_2 = j25$$

これより，$\dot{V}_1$, $\dot{V}_2$ は

$$\dot{V}_1 = \frac{\begin{vmatrix} 10 & -0.25 \\ j25 & (0.75+j0.5) \end{vmatrix}}{\begin{vmatrix} (0.45-j0.5) & -0.25 \\ -0.25 & (0.75+j0.5) \end{vmatrix}} = \frac{7.5+j11.25}{0.525-j0.15}$$

$$= \frac{2.25+j7.03125}{0.298125} = 7.547 + j23.585 \ \text{(V)}$$

$$\dot{V}_2 = \frac{\begin{vmatrix} (0.45-j0.5) & 10 \\ -0.25 & j25 \end{vmatrix}}{\begin{vmatrix} (0.45-j0.5) & -0.25 \\ -0.25 & (0.75+j0.5) \end{vmatrix}} = \frac{15+j11.25}{0.525-j0.15}$$

$$= \frac{6.1875+j8.15625}{0.298125} = 20.755 + j27.359 \ \text{(V)}$$

したがって，R_2 に流れる電流 $\dot{I}_2$ は

$$\dot{I}_2 = \frac{\dot{V}_1 - \dot{V}_2}{R_2} = \frac{7.547 + j\,23.585 - (20.755 + j\,27.359)}{4}$$

$$= \frac{-13.208 - j\,3.774}{4}$$

$$= -(3.302 + j\,0.943) \ \text{(A)}$$

となる．

なお，節点電圧法における電流源等価回路は図 **6・27** のようになる．

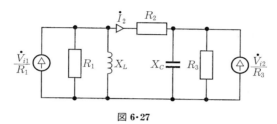

図 **6・27**

この例題では，枝電流がすべて節点から流れ出ているものとしてキルヒホッフの第1法則により，その節点での電流の和が零であることから求めた．しかし，図 **6・28** のように枝電流が一つの分路から節点に流入し，他の分路へ流れ出る場合は，キルヒホッフの第1法則から，流入する電流と流れ出る電流の和は零であるから

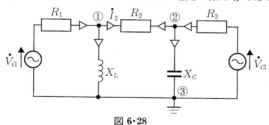

図 **6・28**

節点①に対して

$$\frac{\dot{V}_{i1} - \dot{V}_1}{R_1} - \frac{\dot{V}_1}{j\,X_L} - \frac{\dot{V}_1 - \dot{V}_2}{R_2} = 0$$

節点②に対して

$$\frac{\dot{V}_{i2} - \dot{V}_2}{R_3} - \frac{\dot{V}_2}{j\,X_C} - \frac{\dot{V}_2 - \dot{V}_1}{R_2} = 0$$

を得る．

そこで，上式を整理すると

$$\left(\frac{1}{R_1}+\frac{1}{jX_L}+\frac{1}{R_2}\right)\dot{V}_1-\frac{1}{R_2}\dot{V}_2=\frac{\dot{V}_{i1}}{R_1}$$

$$-\frac{1}{R_2}\dot{V}_1+\left(\frac{1}{R_2}+\frac{1}{-jX_C}+\frac{1}{R_3}\right)\dot{V}_2=\frac{\dot{V}_{i2}}{R_3}$$

となり，例題の解と同一の式を得る．

このように，節点電圧法における枝電流は，節点に関して電流の方向を任意に考えてよい．

6·7 重ね合わせの理

複数の起電力が同時に存在する線形な回路網[1]において各点の電圧・電流は，それらの起電力がそれぞれ単独に存在する場合の電圧・電流の総和に等しい．これを重ね合わせの理[2]という．

この定理を用いて回路網中の各枝電流を求めるには，回路網中の電源のうち，1個を残し，それ以外の電源を短絡したものとして，各枝に流れる電流を求める．次に他の電源についても同様にして，各枝電流を求め，これらを合成すればよい．

すなわち，図6·29(a)の回路網は図6·29(b)，図6·29(c)のような二つの回路網にわけられる．まず，図6·29(b)より，各枝電流を求めると

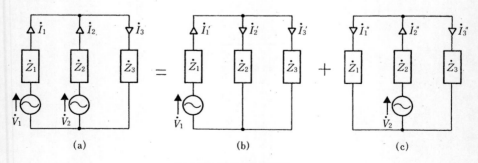

(a)   (b)   (c)

図6·29　重ね合わせの理

---

〔1〕 線形な回路網 linear electric network
〔2〕 重ね合わせの理 superposition theorem

$$\dot{I_1}' = \cfrac{1}{\dot{Z_1} + \cfrac{\dot{Z_2}\dot{Z_3}}{\dot{Z_2} + \dot{Z_3}}} \dot{V_1} = \frac{\dot{Z_2} + \dot{Z_3}}{\dot{Z_1}\dot{Z_2} + \dot{Z_2}\dot{Z_3} + \dot{Z_3}\dot{Z_1}} \dot{V_1}$$

$$\dot{I_2}' = \frac{\dot{Z_3}}{\dot{Z_2} + \dot{Z_3}} \dot{I_1}' = \frac{\dot{Z_3}}{\dot{Z_1}\dot{Z_2} + \dot{Z_2}\dot{Z_3} + \dot{Z_3}\dot{Z_1}} \dot{V_1} \tag{6・56}$$

$$\dot{I_3}' = \frac{\dot{Z_2}}{\dot{Z_2} + \dot{Z_3}} \dot{I_1}' = \frac{\dot{Z_2}}{\dot{Z_1}\dot{Z_2} + \dot{Z_2}\dot{Z_3} + \dot{Z_3}\dot{Z_1}} \dot{V_1}$$

同様に図6・29（c）より，各枝電流は

$$\dot{I_2}'' = \cfrac{1}{\dot{Z_2} + \cfrac{\dot{Z_3}\dot{Z_1}}{\dot{Z_1} + \dot{Z_3}}} \dot{V_2} = \frac{\dot{Z_1} + \dot{Z_3}}{\dot{Z_1}\dot{Z_2} + \dot{Z_2}\dot{Z_3} + \dot{Z_3}\dot{Z_1}} \dot{V_2}$$

$$\dot{I_1}'' = \frac{\dot{Z_3}}{\dot{Z_1} + \dot{Z_3}} \dot{I_2}'' = \frac{\dot{Z_3}}{\dot{Z_1}\dot{Z_2} + \dot{Z_2}\dot{Z_3} + \dot{Z_3}\dot{Z_1}} \dot{V_2} \tag{6・57}$$

$$\dot{I_3}'' = \frac{\dot{Z_1}}{\dot{Z_1} + \dot{Z_3}} \dot{I_2}'' = \frac{\dot{Z_1}}{\dot{Z_1}\dot{Z_2} + \dot{Z_2}\dot{Z_3} + \dot{Z_3}\dot{Z_1}} \dot{V_2}$$

したがって，図6・29（a）の回路網の各枝電流は

$$\dot{I_1} = \dot{I_1}' - \dot{I_1}'' = \frac{(\dot{Z_2} + \dot{Z_3})\dot{V_1} - \dot{Z_3}\dot{V_2}}{\dot{Z_1}\dot{Z_2} + \dot{Z_2}\dot{Z_3} + \dot{Z_3}\dot{Z_1}}$$

$$\dot{I_2} = -\dot{I_2}' + \dot{I_2}'' = \frac{(\dot{Z_3} + \dot{Z_1})\dot{V_2} - \dot{Z_3}\dot{V_1}}{\dot{Z_1}\dot{Z_2} + \dot{Z_2}\dot{Z_3} + \dot{Z_3}\dot{Z_1}} \tag{6・58}$$

$$\dot{I_3} = \dot{I_3}' + \dot{I_3}'' = \frac{\dot{Z_2}\dot{V_1} + \dot{Z_1}\dot{V_2}}{\dot{Z_1}\dot{Z_2} + \dot{Z_2}\dot{Z_3} + \dot{Z_3}\dot{Z_1}}$$

となり，前節で学んだ解析法を用いた場合と同じ結果を得ることとなる．

【例題6・9】 例題6・6の図6・23に示す回路の各枝路に流れる電流 $\dot{I_1}$, $\dot{I_2}$, $\dot{I_3}$ を重ね合わせの理を用いて求めよ．ただし，$R_1 = 2$〔Ω〕，$R_2 = 2$〔Ω〕，$R_3 = 5$〔Ω〕，$X_{L1} = 4$〔Ω〕，$X_C = 4$〔Ω〕，$X_{L2} = 7.5$〔Ω〕，$\dot{V_1} = 100 + j0$〔V〕，$\dot{V_2} = 200 + j0$〔V〕とする．なお電源の内部インピーダンスは無視するものとする．

（**解**） 2個の電源が単独に存在する場合に，各枝路に流れる電流を図**6・30**（a），（b）

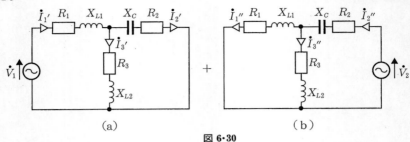

図 **6·30**

に示すように定める. 図 6·30 (a) において

$$\dot{I_1}' = \frac{100+j0}{2+j4+\dfrac{1}{\dfrac{1}{2-j4}+\dfrac{1}{5+j7.5}}} = \frac{700+j350}{40+j30} = 15.4 - j2.8 \,\text{(A)}$$

$$\dot{I_2}' = \frac{(5+j7.5)(15.4-j2.8)}{(2-j4)+(5+j7.5)} = \frac{28+j29}{2+j1} = 17.0 + j6.0 \,\text{(A)}$$

$$\dot{I_3}' = \frac{(2-j4)(15.4-j2.8)}{(2-j4)+(5+j7.5)} = \frac{5.6-j19.2}{2+j1} = -1.6 - j8.8 \,\text{(A)}$$

図 6·30 (b) において

$$\dot{I_2}'' = \frac{200+j0}{2-j4+\dfrac{1}{\dfrac{1}{2+j4}+\dfrac{1}{5+j7.5}}} = \frac{1\,400+j2\,300}{40+j30} = 50.0 + j20.0 \,\text{(A)}$$

$$\dot{I_1}'' = \frac{(5+j7.5)(50.0+j20.0)}{(2+j4)+(5+j7.5)} = \frac{100+j475}{7+j11.5} = 34.0 + j12.0 \,\text{(A)}$$

$$\dot{I_3}'' = \frac{(2+j4)(50.0+j20.0)}{(2+j4)+(5+j7.5)} = \frac{20-j240}{7+j11.5} = 16.0 + j8.0 \,\text{(A)}$$

したがって，図 6·23 の $\dot{I_1}, \dot{I_2}, \dot{I_3}$ は次のようになる.

$$\dot{I_1} = \dot{I_1}' - \dot{I_1}'' = (15.4-j2.8) - (34.0+j12.0) = -18.6 - j14.8 \,\text{(A)}$$

$$\dot{I_2} = -\dot{I_2}' + \dot{I_2}'' = -(17.0+j6.0) + (50.0+j20.0) = 33.0 + j14.0 \,\text{(A)}$$

$$\dot{I_3} = \dot{I_3}' + \dot{I_3}'' = -(1.6-j8.8) + (16.0+j8.0) = 14.4 - j0.8 \,\text{(A)}$$

6·8 鳳-テブナンの定理とノートンの定理

◼ 鳳-テブナンの定理

図 **6·31** に示すように，起電力を含む回路の端子 a b を開放したとき，端子 a b 間に現れる電圧を $\dot{V_0}$，端子 a b から回路網をみた合成インピーダンスを $\dot{Z_0}$ とする. この端子 a b 間に負荷インピーダンス $\dot{Z}$ を接続したとき， 負荷インピー

ダンス $\dot{Z}$ に流れる電流 $\dot{I}$ は

$$\dot{I} = \frac{\dot{V}_0}{\dot{Z}_0 + \dot{Z}} \qquad (6\cdot59)$$

となる．これを鳳-テブナンの定理[1] という．

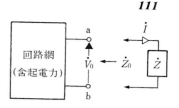

図 6・31　鳳-テブナンの定理

【例題 6・10】　図 6・32 の回路において，負荷
に流れる電流 $\dot{I}_3$ を求めよ．

　なお，電源の内部インピーダンスは無視す
るものとする．

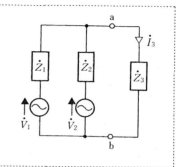

図 6・32

（解）　図 6・32 の回路で，$\dot{Z}_3$ を切り離し，そ
の両端を ab とすると，ab 間の電圧 $\dot{V}_0$ は，
図 6・33 の方向に網電流を考え，キルヒホッ
フの第 2 法則を適用すると

$$\dot{Z}_1\dot{I} + \dot{Z}_2\dot{I} = \dot{V}_1 - \dot{V}_2$$

したがって

$$\dot{I} = \frac{\dot{V}_1 - \dot{V}_2}{\dot{Z}_1 + \dot{Z}_2}$$

よって ab 間の電圧 $\dot{V}_0$ は

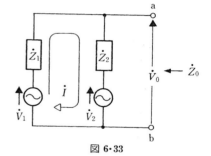

図 6・33

$$\dot{V}_0 = \dot{V}_1 - \dot{Z}_1\dot{I} = \dot{V}_1 - \frac{\dot{V}_1 - \dot{V}_2}{\dot{Z}_1 + \dot{Z}_2}\dot{Z}_1 = \frac{\dot{Z}_2\dot{V}_1 + \dot{Z}_1\dot{V}_2}{\dot{Z}_1 + \dot{Z}_2}$$

次に電源を無視して，端子 ab からみた内部インピーダンス $\dot{Z}_0$ は

$$\dot{Z}_0 = \frac{\dot{Z}_1\dot{Z}_2}{\dot{Z}_1 + \dot{Z}_2}$$

よって，負荷に流れる電流 $\dot{I}_3$ は

$$\dot{I}_3 = \frac{\dot{V}_0}{\dot{Z}_0 + \dot{Z}_3} = \frac{\dot{Z}_2\dot{V}_1 + \dot{Z}_1\dot{V}_2}{\dot{Z}_1\dot{Z}_2 + \dot{Z}_2\dot{Z}_3 + \dot{Z}_3\dot{Z}_1}$$

となる．

---

〔1〕鳳-テブナンの定理　Hoh-Thévenin's theorem

❷ ノートンの定理

　図6・34に示すように, 起電力を含む
回路網の端子abを短絡したときに流
れる電流を$\dot{I}_s$, 端子abを開放にして
端子abから回路網をみた合成アドミ
タンスを$\dot{Y}_0$とする. この端子ab間に

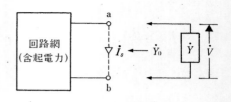

図6・34　ノートンの定理

負荷アドミタンス$\dot{Y}$を接続したとき, 負荷アドミタンス$\dot{Y}$の端子間電圧$\dot{V}$は

$$\dot{V} = \frac{\dot{I}_s}{\dot{Y}_0 + \dot{Y}} \tag{6・60}$$

となる. これをノートンの定理[1]という.

【例題6・11】　図6・35の回路において, 負
荷インピーダンス$\dot{Z}_3$に流れる電流を求め
よ.

　なお, 電源の内部インピーダンスは無視
するものとする.

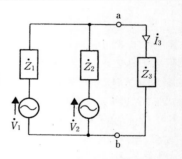

図6・35

（解）　図6・35の回路で, $\dot{Z}_3$を切り離し, その両端をabとして, 電源を無視した場
合の端子abからみたアドミタンス$\dot{Y}_0$は

$$\dot{Y}_0 = \frac{1}{\dot{Z}_1} + \frac{1}{\dot{Z}_2} = \dot{Y}_1 + \dot{Y}_2$$

次に, 端子abを短絡したときに流れる電流$\dot{I}_s$は

$$\dot{I}_s = \frac{\dot{V}_1}{\dot{Z}_1} + \frac{\dot{V}_2}{\dot{Z}_2} = \dot{Y}_1 \dot{V}_1 + \dot{Y}_2 \dot{V}_2$$

したがって, 図6・36に示す等価電流源を得る.

　ゆえに, 端子ab間に負荷インピーダンス$\dot{Z}_3 (= 1/\dot{Y}_3)$
を接続したときの端子ab間の電圧$\dot{V}$は

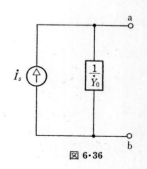

図6・36

---

〔1〕ノートンの定理　Norton's theorem

$$\dot{V} = \frac{\dot{Y}_1 \dot{V}_1 + \dot{Y}_2 \dot{V}_2}{\dot{Y}_1 + \dot{Y}_2 + \dot{Y}_3}$$

したがって，負荷インピーダンス $\dot{Z}_3$ に流れる電流 $\dot{I}_3$ は

$$\dot{I}_3 = \frac{\dot{V}}{\dot{Z}_3} = \dot{Y}_3 \Big(\frac{\dot{Y}_1 \dot{V}_1 + \dot{Y}_2 \dot{V}_2}{\dot{Y}_1 + \dot{Y}_2 + \dot{Y}_3} \Big) = \frac{\dot{Z}_2 \dot{V}_1 + \dot{Z}_1 \dot{V}_2}{\dot{Z}_1 \dot{Z}_2 + \dot{Z}_2 \dot{Z}_3 + \dot{Z}_3 \dot{Z}_1}$$

となる.

6・9　交流ブリッジ回路

　インピーダンスや周波数等の測定に広く用いられているブリッジ回路[1]は図 **6・37** のような回路で，D は受話器等の測定器であり，多くの場合 D を流れる電流が零となるように調整して測定を行う. このような状態になったときブリッジ回路は平衡したという. すなわち，図の ab 間の電位差を，cd 間の電位 $\dot{V}$ を基準として，ベクトル図の一例を描くと図 **6・38** のようになる.

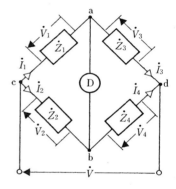

図 **6・37** 交流ブリッジ回路

　いま，ブリッジ回路が平衡すると ab 間に電流が流れないから $\dot{V}_{ab} = 0$ となるはずである.

　したがって，図 6・38 より

$$\dot{V}_{ab} = \dot{Z}_1 \dot{I}_1 - \dot{Z}_2 \dot{I}_2 = \dot{Z}_3 \dot{I}_3 - \dot{Z}_4 \dot{I}_4 = 0$$

$$(6 \cdot 61)$$

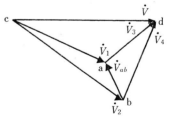

図 **6・38**　ブリッジ回路のベクトル図

となり，これより

$$\dot{Z}_1 \dot{I}_1 = \dot{Z}_2 \dot{I}_2, \quad \dot{Z}_3 \dot{I}_3 = \dot{Z}_4 \dot{I}_4 \qquad (6 \cdot 62)$$

上式の両辺を辺々相除すると

$$\frac{\dot{Z}_1 \dot{I}_1}{\dot{Z}_3 \dot{I}_3} = \frac{\dot{Z}_2 \dot{I}_2}{\dot{Z}_4 \dot{I}_4} \qquad (6 \cdot 63)$$

〔1〕ブリッジ回路　bridge circuit

ab間に電位差がなければ，$\dot{I}_1 = \dot{I}_3,\ \dot{I}_2 = \dot{I}_4$ であるから

$$\frac{\dot{Z}_1}{\dot{Z}_3} = \frac{\dot{Z}_2}{\dot{Z}_4} \tag{6・64}$$

または

$$\dot{Z}_1\dot{Z}_4 = \dot{Z}_2\dot{Z}_3 \tag{6・65}$$

となる．これがブリッジ回路の平衡条件である．

　一般にインピーダンスは複素数で与えられるから，この平衡条件は大きさだけでなく，位相角を含んだ状態で成立することが必要である．すなわち，左辺と右辺の実数部と虚数部がそれぞれ相等しい場合に成立する．このようなブリッジ回路を交流ブリッジ[1]またはインピーダンスブリッジ[2]と呼ぶ．

【例題6・12】　図6・39に示すブリッジ回路の平衡条件を求めよ．

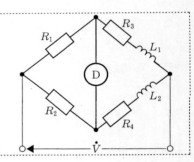

図6・39

（解）　各辺のインピーダンスは

$$\dot{Z}_1 = R_1 \qquad \dot{Z}_3 = R_3 + j\omega L_1$$
$$\dot{Z}_2 = R_2 \qquad \dot{Z}_4 = R_4 + j\omega L_2$$

ブリッジ回路の平衡条件 $\dot{Z}_1\dot{Z}_4 = \dot{Z}_2\dot{Z}_3$ より

$$R_1(R_4 + j\omega L_2) = R_2(R_3 + j\omega L_1)$$

両辺の実数部と虚数部をそれぞれ等しいとおいて

$$R_1 R_4 = R_2 R_3$$
$$j\omega L_2 R_1 = j\omega L_1 R_2$$

したがって，平衡条件は

$$\frac{R_1}{R_2} = \frac{R_3}{R_4} = \frac{L_1}{L_2}$$

となる．

〔1〕交流ブリッジ　AC bridge　　〔2〕インピーダンスブリッジ　impedance bridge

このブリッジ回路をマクスウェルブリッジ[1]という.

6·10　共振現象

インダクタンス L と静電容量 C を含む回路網では，ある周波数の交流入力に対して特に大きな電圧や電流を生じることがあり，これを共振現象という．共振現象を生じる角周波数では回路のインピーダンス $\dot{Z}$ またはアドミタンス $\dot{Y}$ が極めて小さな値をとる．共振現象は通信や計測の分野で極めて頻繁に利用されており，基本的には直列共振[2]と並列共振[3]とに分けられる．

■1　直列共振

図 6·40 の RLC 直列回路におけるインピーダンス $\dot{Z}$ は

$$\dot{Z} = R + jX = R + j\left(\omega L - \frac{1}{\omega C}\right) \tag{6·66}$$

で示される．ここで，R, L, C を一定とするとインピーダンス $\dot{Z}$ は角周波数 ω の関数であるから，5·8 節で学んだようにインピーダンス $\dot{Z}$ のベクトル軌跡は図 6·41 に示すよ

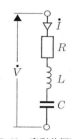

図 6·40　直列共振回路

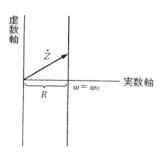
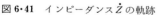

図 6·41　インピーダンス $\dot{Z}$ の軌跡

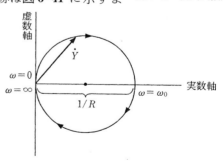

図 6·42　アドミタンス $\dot{Y}$ の軌跡

うな原点から R だけ離れた虚数軸に平行な直線となる．

また，回路のアドミタンス $\dot{Y}$ は

---

〔1〕マクスウェルブリッジ Maxwell bridge　　　　〔2〕直列共振 series resonance
〔3〕並列共振 parallel resonance

$$\dot{Y} = \frac{1}{R + j\left(\omega L - \dfrac{1}{\omega C}\right)} \tag{6.67}$$

で，この軌跡は図**6·42**に示すような原点から$1/2R$離れた実数軸上に中心をもち，原点を通る円で表される*.

（1）共振周波数

いま，リアクタンス$X = 0$となる角周波数をω_0とすれば

$$\omega_0 = \frac{1}{\sqrt{LC}} \tag{6.68}$$

で与えられ，$\omega < \omega_0$では$X < 0$となり，$\dot{Z}$は容量性，$\omega = \omega_0$では$X = 0$となり，$\dot{Z}$は純抵抗となる．また$\omega > \omega_0$では$X > 0$となり，$\dot{Z}$は誘導性となる．

また，インピーダンスの大きさZは

$$Z = |\dot{Z}| = \sqrt{R^2 + \left(\omega L - \frac{1}{\omega C}\right)^2} \tag{6.69}$$

であるから，$\omega = \omega_0$で$Z = R$となり最小になる．これらの関係を図**6·43**に示す．

次に，この回路に流れる電流$\dot{I}$は

$$\dot{I} = \frac{\dot{V}}{\dot{Z}} = \dot{Y}\dot{V} = \frac{1}{R + j\left(\omega L - \dfrac{1}{\omega C}\right)}\dot{V} = \frac{1}{\sqrt{R^2 + \left(\omega L - \dfrac{1}{\omega C}\right)^2}}\dot{V}\varepsilon^{-j\varphi} \tag{6.70}$$

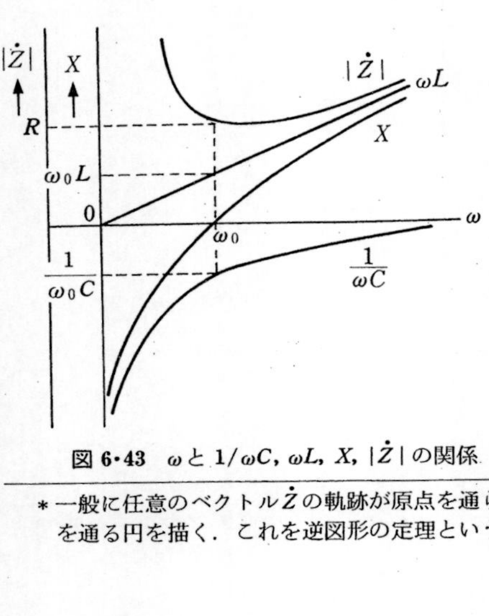

図 **6·43** ωと$1/\omega C$, ωL, X, $|\dot{Z}|$の関係　　図 **6·44** ωに対する電流の位相角

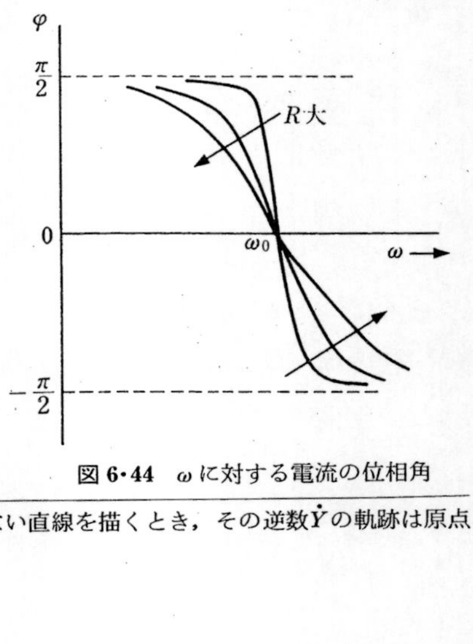

* 一般に任意のベクトル$\dot{Z}$の軌跡が原点を通らない直線を描くとき，その逆数$\dot{Y}$の軌跡は原点を通る円を描く．これを逆図形の定理という．

ただし

$$\varphi = \tan^{-1}\left(\frac{\omega L - \dfrac{1}{\omega C}}{R}\right)$$

となり，電圧 $\dot{V}$ を基準ベクトルにとれば，角周波数 ω を変化させた場合の電流 $\dot{I}$ のベクトル軌跡はアドミタンス $\dot{Y}$ のベクトル軌跡を V 倍したものになる.

　角周波数 ω に対する電流の位相角は式（6·70）より図6·44のようになり，$\omega < \omega_0$ では電流 $\dot{I}$ は電圧 $\dot{V}$ より進み，$\omega = \omega_0$ では電流 $\dot{I}$ と電圧 $\dot{V}$ は同相，$\omega > \omega_0$ では電流 $\dot{I}$ は電圧 $\dot{V}$ より遅れる.

　また，電流の大きさ I は

$$I = |\dot{I}| = \frac{|\dot{V}|}{\sqrt{R^2 + \left(\omega L - \dfrac{1}{\omega C}\right)^2}} \tag{6·71}$$

であるから，I の ω に対する変化は図6·45 のように，いわゆる共振曲線[1] で示される.

　ここで，$\omega = \omega_0$ における電流 I_0 は

$$I_0 = |\dot{I_0}| = \frac{|\dot{V}|}{R} \tag{6·72}$$

となり，最大値をとる. これを共振電流[2] という. これより，共振曲線の高さは回路の抵抗によって定まることがわかる.

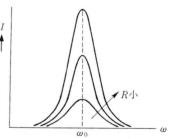

図6·45 I の ω に対する変化

　このように，$\omega = \omega_0$ で電流が電圧と同相になり，最大値をとる現象を直列共振といい，ω_0 を共振角周波数[3] という. また，式（6·68）より，共振周波数[4] f_0 は

$$f_0 = \frac{\omega_0}{2\pi} = \frac{1}{2\pi\sqrt{LC}} \tag{6·73}$$

で与えられる.

　また，回路の L, C を可変して，希望する周波数で共振させることもできる.

---

〔1〕共振曲線 resonance curve　　〔2〕共振電流 resonance current
〔3〕共振角周波数 resonance angular frequency　　〔4〕共振周波数 resonance frequency

このような操作を同調[1]という.

素子の値を可変して回路を希望する周波数に同調させるときのLまたはCの値は次式のようになる.

$$L_0 = \frac{1}{(2\pi f)^2 C} \qquad C_0 = \frac{1}{(2\pi f)^2 L} \tag{6.74}$$

このような場合,共振回路を同調回路という.

(2) 共振回路の Q

ここで,式(6.70)より任意の角周波数ωにおける電流$\dot{I}$と共振電流$\dot{I}_0$との比をとると

$$\frac{\dot{I}}{\dot{I}_0} = \frac{R}{R + j\left(\omega L - \dfrac{1}{\omega C}\right)} = \frac{1}{1 + j\dfrac{L}{R\sqrt{LC}}\left(\omega\sqrt{LC} - \dfrac{1}{\omega\sqrt{LC}}\right)}$$

$$= \frac{1}{1 + j\dfrac{\omega_0 L}{R}\left(\dfrac{\omega}{\omega_0} - \dfrac{\omega_0}{\omega}\right)} = \frac{1}{1 + jQ\left(\dfrac{\omega}{\omega_0} - \dfrac{\omega_0}{\omega}\right)} \tag{6.75}$$

ここに,$Q = \omega_0 L/R$ は共振曲線の山の鋭さの度合いを表す係数で,尖鋭度*[2] または選択度[3] という.すなわち,抵抗が小さいほど,また共振時のリアクタンスが大きいほど尖鋭度Qは大きくなり,共振曲線が鋭くなる.

ここで,共振角周波数ω_0の両側において,共振電流$\dot{I}_0$が$1/\sqrt{2}$となる角周波数$\omega_1, \omega_2 (\omega_1 < \omega_2)$は

$$\frac{I}{I_0} = \frac{1}{\sqrt{1 + Q^2\left(\dfrac{\omega}{\omega_0} - \dfrac{\omega_0}{\omega}\right)^2}} = \frac{1}{\sqrt{2}} \tag{6.76}$$

より

$$1 + Q^2\left(\frac{\omega}{\omega_0} - \frac{\omega_0}{\omega}\right)^2 = 2 \tag{6.77}$$

を解くことによって求まる.

ここで,計算を容易にするために,式(6.77)のω/ω_0をnとおくと,次式の

---

[1] 同調 tuning   [2] 尖鋭度 quality factor   [3] 選択度 selectivity
* 直列共振における尖鋭度Qは$V_L/V = V_C/V = (\omega_0 L)/R = 1/(\omega_0 CR)$で定義される.

ような n の2次方程式が得られる.

$$Qn^2 \mp n - Q = 0 \tag{6·78}$$

そこで，式 (6·78) の正の根を求めると

$$n = \frac{\mp 1 + \sqrt{1 + 4Q^2}}{2Q} \tag{6·79}$$

となる.

式 (6·79) で表される2根 n_1, n_2 の積は

$$n_1 n_2 = \frac{\omega_1 \omega_2}{\omega_0^2} = 1 \tag{6·80}$$

となり

$$\omega_0 = \sqrt{\omega_1 \omega_2} \tag{6·81}$$

を得る．これは，共振角周波数 ω_0 が角周波数 ω_1, ω_2 の幾何平均として与えられることを示している.

また，2根の差の逆数は

$$\frac{1}{n_2 - n_1} = \frac{\omega_0}{\omega_2 - \omega_1} = \frac{f_0}{f_2 - f_1} = Q \tag{6·82}$$

となり，ω_1 と ω_2 との差が小さいほど共振曲線が尖鋭であることを示している.

(3) 電圧の拡大

共振時における R, L, C の端子電圧をそれぞれ $\dot{V}_R, \dot{V}_L, \dot{V}_C$ とすると

$$\left. \begin{array}{l} \dot{V}_R = R\dot{I}_0 = R\dfrac{\dot{V}}{R} = \dot{V} \\[2mm] \dot{V}_L = j\omega_0 L\dot{I}_0 = j\dfrac{\omega_0 L}{R} \dot{V} = jQ\dot{V} \\[2mm] \dot{V}_C = -j\dfrac{1}{\omega_0 C} \dot{I}_0 = -j\dfrac{1}{\omega_0 CR} \dot{V} \\[2mm] \quad\ = -jQ\dot{V} \end{array} \right\} \tag{6·83}$$

となり，図 **6·46** に示すように，抵抗 R の端子電圧は，回路に印加した電圧 $\dot{V}$ がそのまま現れ，インダクタンス L と静電容量 C の端子電圧には回路に印加した電圧 $\dot{V}$ の Q 倍で互いに逆位相の電圧が現れることがわかる.

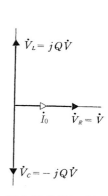

図 **6·46** 共振時の電圧
のベクトル図

この現象から直列共振を電圧共振[1] ともいう.

【例題 6·13】 抵抗 R, インダクタンス L, 静電容量 C の直列回路に $\dot{V}$ を印加したとき, 回路に流れる電流が最大となる周波数 f_0, 最大電流 $\dot{I}_0$, L, C の端子電圧 $\dot{V}_L$, $\dot{V}_C$ および回路の尖鋭度 Q を求めよ.

　ただし, $R = 20$ 〔Ω〕, $L = 0.2$ 〔H〕, $C = 0.8$ 〔μF〕, $\dot{V} = 10$ 〔V〕とする.

（解） 最大電流を得る周波数 f_0 は

$$f_0 = \frac{1}{2\pi\sqrt{LC}} = \frac{1}{2\pi\sqrt{0.2\times0.8\times10^{-6}}} = \frac{1}{2\pi\times\sqrt{16\times10^{-8}}}$$

$$= \frac{1}{2\pi\sqrt{16\times10^{-4}}} = \frac{1}{25.13\times10^{-4}} = 397.93 \text{ 〔Hz〕}$$

最大電流 $\dot{I}_0$ は

$$\dot{I}_0 = \frac{\dot{V}}{R} = \frac{10}{20} = 0.5 \text{ 〔A〕}$$

インダクタンス L と静電容量 C の端子電圧 $\dot{V}_L$, $\dot{V}_C$ は

$$\dot{V}_L = j\omega_0 L\dot{I}_0 = j(2\pi\times397.93\times0.2\times0.5) = j\,250 \text{ 〔V〕}$$

$$\dot{V}_C = -j\frac{\dot{I}_0}{\omega_0 C} = -j\frac{0.5}{2\pi\times397.93\times0.8\times10^{-6}} = -j\,250 \text{ 〔V〕}$$

回路の尖鋭度 Q は

$$Q = \frac{V_L}{V} = \frac{250}{10} = 25$$

となる.

2 並 列 共 振

　インダクタンス L と静電容量 C が並列に接続された回路を並列共振回路という. しかし, 実際の回路ではコイルにもコンデンサにも必ず損失があり, 取り扱いは複雑である. そこで, まず図 **6·47** に示すように抵抗 R, インダクタンス L, 静電容量 C を並列に接続した回路を考える.

　いま, 図 6·47 に示す回路に電圧 $\dot{V}$ を印加すると, 回路に流れる電流 $\dot{I}$ は

---

〔1〕電圧共振 voltage resonance

$$\dot{I} = \dot{Y}\dot{V} = \left\{\frac{1}{R} + j\left(\omega C - \frac{1}{\omega L}\right)\right\}\dot{V} \qquad (6\cdot84)$$

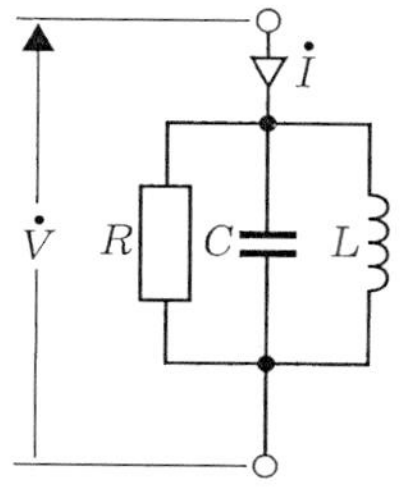

したがって，電流の大きさ I は

$$I = |\dot{I}| = |\dot{Y}||\dot{V}| = \sqrt{\left(\frac{1}{R}\right)^2 + \left(\omega C - \frac{1}{\omega L}\right)^2}\,|\dot{V}| \qquad (6\cdot85)$$

ここで，リアクタンス $X = 0$ となる角周波数を ω_0 とすれば

$$\omega_0 = \frac{1}{\sqrt{LC}} \qquad (6\cdot86)$$

で与えられるから，そのときの電流 I_0 は

$$I_0 = \frac{|\dot{V}|}{R} \qquad (6\cdot87)$$

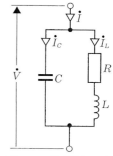

図 6·47　並列共振回路

で，最小値となり，回路に印加する電圧と回路を流れる電流は同相となる．このような現象を並列共振といい，ω_0 を共振角周波数という．

　直列共振では ω_0 においてインピーダンスの大きさ Z は最小で，回路に流れる電流は最大となるが，並列共振では式 (6·85) より ω_0 においてアドミタンスの大きさ Y が最小で，回路に流れる電流 I も最小になる．

　次に，コイルとコンデンサの損失は必ずしも全て並列に接続されているとは限らない．そこで，図 6·48 のように，コンデンサの内部抵抗は無視できるものと仮定し，コイルにのみ直列に内部抵抗が存在する回路を考える．

　図 6·48 に示す回路のアドミタンス $\dot{Y}$ は

$$\dot{Y} = \frac{1}{R + j\omega L} + j\omega C$$

図 6·48　並列共振回路

$$= \frac{R}{R^2 + (\omega L)^2} + j\left(\omega C - \frac{\omega L}{R^2 + (\omega L)^2}\right) = G + jB \qquad (6\cdot88)$$

ただし，G はコンダクタンス，B はサセプタンスを意味する．

（1）共振周波数

　式 (6·88) のサセプタンス B を零とおくと，共振角周波数 ω_0 は

$$\omega_0 = \sqrt{\frac{1}{LC} - \left(\frac{R}{L}\right)^2} \tag{6·89}$$

となる.

ここで，回路が共振するためには式(6·89)において

$$\frac{1}{LC} - \frac{R^2}{L^2} > 0 \tag{6·90}$$

の条件が成立しなければならない.

しかし，一般に共振回路として図6·48の回路を用いる場合には抵抗 R は極めて小さく，$R^2 \ll L/C$ であるから，共振角周波数 ω_0 は

$$\omega_0 = \frac{1}{\sqrt{LC}} \tag{6·91}$$

したがって，共振周波数 f_0 は

$$f_0 = \frac{1}{2\pi\sqrt{LC}} \tag{6·92}$$

となり，直列共振回路の共振周波数と一致する.

(2) 共振インピーダンス

共振時におけるアドミタンス $\dot{Y}_0$ は，式(6·88)，式(6·89)より

$$\dot{Y}_0 = \frac{R}{R^2 + (\omega_0 L)^2} = \frac{R}{R^2 + L^2\left\{\frac{1}{LC} - \left(\frac{R}{L}\right)^2\right\}} = \frac{CR}{L} \tag{6·93}$$

したがって，共振インピーダンス $\dot{Z}_0$ は

$$\dot{Z}_0 = \frac{1}{\dot{Y}} = \frac{L}{CR} \tag{6·94}$$

また，回路のインピーダンス $\dot{Z}$ は，式(6·88)より

$$\dot{Z} = \frac{1}{\dot{Y}} = \cfrac{1}{\cfrac{R}{R^2 + (\omega L)^2} + j\left(\omega C - \cfrac{\omega L}{R^2 + (\omega L)^2}\right)}$$

$$= \frac{R}{(1 - \omega^2 LC)^2 + (\omega CR)^2} + j\omega\left\{\frac{L(1 - \omega^2 LC) - CR^2}{(1 - \omega^2 LC)^2 + (\omega CR)^2}\right\} \tag{6·95}$$

ここで，角周波数 ω を変化させた場合のインピーダンス $\dot{Z}$ のベクトル軌跡

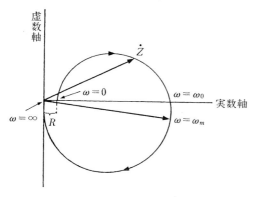

図 6·49 インピーダンス $\dot{Z}$ の軌跡

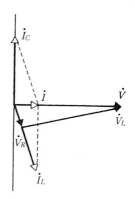

図 6·50 電圧と電流のベクトル図

は図 6·49 のようになり，$\omega = 0$ でインピーダンス $\dot{Z}$ の大きさは零にならず，$Z = R$ となる．また，インピーダンスの大きさ Z の最大値も共振角周波数 ω_0 ではなく，多少ずれた角周波数 ω_m で最大となる．すなわち，図 6·50 に示すように共振角周波数 ω_0 において回路に印加した電圧 $\dot{V}$ と回路を流れる電流 $\dot{I}$ は同相になるが，電流の大きさ I は共振角周波数 ω_0 において最小とならない．しかし，$R^2 \ll L/C$ の条件のもとでは，$\omega_0 \approx \omega_m$ となり，電流の大きさ I は共振角周波数 ω_0 で最小とみなして差し支えない．

したがって，共振時の電流 $\dot{I}_0$ は

$$\dot{I}_0 = \dot{Y}_0 \dot{V} = \frac{CR}{L} \dot{V} \tag{6·96}$$

（3） 電流の拡大

共振時における回路に流れる電流 $\dot{I}_0$ および回路素子 L, C を流れる電流をそれぞれ $\dot{I}_L, \dot{I}_C$ とし，並列共振回路の尖鋭度 Q^* を直列回路の尖鋭度と同様に定義すると

$$Q = \frac{\omega_0 L}{R} = \frac{1}{\omega_0 CR} \tag{6·97}$$

であるから

$$\dot{I}_0 = \dot{Y}_0 \dot{V} = \frac{CR}{L} \dot{V}$$

---

* 並列共振における尖鋭度 Q は $I_L/I_0 = I_C/I_0 = (\omega_0 L)/R = 1/(\omega_0 CR)$ で定義される．

$$\dot{I}_L = \frac{1}{j\omega_0 L}\dot{V} = -j\frac{1}{\omega_0 L}\dot{V}$$

$$\dot{I}_c = j\omega_0 C\dot{V} \qquad\qquad\qquad\qquad (6\cdot98)$$

したがって

$$\dot{I}_L = \frac{1}{j\omega_0 L}\frac{L}{CR}\dot{I}_0 = -j\frac{1}{\omega_0 CR}\dot{I}_0 = -jQ\dot{I}_0$$

$$\dot{I}_c = j\omega_0 C\frac{L}{CR}\dot{I}_0 = j\frac{\omega_0 L}{R}\dot{I}_0 = jQ\dot{I}_0 \qquad (6\cdot99)$$

となり，インダクタンス L と静電容量 C に流れる電流 $\dot{I}_L$, $\dot{I}_c$ は回路に流れる電流 $\dot{I}_0$ の Q 倍で互いに逆位相の電流が流れることがわかる．

　この現象から並列共振を電流共振[1]ともいう．

【例題 6・14】　図 6・51 のように，抵抗 $R = 10$ 〔Ω〕，インダクタンス $L = 100$ 〔μH〕 のコイルとコンデンサ C を並列につないだ回路が周波数 $f_0 = 1$ 〔MHz〕で同調しているとき，(1) コンデンサ C の値，(2) 共振インピーダンス $\dot{Z}_0$，(3) 回路の Q を求めよ．またこのとき，回路に加わっている電圧が $\dot{V} = 79$ 〔V〕であったとすると，(4) 回路に流れる電流 $\dot{I}_0$，(5) コイルに流れる電流 $\dot{I}_L$，(6) コンデンサに流れる電流 $\dot{I}_c$ はいくらか．

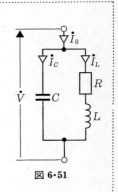

図 6・51

（解）　(1) $f_0 = 1/2\pi\sqrt{LC}$ より，$C = 1/(2\pi f_0)^2 L$

$$C = \frac{1}{(2\pi\times1\times10^6)^2\times100\times10^{-6}} = 253.3\times10^{-12}\ 〔\text{F}〕$$

ここに，C の値は $R \ll L/C$ の共振条件を満足していることが必要である．

$$10 \ll \frac{100\times10^{-6}}{253.3\times10^{-12}} = 394.8\times10^3$$

したがって，共振条件を満足しているので，$C = 253.3$ 〔pF〕 を得る．

---

[1]　電流共振　current resonance

（2）共振インピーダンス $\dot{Z}_0 = L/CR$ より

$$\dot{Z}_0 = \frac{100 \times 10^{-6}}{253.3 \times 10^{-12} \times 10} = 39.48 \times 10^3 \,(\Omega) = 39.5 \,(\mathrm{k}\Omega)$$

（3）回路の $Q = \omega_0 L/R = 1/\omega_0 CR$ より

$$Q = \frac{2\pi \times 1 \times 10^6 \times 100 \times 10^{-6}}{10} = 62.8$$

（4）回路に流れる電流 $\dot{I}_0 = \dot{V}/\dot{Z}_0$ より

$$\dot{I}_0 = \frac{79}{39.5 \times 10^3} = 2 \times 10^{-3} \,(\mathrm{A}) = 2 \,(\mathrm{mA})$$

（5）コイルに流れる電流は $\dot{I}_L = -jQ\dot{I}_0$ より

$$\dot{I}_L = -j62.8 \times 2 \times 10^{-3} = -j0.126 \,(\mathrm{A}) = -j126 \,(\mathrm{mA})$$

また，コンデンサに流れる電流は $\dot{I}_C = jQ\dot{I}_0$ より

$$\dot{I}_C = j62.8 \times 2 \times 10^{-3} = j0.126 \,(\mathrm{A}) = j126 \,(\mathrm{mA})$$

となる．

6・11 条件付き回路の計算

回路に流れる電流と電圧の位相をある角度に調整するための条件を求めたり，回路に流れる電流を最大にする条件を求める等，電気回路においては，条件の付いた問題が数多く存在する．

【例題6・15】 図6・52 の回路で電圧 $\dot{V}$ と電流 $\dot{I}$ の位相を同相とするには R の値をどのようにすればよいか．

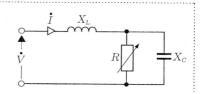

図6・52

（**解**）回路の合成インピーダンスは

$$\dot{Z} = jX_L + \frac{-jX_C R}{R - jX_C} = \left(\frac{X_C^2 R}{R^2 + X_C^2}\right) + j\left(X_L - \frac{X_C R^2}{R^2 + X_C^2}\right)$$

電圧 $\dot{V}$ と電流 $\dot{I}$ が同相であるためには虚数部が0であればよいから

$$X_L - \frac{X_C R^2}{R^2 + X_C^2} = 0$$

したがって

$$R = \frac{X_L X_C^2}{X_C - X_L}$$

ゆえに

$$R = X_C \sqrt{\frac{X_L}{X_C - X_L}}$$

となる.

　ただし，R は実数であるから，$X_C > X_L$ でなければならない.

【例題6・16】 図6・53 の回路において，インダクタンス L_1 に流れる電流 $\dot{I}_1$ が電源電圧 $\dot{V}$ より $\pi/2$〔rad〕遅れるための条件を求めよ.

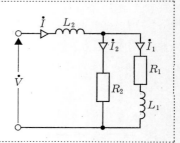

図6・53

（解）　並列回路に加わる電圧を $\dot{V}_1$ とすると

$$\dot{V}_1 = (R_1 + j\omega L_1)\,\dot{I}_1 = R_2 \dot{I}_2$$

これより，抵抗 R_2 に流れる電流 $\dot{I}_2$ は

$$\dot{I}_2 = \frac{(R_1 + j\omega L_1)\,\dot{I}_1}{R_2} = \frac{R_1}{R_2}\,\dot{I}_1 + j\frac{\omega L_1}{R_2}\,\dot{I}_1$$

したがって，回路に流れる電流 $\dot{I}$ は

$$\dot{I} = \dot{I}_1 + \dot{I}_2 = \left(1 + \frac{R_1}{R_2} + j\frac{\omega L_1}{R_2}\right)\dot{I}_1 = \left(\frac{R_1 + R_2}{R_2} + j\frac{\omega L_1}{R_2}\right)\dot{I}_1$$

また，インダクタンス L_2 によって生じる電圧降下を $\dot{V}_2$ とすると，電源電圧 $\dot{V}$ は

$$\dot{V} = \dot{V}_1 + \dot{V}_2 = (R_1 + j\omega L_1)\,\dot{I}_1 + j\omega L_2 \dot{I}$$

$$= (R_1 + j\omega L_1)\,\dot{I}_1 + j\omega L_2\left(\frac{R_1 + R_2}{R_2} + j\frac{\omega L_1}{R_2}\right)\dot{I}_1$$

$$= \left(\frac{R_1 R_2 - \omega^2 L_1 L_2}{R_2} + j\omega\frac{L_1 R_2 + L_2(R_1 + R_2)}{R_2}\right)\dot{I}_1$$

電源電圧 $\dot{V}$ がインダクタンス L_1 に流れる電流 $\dot{I}_1$ より $\pi/2$〔rad〕遅れるには実数部が0であればよい.

したがって

$$R_1 R_2 - \omega^2 L_1 L_2 = 0$$

ゆえに

$$R_1 R_2 = \omega^2 L_1 L_2$$

を得る.

【例題6・17】　定格100〔V〕, 50〔Hz〕の単相誘導電動機の定格負荷時における力率が80〔%〕で, そのときに流れる電流が10〔A〕であった. この電動機にコンデンサを並列に接続して力率を100〔%〕にするにはコンデンサの値をいくらにすればよいか. ただし, コンデンサの内部抵抗は無視するものとする.

（**解**）　電動機の内部インピーダンスの大きさ $|\dot{Z}|$ は

$$|\dot{Z}| = \frac{|\dot{V}|}{|\dot{I}|} = \frac{100}{10} = 10 \,〔\Omega〕$$

また, 力率 $\cos\varphi = R/|\dot{Z}|$ より, 電動機の内部抵抗は

$$R = |\dot{Z}|\cos\varphi = 10 \times 0.8 = 8 \,〔\Omega〕$$

したがって, 電動機のリアクタンスは

$$X_L = \sqrt{|\dot{Z}|^2 - R^2} = \sqrt{10^2 - 8^2} = 6 \,〔\Omega〕$$

ゆえに, コンデンサを電動機に並列に接続した後の合成インピーダンス $\dot{Z}_0$ は

$$\dot{Z}_0 = \frac{1}{\dfrac{1}{R+jX_L} + \dfrac{1}{(-jX_C)}} = \frac{(R+jX_L)(-jX_C)}{(R+jX_L) - jX_C} = \frac{X_L X_C - jRX_C}{R + j(X_L - X_C)}$$

$$= \frac{\{X_L X_C - jRX_C\}\{R - j(X_L - X_C)\}}{\{R + j(X_L - X_C)\}\{R - j(X_L - X_C)\}}$$

$$= \frac{RX_C^2}{R^2 + (X_L - X_C)^2} + j\frac{X_C\{X_L X_C - (R^2 + X_L^2)\}}{R^2 + (X_L - X_C)^2}$$

力率を1にするには $\dot{Z}_0$ の虚数部が0であればよい.

$$X_L X_C - (R^2 + X_L^2) = 0$$

上式に数値を代入して

$$6X_C - (8^2 + 6^2) = 0 \qquad X_C = \frac{50}{3} \,〔\Omega〕$$

また, $X_C = \dfrac{1}{2\pi f C}$

したがって

$$C = \frac{3}{2\pi f \times 50} = \frac{3}{2 \times 3.14 \times 50 \times 50} = 1.9098 \times 10^{-4} \,〔F〕 = 191 \,〔\mu F〕$$

を得る.

【例題 6·18】　図 6·54 の回路の合成インピー
ダンス $\dot{Z}$ を最大とするには C の値をいくら
にすればよいか. また, そのときのインピー
ダンス $\dot{Z}$ の最大値はいくらか.

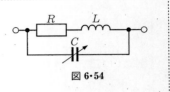

図 6·54

（解）　回路の合成アドミタンス $\dot{Y}$ は

$$\dot{Y}=\frac{1}{R+j\omega L}+j\omega C=\frac{R}{R^2+(\omega L)^2}+j\omega\left(C-\frac{L}{R^2+(\omega L)^2}\right)$$

$\dot{Z}=1/\dot{Y}$ であるから, インピーダンス $\dot{Z}$ を最大とするには $\dot{Y}$ を最小にすればよい.
上式は実数部に C を含まないから, 虚数部を 0 とするような C の値を求めることにな
る.

　したがって, $\omega\neq0$ であるから

$$C=\frac{L}{R^2+(\omega L)^2}$$

また, インピーダンス $\dot{Z}$ の最大値は

$$\dot{Z}_{\max}=\frac{1}{\dot{Y}_{\min}}=\frac{R^2+(\omega L)^2}{R}=R+\frac{(\omega L)^2}{R}$$

となる.

【例題 6·19】　図 6·55 の回路において,
回路を流れる電流 $\dot{I}$ を最大にするには L
の値をどのようにすればよいか. また,
このときに回路に流れる電流の最大値
$I_{\max}$ と R が消費する電力 P を求めよ.

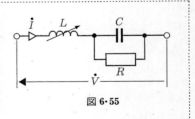

図 6·55

（解）　回路の合成インピーダンス $\dot{Z}$ は

$$\dot{Z}=j\omega L+\frac{1}{\dfrac{1}{R}+\dfrac{1}{\dfrac{1}{j\omega C}}}=j\omega L+\frac{1}{\dfrac{1}{R}+j\omega C}=j\omega L+\frac{R}{1+j\omega CR}$$

$$= j\omega L + \frac{R(1-j\omega CR)}{(1+j\omega CR)(1-j\omega CR)} = j\omega L + \frac{R-j\omega CR^2}{1+(\omega CR)^2}$$

$$= \frac{R}{1+(\omega CR)^2} + j\omega\left(L - \frac{CR^2}{1+(\omega CR)^2}\right)$$

$\dot{I} = \dot{V}/\dot{Z}$ より，電流を最大とするには $\dot{Z}$ を最小にすればよい．ここで，L は虚数部にのみ関係しているから，虚数部が 0 となればよい．

$$L - \frac{CR^2}{1+(\omega CR)^2} = 0$$

したがって

$$L = \frac{CR^2}{1+(\omega CR)^2}$$

このときの電流の最大値 $I_{\max}$ は

$$I_{\max} = \frac{|\dot{V}|}{\dfrac{R}{1+(\omega CR)^2}} = \frac{\{1+(\omega CR)^2\}|\dot{V}|}{R}$$

また，このときに R で消費される電力 P は

$$P = |\dot{V}| I_{\max} = \frac{\{1+(\omega CR)^2\}|\dot{V}^2|}{R}$$

となる．

【例題6·20】　図6·56の回路でインピーダンス $\dot{Z}$ の値を変えてもインピーダンス $\dot{Z}$ を流れる電流 $\dot{I}$ が一定であるための条件を求めよ．

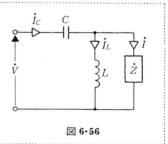

図6·56

（解）　キルヒホッフの法則より，回路方程式は

$$\dot{I}_C - \dot{I}_L - \dot{I} = 0$$

$$\frac{1}{j\omega C}\dot{I}_C + j\omega L\dot{I}_L = \dot{V}$$

$$j\omega L\dot{I}_L - \dot{Z}\dot{I} = 0$$

$$\dot{I} = \frac{\begin{vmatrix} 1 & -1 & 0 \\ \dfrac{1}{j\omega C} & j\omega L & \dot{V} \\ 0 & j\omega L & 0 \end{vmatrix}}{\begin{vmatrix} 1 & -1 & -1 \\ \dfrac{1}{j\omega C} & j\omega L & 0 \\ 0 & j\omega L & -\dot{Z} \end{vmatrix}} = \frac{j\omega L\,\dot{V}}{\left\{\dfrac{L}{C} + j\left(\omega L - \dfrac{1}{\omega C}\right)\dot{Z}\right\}}$$

電流 $\dot{I}$ がインピーダンス $\dot{Z}$ に無関係に一定であるためには

$$\omega L - \frac{1}{\omega C} = 0$$

でなければならない.

　この場合，電流 $\dot{I}$ は電圧 $\dot{V}$ より位相が $\pi/2$〔rad〕進む.

　このような回路をプーシェロの定電流回路[1] という.

【例題 6・21】　図 6・57 の回路の合成
インピーダンスが R に等しくなるた
めの条件を求めよ.

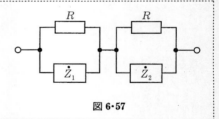

図 6・57

（解）　回路の合成インピーダンス $\dot{Z}$ は

$$\dot{Z} = \frac{R\dot{Z}_1}{R+\dot{Z}_1} + \frac{R\dot{Z}_2}{R+\dot{Z}_2} = \frac{R\{\dot{Z}_1(R+\dot{Z}_2)+\dot{Z}_2(R+\dot{Z}_1)\}}{(R+\dot{Z}_1)(R+\dot{Z}_2)}$$

題意より，$\dot{Z} = R$

$$\frac{R\{\dot{Z}_1(R+\dot{Z}_2)+\dot{Z}_2(R+\dot{Z}_1)\}}{(R+\dot{Z}_1)(R+\dot{Z}_2)} = R$$

したがって

$$\dot{Z}_1\dot{Z}_2 = R^2$$

の条件が得られる.

---

[1] プーシェロの定電流回路 Pushero's constant current network

また，$\dot{Z_1}=j\omega L$，$\dot{Z_2}=\dfrac{1}{j\omega C}$ とすると

$$\dot{Z_1}\dot{Z_2}=j\omega L\cdot\frac{1}{j\omega C}=\frac{L}{C}=R^2$$

したがって

$$R=\sqrt{\frac{L}{C}}$$

となる．

このように合成インピーダンスが周波数に関係なく，抵抗に等しい特性（無誘導特性[1]）をもつ回路を定抵抗回路[2]といい，L と C は逆回路[3]をなすという．

---

〔1〕 無誘導特性 noninductive characteristic
〔2〕 定抵抗回路 constant-resistance network　　〔3〕 逆回路 inverse network

6章　演習問題

1　$\dot{Z}_1 = 3 + j4$ 〔Ω〕と $\dot{Z}_2 = 5 + j2$ 〔Ω〕を直列に接続し，電圧 $\dot{V} = 100$ 〔V〕を印加した
とき，回路に流れる電流 $\dot{I}$ とその大きさ I，各インピーダンス $\dot{Z}_1$，$\dot{Z}_2$ にかかる電
圧 $\dot{V}_1$，$\dot{V}_2$ とその大きさ V_1，V_2 および，この回路で消費される有効電力 P_a，無効電
力 P_r，力率 $\cos\varphi$ を求めよ．

2　図において回路の合成アドミタンス $\dot{Y}$，
回路に流れる電流 $\dot{I}_1$，$\dot{I}_2$，$\dot{I}_3$，$\dot{I}$ と，その大き
さ I_1，I_2，I_3，I および電位差 $\dot{V}_{ab}$ を求めよ．
　　ただし，$R_1 = 1$ 〔Ω〕，$R_2 = 4$ 〔Ω〕，$R_3 = 3$
〔Ω〕，$X_{C1} = 2$ 〔Ω〕，$X_{C2} = 3$ 〔Ω〕，$X_L = 4$ 〔Ω〕，
$\dot{V} = 25$ 〔V〕とする．

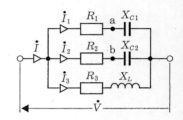

3　図で与えられた回路の端子 ab から
みた合成インピーダンス $\dot{Z}$ および回路
に流れる電流 $\dot{I}$ を求めよ．
　　ただし，$r_0 = 0.4$ 〔Ω〕，$R_1 = 6$ 〔Ω〕，
$R_2 = 3$ 〔Ω〕，$L = 6.4$ 〔mH〕，$L_1 =$
25.5 〔mH〕，$C = 796$ 〔μF〕，$e(t) =$
$141.4 \sin(100\pi t)$ 〔V〕とする．

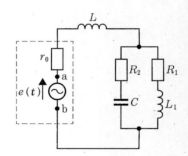

4　例題 6・4 の図 6・13 の回路で，L および C が極めて小さいとき，等価直列抵抗 R_e
$\fallingdotseq R$，等価直列インダクタンス L_e
$\fallingdotseq L - CR^2$ となることを証明せよ．
　　ただし，印加電圧の周波数は商用
電源周波数とする．

5　図に示す回路において端子 ab 間
の合成インピーダンス $\dot{Z}$ および回路
に流れる電流 $\dot{I}$ を求めよ．

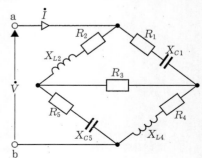

ただし，$R_1 = 3$〔Ω〕，$R_2 = 2$〔Ω〕，$R_3 = 4$〔Ω〕，$R_4 = 4$〔Ω〕，$R_5 = 2$〔Ω〕，$X_{C1} = 5$〔Ω〕，$X_{L2} = 10$〔Ω〕，$X_{L4} = 12$〔Ω〕，$X_{C5} = 6$〔Ω〕，$\dot{V} = 100$〔V〕とする．

6 図の回路の各枝電流 $\dot{I}_1, \dot{I}_2, \dot{I}_3$ を求めよ．

ただし，$X_{L1} = 8$〔Ω〕，$X_{L2} = 4$〔Ω〕，$X_c = 5$〔Ω〕，$\dot{V}_1 = 100$〔V〕，$\dot{V}_2 = 43.3 + j\,25$〔V〕とする．

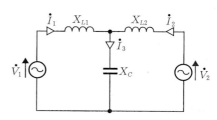

7 図の回路でスイッチSを開いたとき，ab間の電圧が10〔V〕であった．いまスイッチを閉じたとき抵抗Rに流れる電流 $\dot{I}$ を求めよ．

ただし，$r_0 = 0.1$〔Ω〕，$R_1 = 4.9$〔Ω〕，$X_c = 2.5$〔Ω〕，$X_L = 5$〔Ω〕，$R = 2.5$〔Ω〕とする．

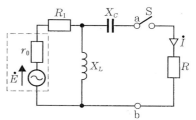

8 図のブリッジ回路の平衡条件より電源の周波数fを求めよ．

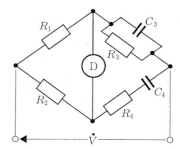

9 図に示すようなブリッジ回路の平衡条件を求め，抵抗 R_1 とインダクタンス L_1 の値を導け．

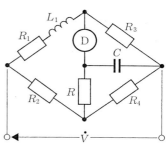

10 直列共振回路におけるQが100であるとき，コイルはそのままにして，コンデンサの静電容量を1/2にして共振させたときのQ'はいくらか．

ただし，コイルの抵抗分Rは変化しないものとする．

11 図に示す回路に電圧 $\dot{V} = 10$ 〔V〕，周波数 $f = 400$ 〔kHz〕の高周波電圧を加え，この回路が共振するように可変コンデンサ C を調整したとき，この回路に流れる電流 $\dot{I}$ の大きさはいくらか．

　ただし，抵抗 $R = 20$ 〔Ω〕で，コイルの $Q = 50$ とする．

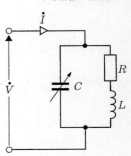

12 図に示す回路の合成アドミタンス $\dot{Y}$，共振時のインピーダンス $\dot{Z}_0$ および共振周波数 f_0 を求めよ．

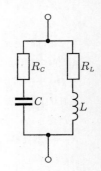

13 図の回路に流れる電流 $\dot{I}$ が印加電圧 $\dot{V}$ と同相になるための条件を求めよ．また、そのときに回路を流れる電流 $\dot{I}$ はいくらか．

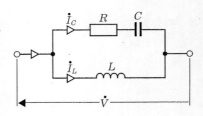

14 図の回路において，印加電圧 $\dot{V}$ と回路に流れる電流 $\dot{I}$ が45度の位相角をもつ場合の R_1 の値を求めよ．

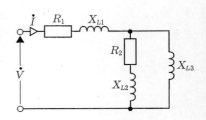

15 図の回路で，負荷インピーダンス $\dot{Z}$ に流れる
電流 $\dot{I}$ が負荷インピーダンス $\dot{Z}$ の値に無関係に
なるためには電源の周波数 f をどのようにすれ
ばよいか.

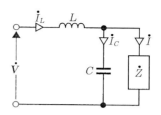

16 図の回路が純抵抗になるのはどのような条件の
ときか.

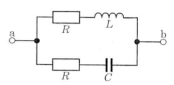

第 **7** 章 　相互誘導回路

　前章ではインダクタンス L を直列または並列に接続した場合，コイル相互間に電磁的結合がないものとして扱った．しかし，実際は二つのコイルを接近させたとき，コイルの一方に電流が流れると，それによって生じる磁束の一部が他方のコイルをも鎖交する．したがって一方のコイルの電流が変化すれば自己誘導[1]により，それ自身に逆起電力を生じるだけでなく，他方のコイルにも起電力を誘起する．この現象を相互誘導[2]といい，本章では磁気的結合回路の基本的な取り扱い方を考える．

7・1　相互誘導係数

　図7・1のように2個のコイル* を接近して置き，巻き数 n_1 の第1のコイルに i_1 なる電流を流すと，自己誘導により第1のコイルには

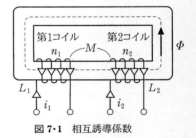

図7・1　相互誘導係数

$$v_{L1} = n_1 \frac{d\Phi}{dt} = n_1 \frac{d\Phi}{di_1} \frac{di_1}{dt} = L_1 \frac{di_1}{dt}$$

$$(7・1)$$

なる電圧降下を生じる．それとともに，第1のコイルによって生じた磁束 ϕ が巻き数 n_2 の第2のコイルを鎖交することによって

$$v_{12} = n_2 \frac{d\Phi}{dt} = n_2 \frac{d\Phi}{di_1} \frac{di_1}{dt} = M_{12} \frac{di_1}{dt} \qquad (7・2)$$

なる電圧降下を生じる．

---

　〔1〕自己誘導 self-induction　　〔2〕相互誘導 mutual induction
　* 実際のコイルにはエネルギーの損失があり，わずかながら抵抗分をもっている．したがって，一般にはインダクタンス L と抵抗 R の直列または並列回路として取り扱うべきであるが，ここでは理解を容易にするため抵抗分のない理想的なコイルを扱う．

同様にして，第 2 のコイルに i_2 なる電流が流れると，自己誘導により

$$v_{L2} = n_2\frac{d\Phi}{dt} = n_2\frac{d\Phi}{di_2}\frac{di_2}{dt} = L_2\frac{di_2}{dt} \tag{7・3}$$

なる電圧降下を生じるとともに，第 1 のコイルにも

$$v_{21} = n_1\frac{d\Phi}{dt} = n_1\frac{d\Phi}{di_1}\frac{di_1}{dt} = M_{21}\frac{di_2}{dt} \tag{7・4}$$

の電圧降下を生じる．

ここで，電流を正弦波であるとし，電流，電圧をベクトル記号法を用いて示すと，式 (7・1)〜式 (7・4) は次のようになる．

$$\left.\begin{array}{l}\dot{V}_{L1} = j\omega L_1\dot{I}_1 \\[4pt] \dot{V}_{12} = j\omega M_{12}\dot{I}_1 \\[4pt] \dot{V}_{L2} = j\omega L_2\dot{I}_2 \\[4pt] \dot{V}_{21} = j\omega M_{21}\dot{I}_2\end{array}\right\} \tag{7・5}$$

このように一つのコイルの電流変化により，他のコイルに起電力が発生することを相互誘導と呼ぶ．また M_{12} を第 1 のコイルの第 2 のコイルに対する相互誘導係数[1]または相互インダクタンス[2]といい，M_{21} はこの逆で単位としてヘンリー〔Henry, H〕を使用する．

回路が線形の場合は

$$M_{12} = M_{21} = M \tag{7・6}$$

であり，漏れ磁束がないと仮定すると

$$M_{12}M_{21} = M^2 = L_1L_2 \tag{7・7}$$

となる．

もし，漏れ磁束があると

$$M^2 < L_1L_2 \tag{7・8}$$

となって

$$M = k\sqrt{L_1L_2} \tag{7・9}$$

となる．ここで，k を 2 個のコイル間の結合係数[3]といい，電磁的結合の度合いを表す．この値はコイルの位置，形状，寸法等により，$-1 \leq k \leq +1$ の範囲

〔1〕相互誘導係数 coefficient of mutual induction
〔2〕相互インダクタンス mutual inductance 〔3〕結合係数 coupling coefficient

の値をとる．しかし，回路理論で取り扱う場合は $k=1$ である場合が多く，特に明記しない場合は $k=1$ として取り扱う．

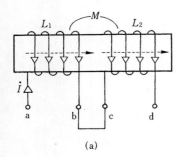
(a)

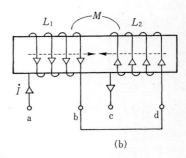
(b)

図7・2　相互誘導回路の直列接続

図7・2(a)に示すように，二つのコイルを直列に接続し，電流の流れる向きを図のように選んだ場合，二つのコイルの磁束が相加わる方向に生じるため，ad間の電圧降下を考えれば

$$j\omega L_1 \dot{I} + j\omega M\dot{I} + j\omega L_2 \dot{I} + j\omega M\dot{I} = j\omega(L_1+L_2)\dot{I} + j2\omega M\dot{I}$$
$$= j\omega(L_1+L_2+2M)\dot{I} \qquad (7\cdot10)$$

となる．

また，図7・2(b)では，二つのコイルの磁束が反対方向に生じるため，ac間の電圧降下を考えれば

$$j\omega L_1 \dot{I} - j\omega M\dot{I} + j\omega L_2 \dot{I} - j\omega M\dot{I} = j\omega(L_1+L_2)\dot{I} - j2\omega M\dot{I}$$
$$= j\omega(L_1+L_2-2M)\dot{I} \qquad (7\cdot11)$$

となる．

このように，同じ回路でも電流の流れる方向の選び方によってMの符号が変わる．

すなわち，相互誘導回路では二つのコイルの巻き方や電流の流れる方向によって相互インダクタンスMの符号が変わることとなる．

そこで，Mの符号を指定する方法以外に，二つのコイルの巻き始めに・を付して，・を付した端子から双方の電流がそろって流れ込む場合，またはそろって出てくる場合はMの符号を正とし，第1のコイルに流れる電流が・を付した端子に入り，第2のコイルに流れる電流が・を付した端子から出てくる場合

は M の符号を負とする方法が一般的に用いられている．

【例題7・1】　A，B二つのコイルを直列に接続し，BをAの磁界内で回転させたとき，合成インダクタンスの最小値と最大値を求めよ．

　　ただし，コイルA，Bの自己インダクタンスはそれぞれ $L_1 = 200$ 〔mH〕，$L_2 = 100$ 〔mH〕とし，結合係数は $k = 0.9$ とする．

（解）　相互インダクタンスを M とすると

$$M = k\sqrt{L_1 L_2} = 0.9\sqrt{200 \times 10^{-3} \times 100 \times 10^{-3}} = 0.9\sqrt{2 \times 10^{-2}}$$
$$= 0.9 \times 0.141 = 0.127 \text{〔H〕} = 127 \times 10^{-3} \text{〔H〕} = 127 \text{〔mH〕}$$

となる．

　また，題意より，一方のコイルが回転することから，二つのコイルの磁束が相加わる方向に生じるときに L は最大となり，二つのコイルの磁束が反対方向に生じるときに L は最小となるから

$$L_{\max} = L_1 + L_2 + 2M = 200 \times 10^{-3} + 100 \times 10^{-3} + 2 \times 127 \times 10^{-3}$$
$$= 554 \times 10^{-3} \text{〔H〕} = 554 \text{〔mH〕}$$
$$L_{\min} = L_1 + L_2 - 2M = 200 \times 10^{-3} + 100 \times 10^{-3} - 2 \times 127 \times 10^{-3}$$
$$= 46 \times 10^{-3} \text{〔H〕} = 46 \text{〔mH〕}$$

となる．

7・2　相互インダクタンス M を含む回路

　二つの回路が電磁的に結合した図7・3のような回路について電流 i_1，i_2 を図の方向に定めたときの相互インダクタンスを M とすると

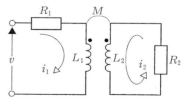

図7・3　相互誘導回路

$$\left.\begin{array}{l} R_1 i_1 + L_1 \dfrac{di_1}{dt} + M \dfrac{di_2}{dt} = v \\[3mm] R_2 i_2 + L_2 \dfrac{di_2}{dt} + M \dfrac{di_1}{dt} = 0 \end{array}\right\}$$

$$(7 \cdot 12)$$

が成立する．

ここで，電流を正弦波であるとし，電流，電圧を複素数で示すと

$$(R_1+j\omega L_1)\dot{I}_1+j\omega M\dot{I}_2 = \dot{V}$$
$$(R_2+j\omega L_2)\dot{I}_2+j\omega M\dot{I}_1 = 0$$

$$(7\cdot13)$$

となる.

したがって

$$\dot{Z}_1 = R_1+j\omega L_1, \quad \dot{Z}_2 = R_2+j\omega L_2, \quad \dot{Z}_{12} = j\omega M \tag{7·14}$$

とすると

$$\dot{Z}_1\dot{I}_1 + \dot{Z}_{12}\dot{I}_2 = \dot{V}$$
$$\dot{Z}_{12}\dot{I}_1 + \dot{Z}_2\dot{I}_2 = 0$$

$$(7\cdot15)$$

となる. この $\dot{Z}_{12}$ を二つの回路間の相互インピーダンス[1]という.

ここで，$\dot{I}_1$，$\dot{I}_2$ は

$$\dot{I}_1 = \frac{\dot{Z}_2\dot{V}}{\dot{Z}_1\dot{Z}_2-\dot{Z}_{12}^2}$$
$$\dot{I}_2 = \frac{-\dot{Z}_{12}\dot{V}}{\dot{Z}_1\dot{Z}_2-\dot{Z}_{12}^2}$$

$$(7\cdot16)$$

となり，2次回路*の電流 $\dot{I}_2$ と1次回路*の電流 $\dot{I}_1$ との間には

$$\dot{I}_2 = -\frac{\dot{Z}_{12}}{\dot{Z}_2}\dot{I}_1 \tag{7·17}$$

の関係がある.

ここで，1次回路からみたインピーダンス $\dot{Z}$ は

$$\dot{Z}=\frac{\dot{V}}{\dot{I}_1} = \dot{Z}_1-\frac{\dot{Z}_{12}^2}{\dot{Z}_2} = R_1+j\omega L_1+\frac{\omega^2 M^2}{R_2+j\omega L_2}$$

$$= \left(R_1 + \frac{\omega^2 M^2}{R_2^2+\omega^2 L_2^2}R_2\right)+j\omega\left(L_1-\frac{\omega^2 M^2}{R_2^2+\omega^2 L_2^2}L_2\right) \tag{7·18}$$

となり，インピーダンス $\dot{Z}$ の抵抗分は $\dfrac{\omega^2 M^2}{R_2^2+\omega^2 L_2^2}R_2$ だけ増加し，インダクタ

ンスは $\dfrac{\omega^2 M^2}{R_2^2+\omega^2 L_2^2}L_2$ だけ減少することを示す.

---

〔1〕相互インピーダンス mutual impedance
* 一般に図7·3において i_1 が流れている回路を1次回路，i_2 が流れている回路を2次回路と
いい，L_1 を1次側，L_2 を2次側という.

また，この回路で消費される全電力 P_a は

$$P_a = I_1^2 \times (\dot{Z} \text{ の実数部}) = I_1^2 \left(R_1 + \frac{\omega^2 M^2}{R_2^2 + \omega^2 L_2^2} R_2 \right)$$

$$= I_1^2 R_1 + I_2^2 R_2 \tag{7·19}$$

となる．

【例題7·2】 図7·4の回路で1次側と2次側に流れる電流 $\dot{I}_1, \dot{I}_2$ および端子abからみたインピーダンス $\dot{Z}$ を求めよ．

ただし，$R_1 = 80$ 〔Ω〕, $R_2 = 30$ 〔Ω〕, $\omega L_1 = 160$ 〔Ω〕, $\omega L_2 = 40$ 〔Ω〕, $\omega M = 100$ 〔Ω〕, $\dot{V} = 100 + j0$ 〔V〕とする．

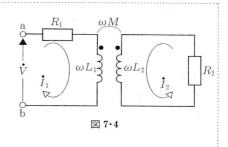

図7·4

（解） 図7·4の回路を支配する方程式は

$$(R_1 + j\omega L_1)\dot{I}_1 + j\omega M\dot{I}_2 = \dot{V}$$
$$(R_2 + j\omega L_2)\dot{I}_2 + j\omega M\dot{I}_1 = 0$$

上式に数値を代入すると

$$(80 + j160)\dot{I}_1 + j100\dot{I}_2 = 100 + j0$$
$$j100\dot{I}_1 + (30 + j40)\dot{I}_2 = 0$$

したがって，回路の1次側に流れる電流 $\dot{I}_1$ は

$$\dot{I}_1 = \frac{\begin{vmatrix} (100 + j0) & j100 \\ 0 & (30 + j40) \end{vmatrix}}{\begin{vmatrix} (80 + j160) & j100 \\ j100 & (30 + j40) \end{vmatrix}} = \frac{3\,000 + j4\,000}{6\,000 + j8\,000} = \frac{50 + j0}{100} = 0.5 + j0 \text{ 〔A〕}$$

また，回路の2次側に流れる電流 $\dot{I}_2$ は

$$\dot{I}_2 = \frac{\begin{vmatrix} (80 + j160) & (100 + j0) \\ j100 & 0 \end{vmatrix}}{\begin{vmatrix} (80 + j160) & j100 \\ j100 & (30 + j40) \end{vmatrix}} = \frac{-j10\,000}{6\,000 + j8\,000} = -\frac{80 + j60}{100}$$

$$= -(0.8 + j0.6) \text{ 〔A〕}$$

したがって，端子abからみたインピーダンス $\dot{Z}$ は

$$\dot{Z}=\frac{\dot{V}}{\dot{I}_1}=\frac{100+j\,0}{0.5+j\,0}=200+j\,0\ 〔\Omega〕$$

となる.

【例題7・3】 図7・5の相互誘導回路において，L_1，L_2の結合度のみを変えて相互インダクタンスMを変化した場合，2次回路に流れる電流$\dot{I}_2$を最大にするMの条件を求めよ．ただし，電圧$\dot{V}$およびその角周波数ωは一定で，かつ1

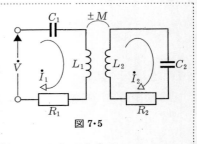

図7・5

次回路，2次回路ともに角周波数ωで共振しているものとする.

（解）　1次，2次回路が，ともに共振している条件のもとに，キルヒホッフの第2法則を適用すると

$$R_1\dot{I}_1 \pm j\omega M\dot{I}_2 = \dot{V}$$
$$\pm j\omega M\dot{I}_1 + R_2\dot{I}_2 = 0$$

したがって

$$\dot{I}_2=\frac{\begin{vmatrix} R_1 & \dot{V} \\ \pm j\omega M & 0 \end{vmatrix}}{\begin{vmatrix} R_1 & \pm j\omega M \\ \pm j\omega M & R_2 \end{vmatrix}}=\frac{(\mp j\omega M)\dot{V}}{R_1R_2+(\omega M)^2}=\dot{Y}\dot{V}$$

ここで，$\dot{Y}=1/\dot{Z}$であるから，$\dot{I}_2$を最大にするには$\dot{Z}$を最小にすればよい.

$$\dot{Z}=\pm j\frac{R_1R_2+(\omega M)^2}{\omega M}=\pm j\left(\frac{R_1R_2}{\omega M}+\omega M\right)$$

したがって，上式の右辺の（　）内が最小になればよいから，これをMで微分して0とおくと

$$-\frac{R_1R_2}{\omega M^2}+\omega=0$$

ゆえに

$$(\omega M)^2=R_1R_2$$

または

$$\omega M=\sqrt{R_1R_2}$$

となる.

7・3　*M* で結合された回路の導電的等価回路

　図7・6，図7・7に示すように二つのコイル L_1, L_2 間に相互インダクタンス *M*が存在する非導電回路をそれと等価な導電回路に変換すると取扱いが簡単である．そこで，1次側の端子電圧と回路に流れる電流を $\dot{V}_1$, $\dot{I}_1$，2次側のそれを $\dot{V}_2$, $\dot{I}_2$ とすると，図7・6(a)における各端子電圧と電流の関係は

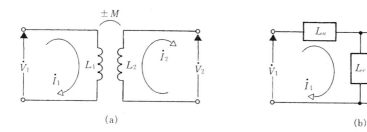

(a)　　　　　　　　　　　　　　　　　　(b)

図 7・6　*M*で結合した非導電回路と T 型導電回路 1

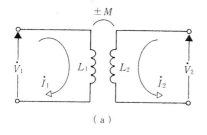
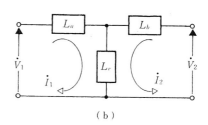

（a）　　　　　　　　　　　　　　　　　　（b）

図 7・7　*M*で結合した非導電回路と T 型導電回路 2

$$\left.\begin{aligned}\dot{V}_1 &= j\omega L_1\dot{I}_1 \pm j\omega M\dot{I}_2\\\dot{V}_2 &= \pm j\omega M\dot{I}_1 + j\omega L_2\dot{I}_2\end{aligned}\right\}\tag{7・20}$$

のように示すことができる．

　また，図7・6(b)における各端子電圧と電流の関係は

$$\left.\begin{aligned}\dot{V}_1 &= j\omega(L_a+L_c)\dot{I}_1 - j\omega L_c\dot{I}_2\\\dot{V}_2 &= j\omega L_c\dot{I}_1 - j\omega(L_b+L_c)\dot{I}_2\end{aligned}\right\}\tag{7・21}$$

のように示すことができる．

　そこで，この両式を比較すると

$$L_1 = L_a + L_c$$
$$L_2 = L_b + L_c$$
$$\pm M = L_c \tag{7·22}$$

となり，これより等価インダクタンスが求まる.

$$L_a = L_1 \mp M$$
$$L_b = L_2 \mp M$$
$$L_c = \pm M \tag{7·23}$$

同様にして，図7·7(a)における各端子電圧と電流の関係は

$$\dot{V}_1 = j\omega L_1 \dot{I}_1 \mp j\omega M \dot{I}_2$$
$$\dot{V}_2 = \mp j\omega M \dot{I}_1 + j\omega L_2 \dot{I}_2 \tag{7·24}$$

のように示すことができる.

また，図7·7(b)における各端子電圧と電流の関係は

$$\dot{V}_1 = j\omega (L_a + L_c) \dot{I}_1 + j\omega L_c \dot{I}_2$$
$$\dot{V}_2 = j\omega L_c \dot{I}_1 + j\omega (L_b + L_c) \dot{I}_2 \tag{7·25}$$

のように示すことができる.

そこで，この両式を比較することにより，等価インダクタンスが求まる.

$$L_a = L_1 \pm M$$
$$L_b = L_2 \pm M$$
$$L_c = \mp M \tag{7·26}$$

これらをまとめると，表7·1のようになる.

表7·1　M で結合した非導電回路と T 型導電回路の対応

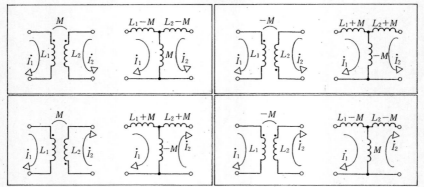

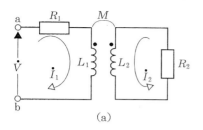 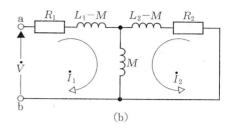

$$\text{(a)} \qquad\qquad\qquad \text{(b)}$$

図 7·8　相互誘導回路とその等価回路

　すなわち，図 7·8（a）のような相互誘導回路は図 7·8（b）の導電的等価回路に置き換えることができる．これにより非導電回路を等価な導電回路に変換することで，直並列回路として解くことができる．

　いま，この等価回路を式（7·14）の関係で置き換えると端子 ab からみた合成インピーダンス $\dot{Z}$ は

$$\dot{Z} = \dot{Z}_1 - \dot{Z}_{12} + \cfrac{1}{\cfrac{1}{\dot{Z}_{12}} + \cfrac{1}{\dot{Z}_2 - \dot{Z}_{12}}} = \dot{Z}_1 - \dot{Z}_{12} + \frac{\dot{Z}_{12}(\dot{Z}_2 - \dot{Z}_{12})}{\dot{Z}_2}$$

$$= \frac{\dot{Z}_1 \dot{Z}_2 - \dot{Z}_{12}^2}{\dot{Z}_2} = \dot{Z}_1 - \frac{\dot{Z}_{12}^2}{\dot{Z}_2} \tag{7·27}$$

となり，既に求めた式（7·18）と当然一致する．

　ここで，相互インダクタンス $\dot{Z}_{12}$ を a 倍し，$\dot{Z}_2$ を a^2 倍しても式（7·27）の1次回路からみたインピーダンスは変化しない．したがって，図 7·9 のような回路をつくっても1次電流 $\dot{I}$ は不変である．しかし，このような操作を行うと2次回路の電流 $\dot{I}_2$ は式（7·17）の $1/a$ に減少し

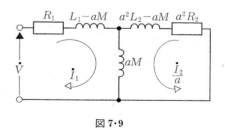

図 7·9

$$\dot{I}_1' = \dot{I}_1$$

$$\dot{I}_2' = \frac{1}{a} \dot{I}_2 \tag{7·28}$$

となる．いま

$$a = \sqrt{\frac{L_1}{L_2}} \qquad\qquad (7\cdot29)$$

とすると，結合係数 k を用いることにより

$$\left.\begin{array}{l} aM = ak\sqrt{L_1 L_2} = kL_1 \\ a^2 L_2 - aM = (1-k) L_1 \\ L_1 - aM = (1-k) L_1 \end{array}\right\} \qquad (7\cdot30)$$

となり，図7・10に示すように両側のイ
ンダクタンスを $(1-k) L_1$ と表すこと
ができる．

ここに，$(1-k) L_1$ は1次側のコイル
により生じた磁束の内，2次側のコイ
ルを貫通しない磁束によるインダクタ

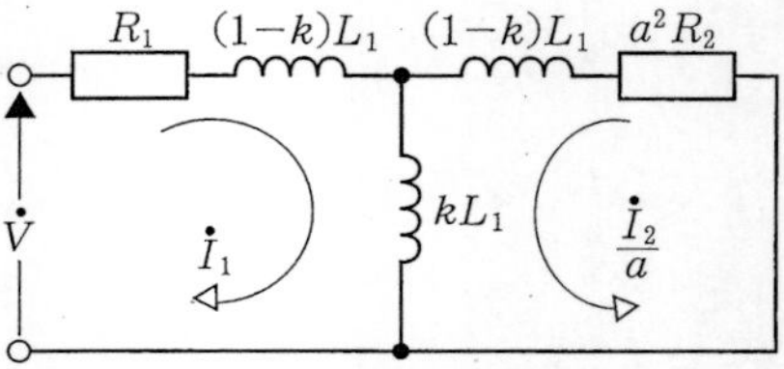

図7・10 漏れインダクタンス

ンスに相当し，これを漏れインダクタンス[1]と呼ぶ．

【**例題7・4**】 図7・11 (a) の回路と等価な導電回路を示すと図7・11 (b) の
ようになる．この等価回路の $\dot{Z}_a, \dot{Z}_b, \dot{Z}_c$ を求め，これを用いて，回路の合
成インピーダンス $\dot{Z}$ と回路に流れる電流 $\dot{I}_1, \dot{I}_2$ を求めよ．

ただし，$R_1 = 80$ 〔Ω〕，$R_2 = 30$ 〔Ω〕，$\omega L_1 = 160$ 〔Ω〕，$\omega L_2 = 40$ 〔Ω〕，
$\omega M = 100$ 〔Ω〕，$\dot{V} = 100 + j0$ 〔V〕とする．

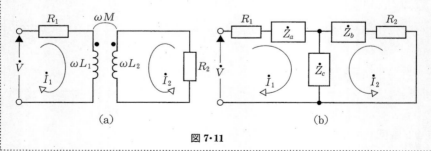

図7・11

（**解**） 式 (7・23) より

$$\dot{Z}_a = j\omega L_a = j (\omega L_1 - \omega M) = j (160 - 100) = j 60 \text{ 〔Ω〕}$$

---

〔1〕漏れインダクタンス leakage inductance

$$\dot{Z}_b = j\omega L_b = j(\omega L_2 - \omega M) = j(40-100) = -j60 \ (\Omega)$$

$$\dot{Z}_c = j\omega L_c = j\omega M = j100 \ (\Omega)$$

したがって，並列回路のアドミタンス $\dot{Y}$ は

$$\dot{Y} = \frac{1}{R_2 + \dot{Z}_b} + \frac{1}{\dot{Z}_c} = \frac{1}{30 - j60} + \frac{1}{j100} = \frac{30 + j40}{6\,000 + j3\,000} \ (S)$$

ゆえに，合成インピーダンス $\dot{Z}$ は

$$\dot{Z} = (R_1 + \dot{Z}_a) + \frac{1}{\dot{Y}} = (80 + j60) + \frac{6\,000 + j3\,000}{30 + j40}$$

$$= \frac{6\,000 + j8\,000}{30 + j40} = \frac{5\,000 + j0}{25} = 200 + j0 \ (\Omega)$$

したがって，回路に流れる電流 $\dot{I}_1$ は

$$\dot{I}_1 = \frac{\dot{V}}{\dot{Z}} = \frac{100 + j0}{200 + j0} = 0.5 + j0 \ (A)$$

また，$\dot{I}_2$ と逆方向に流れる電流を $\dot{I}_2{}'$ とすると

$$\dot{I}_2{}' = \frac{\dot{Z}_c \dot{I}_1}{(R_2 + \dot{Z}_b) + \dot{Z}_c} = \frac{j100 \times (0.5 + j0)}{(30 - j60) + j100} = \frac{j50}{30 + j40}$$

$$= \frac{20 + j15}{25} = 0.8 + j0.6 \ (A)$$

となるから，図7・11 (b) より，$\dot{I}_2 = -\dot{I}_2{}' = -(0.8 + j0.6)$〔A〕となる．

7章 演習問題

1 図に示すように結線された回路の端子 ab から
みたインピーダンス $\dot{Z}$ を求めよ.

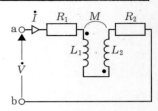

2 図のような回路に電圧 $\dot{V}$ を印加したとき, 回路に流れ
る電流 $\dot{I}_1, \dot{I}_2, \dot{I}$ および端子 ab からみたインピーダンス
$\dot{Z}$ を求めよ.

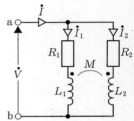

3 図に示す回路の合成インピーダンス $\dot{Z}$ を求めよ.

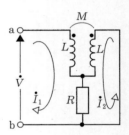

4 図に示すキャンベルブリッジ回路の平衡条件から
電源の周波数 f を求めよ.

ただし, 電源の内部インピーダンスは無視するも
のとする.

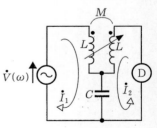

5 図のような回路の合成インピーダンス $\dot{Z}$ を求め
よ.

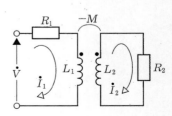

6　図に示す回路に電圧 $\dot{V}$ を印加したとき，回路に流れる電流 $\dot{I}_1$, $\dot{I}_2$ および合成インピーダンス $\dot{Z}$ を求めよ．

　　ただし，$\dot{V}=100$ 〔V〕，$R_1=10$ 〔Ω〕，$R_2=5$ 〔Ω〕，$X_{L1}=10$ 〔Ω〕，$X_{L2}=5$ 〔Ω〕，$\omega M=5$ 〔Ω〕，$X_c=10$ 〔Ω〕とする．

7　図の回路において端子 ab からみたインピーダンス $\dot{Z}$ が実数になるような周波数 f を求めよ．

8　図に示す回路で，1 次回路の電圧 $\dot{V}$ と電流 $\dot{I}_1$ が $\pi/4$ 〔rad〕の位相をもつとき，R_1 の条件を求めよ．

9　図の回路において，1 次回路，2 次回路がともに共振しているときの共振周波数 f_0 および 2 次回路に流れる電流 $\dot{I}_2$ が最大となるための相互インダクタンス M，そのときに 2 次回路に流れる電流の大きさの最大値 $I_{2(\max)}$，尖鋭度 Q，結合係数 k を求めよ．

　　ただし，$R=4$ 〔Ω〕，$L=100$ 〔μH〕，$C=1010$ 〔pF〕，$\dot{V}=10$ 〔V〕とする．

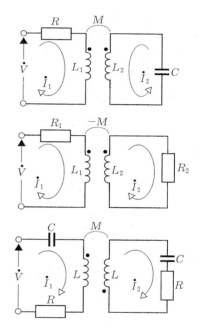

第 8 章　2端子対回路

　第7章で取り扱った相互誘導回路のように，1対の入力端[1]（第7章では1次側）と1対の出力端[2]（第7章では2次側）とを有する回路を2端子対回路[3]という．
　一般に信号を処理する回路や伝送する回路，例えばフィルタ[4]や増幅器[5]，さらには有線通信回路や送電線回路も2端子対回路である．

8・1　2端子対回路の関係式

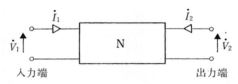

図 8・1　2端子対回路

　N 個の閉回路をもつ2端子対回路を図8・1に示す．慣習的に，左側の1対の端子を入力端と呼び，右側の1対の端子を出力端と呼ぶ．本書では，次に示した二つの条件を満足する2端子対回路だけを取り扱う．
① 　入力端と出力端は閉回路を構成しなければならない．したがって，入力端の上側から流れ込む電流と，入力端の下側から流れ出る電流とは等しい．同様に，出力端の上側から流れ込む電流と，出力端の下側から流れ出る電流とは等しい．
② 　入力端と出力端とを除いた $(N-2)$ 個の閉回路には電源を含まない．

---

[1] 入力端 input port　　[2] 出力端 output port
[3] 2端子対回路 two-port networks
[4] フィルタ filter　　[5] 増幅器 amplifier

■ インピーダンスパラメータによる関係式

前記①,②の条件を満たす2端子対回路の動作特性は,入力端と出力端だけ
の電圧・電流で定まり,残りの$(N-2)$個の閉回路を考慮する必要のないこと
を示す.

まず,図8・1に示したN個の閉回路をもつ2端子対回路の入力端の電圧$\dot{V}_1$
と,出力端の電圧$\dot{V}_2$とを求める.そのため,N個の閉回路にキルヒホッフの
第2法則を適用する.条件②より,入力端と出力端とを除いた$(N-2)$個の閉
回路中には電源を含まないから

$$\left.\begin{array}{l}
\dot{Z}_{11}\dot{I}_1+\dot{Z}_{12}\dot{I}_2+\dot{Z}_{13}\dot{I}_3+\cdots\cdots+\dot{Z}_{1n}\dot{I}_n=\dot{V}_1 \\
\dot{Z}_{21}\dot{I}_1+\dot{Z}_{22}\dot{I}_2+\dot{Z}_{23}\dot{I}_3+\cdots\cdots+\dot{Z}_{2n}\dot{I}_n=\dot{V}_2 \\
\dot{Z}_{31}\dot{I}_1+\dot{Z}_{32}\dot{I}_2+\dot{Z}_{33}\dot{I}_3+\cdots\cdots+\dot{Z}_{3n}\dot{I}_n=0 \\
\vdots \qquad\qquad\qquad\qquad\qquad \vdots \\
\dot{Z}_{n1}\dot{I}_1+\dot{Z}_{n2}\dot{I}_2+\dot{Z}_{n3}\dot{I}_3+\cdots\cdots+\dot{Z}_{nn}\dot{I}_n=0
\end{array}\right\} \tag{8・1}$$

となり,これを行列表示に直すと

$$\begin{bmatrix}
\dot{Z}_{11} & \dot{Z}_{12} & \dot{Z}_{13} & \cdots\cdots & \dot{Z}_{1n} \\
\dot{Z}_{21} & \dot{Z}_{22} & \dot{Z}_{23} & \cdots\cdots & \dot{Z}_{2n} \\
\dot{Z}_{31} & \dot{Z}_{32} & \dot{Z}_{33} & \cdots\cdots & \dot{Z}_{3n} \\
\vdots & \vdots & \vdots & & \vdots \\
\dot{Z}_{n1} & \dot{Z}_{n2} & \dot{Z}_{n3} & \cdots\cdots & \dot{Z}_{nn}
\end{bmatrix}
\begin{bmatrix}
\dot{I}_1 \\ \dot{I}_2 \\ \dot{I}_3 \\ \vdots \\ \dot{I}_n
\end{bmatrix}
=
\begin{bmatrix}
\dot{V}_1 \\ \dot{V}_2 \\ 0 \\ \vdots \\ 0
\end{bmatrix} \tag{8・2}$$

となる.

ここで,上式を次のような破線で区切った小行列に分割する.

$$\left[\begin{array}{cc|ccc}
\dot{Z}_{11} & \dot{Z}_{12} & \dot{Z}_{13} & \cdots\cdots & \dot{Z}_{1n} \\
\dot{Z}_{21} & \dot{Z}_{22} & \dot{Z}_{23} & \cdots\cdots & \dot{Z}_{2n} \\ \hline
\dot{Z}_{31} & \dot{Z}_{32} & \dot{Z}_{33} & \cdots\cdots & \dot{Z}_{3n} \\
\vdots & \vdots & \vdots & & \vdots \\
\dot{Z}_{n1} & \dot{Z}_{n2} & \dot{Z}_{n3} & \cdots\cdots & \dot{Z}_{nn}
\end{array}\right]
\left[\begin{array}{c}
\dot{I}_1 \\ \dot{I}_2 \\ \hline \dot{I}_3 \\ \vdots \\ \dot{I}_n
\end{array}\right]
=
\left[\begin{array}{c}
\dot{V}_1 \\ \dot{V}_2 \\ \hline 0 \\ \vdots \\ 0
\end{array}\right]$$

さらに,破線で区切ってある各小行列を

$$[\dot{Z}]_{11}=\begin{bmatrix}\dot{Z}_{11}&\dot{Z}_{12}\\\dot{Z}_{21}&\dot{Z}_{22}\end{bmatrix}\qquad[\dot{Z}]_{12}=\begin{bmatrix}\dot{Z}_{13}\cdots\cdots\dot{Z}_{1n}\\\dot{Z}_{23}\cdots\cdots\dot{Z}_{2n}\end{bmatrix}$$

$$[\dot{Z}]_{21}=\begin{bmatrix}\dot{Z}_{31}&\dot{Z}_{32}\\\vdots&\vdots\\\dot{Z}_{n1}&\dot{Z}_{n2}\end{bmatrix}\qquad[\dot{Z}]_{22}=\begin{bmatrix}\dot{Z}_{33}\cdots\cdots\dot{Z}_{3n}\\\vdots\\\dot{Z}_{n3}\cdots\cdots\dot{Z}_{nn}\end{bmatrix} \tag{8・3}$$

とおけば，式 (8・2) は

$$\begin{bmatrix}[\dot{Z}]_{11}&[\dot{Z}]_{12}\\[\dot{Z}]_{21}&[\dot{Z}]_{22}\end{bmatrix}\begin{bmatrix}\dot{I}_1\\\dot{I}_2\\\dot{I}_3\\\vdots\\\dot{I}_n\end{bmatrix}=\begin{bmatrix}\dot{V}_1\\\dot{V}_2\\0\\\vdots\\0\end{bmatrix}$$

となるが，行列の積の定義を用いれば上式は

$$[\dot{Z}]_{11}\begin{bmatrix}\dot{I}_1\\\dot{I}_2\end{bmatrix}+[\dot{Z}]_{12}\begin{bmatrix}\dot{I}_3\\\vdots\\\dot{I}_n\end{bmatrix}=\begin{bmatrix}\dot{V}_1\\\dot{V}_2\end{bmatrix} \tag{8・4}$$

$$[\dot{Z}]_{21}\begin{bmatrix}\dot{I}_1\\\dot{I}_2\end{bmatrix}+[\dot{Z}]_{22}\begin{bmatrix}\dot{I}_3\\\vdots\\\dot{I}_n\end{bmatrix}=\begin{bmatrix}0\\\vdots\\0\end{bmatrix} \tag{8・5}$$

と書き換えられる．ここで，式 (8・5) より行列 $\begin{bmatrix}\dot{I}_3\\\vdots\\\dot{I}_n\end{bmatrix}$ を求めて，これを式 (8・4) に代入すれば，求める電圧，$\dot{V}_1,\dot{V}_2$ は

$$\begin{bmatrix}\dot{V}_1\\\dot{V}_2\end{bmatrix}=\Big[[\dot{Z}]_{11}-[\dot{Z}]_{12}[\dot{Z}]_{22}^{-1}[\dot{Z}]_{21}\Big]\begin{bmatrix}\dot{I}_1\\\dot{I}_2\end{bmatrix} \tag{8・6}$$

である．すなわち

$$\begin{bmatrix}\dot{V}_1\\\dot{V}_2\end{bmatrix}=\begin{bmatrix}\dot{Z}_{11}&\dot{Z}_{12}\\\dot{Z}_{21}&\dot{Z}_{22}\end{bmatrix}\begin{bmatrix}\dot{I}_1\\\dot{I}_2\end{bmatrix} \tag{8・7}$$

となる．ただし，式 (8・6) の行列 $\Big[[\dot{Z}]_{11}-[\dot{Z}]_{12}[\dot{Z}]_{22}^{-1}[\dot{Z}]_{21}\Big]$ を計算すれば 2 行 2 列となることから

$$\begin{bmatrix}\dot{Z}_{11}&\dot{Z}_{12}\\\dot{Z}_{21}&\dot{Z}_{22}\end{bmatrix}=\Big[[\dot{Z}]_{11}-[\dot{Z}]_{12}[\dot{Z}]_{22}^{-1}[\dot{Z}]_{21}\Big]$$

と置いた．

式(8・7)を，2端子対回路のインピーダンスパラメータ[1]による関係式と呼び，また式(8・7)の行列

$$\begin{bmatrix} \dot{Z}_{11} & \dot{Z}_{12} \\ \dot{Z}_{21} & \dot{Z}_{22} \end{bmatrix} \tag{8・8}$$

をインピーダンス行列[2]と呼ぶ.

式(8・7)より，2端子対回路の動作特性は入力端と出力端だけの電圧・電流で定まり，内部の$(N-2)$個の回路網の電圧・電流分布を考慮する必要のないことがわかる．すなわち，四つのインピーダンスパラメータだけで2端子対回路の動作特性は決まることになる.

次に，各インピーダンスパラメータの意味と，求め方について説明する.

まず$\dot{Z}_{11}$は，式(8・7)より，出力端を開放して$\dot{I}_2 = 0$となるようにした回路の入力端の$\dot{V}_1/\dot{I}_1$である．これを

$$\dot{Z}_{11} = \left[\frac{\dot{V}_1}{\dot{I}_1}\right]_{\dot{I}_2=0} \tag{8・9}$$

と記して，開放駆動点インピーダンス[3]と呼ぶ.

同様に，$\dot{Z}_{21}$は出力端を開放した回路の$\dot{V}_2/\dot{I}_1$であるから

$$\dot{Z}_{21} = \left[\frac{\dot{V}_2}{\dot{I}_1}\right]_{\dot{I}_2=0} \tag{8・10}$$

と記し，開放伝達インピーダンス[4]と呼ぶ.

また，$\dot{Z}_{12}$は式(8・7)より，入力端を開放して$\dot{I}_1 = 0$となるようにした回路の$\dot{V}_1/\dot{I}_2$であるから

$$\dot{Z}_{12} = \left[\frac{\dot{V}_1}{\dot{I}_2}\right]_{\dot{I}_1=0} \tag{8・11}$$

と記す.

同様に，$\dot{Z}_{22}$は入力端を開放した回路の出力端の$\dot{V}_2/\dot{I}_2$であるから，これを

$$\dot{Z}_{22} = \left[\frac{\dot{V}_2}{\dot{I}_2}\right]_{\dot{I}_1=0} \tag{8・12}$$

〔1〕インピーダンスパラメータ impedance parameters
〔2〕インピーダンス行列 impedance matrix
〔3〕開放駆動点インピーダンス open-circuit input impedance
〔4〕開放伝達インピーダンス open-circuit transfer impedance

と記す.

以上のような意味を有する各インピーダンスパラメータを図8・2の回路について以下に示す二つの方法で求める.

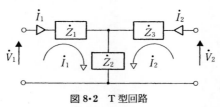

図 8・2　T 型回路

第1の方法は各インピーダンスパラメータの意味から求める方法で，$\dot{Z}_{11}$ と $\dot{Z}_{21}$ は式（8・9）および（8・10）よりそれぞれ

$$\dot{Z}_{11} = \left[\frac{\dot{V}_1}{\dot{I}_1}\right]_{\dot{I}_2=0} = \frac{\dot{I}_1(\dot{Z}_1 + \dot{Z}_2)}{\dot{I}_1} = \dot{Z}_1 + \dot{Z}_2$$

$$\dot{Z}_{21} = \left[\frac{\dot{V}_2}{\dot{I}_1}\right]_{\dot{I}_2=0} = \frac{\dot{I}_1\,\dot{Z}_2}{\dot{I}_1} = \dot{Z}_2$$

となり，$\dot{Z}_{12}$ と $\dot{Z}_{22}$ は式（8・11）および（8・12）よりそれぞれ

$$\dot{Z}_{12} = \left[\frac{\dot{V}_1}{\dot{I}_2}\right]_{\dot{I}_1=0} = \frac{\dot{I}_2\,\dot{Z}_2}{\dot{I}_2} = \dot{Z}_2$$

$$\dot{Z}_{22} = \left[\frac{\dot{V}_2}{\dot{I}_2}\right]_{\dot{I}_1=0} = \frac{\dot{I}_2(\dot{Z}_2 + \dot{Z}_3)}{\dot{I}_2} = \dot{Z}_2 + \dot{Z}_3$$

となる.

以上より，図8・2の回路のインピーダンスパラメータをインピーダンス行列で表すと

$$\begin{bmatrix} \dot{Z}_{11} & \dot{Z}_{12} \\ \dot{Z}_{21} & \dot{Z}_{22} \end{bmatrix} = \begin{bmatrix} \dot{Z}_1 + \dot{Z}_2 & \dot{Z}_2 \\ \dot{Z}_2 & \dot{Z}_2 + \dot{Z}_3 \end{bmatrix}$$

となる.

第2の方法はキルヒホッフの第2法則を利用する方法である. インピーダンスパラメータは入力端および出力端を開放した回路のパラメータであるから，この両回路にキルヒホッフの第2法則を適用すると

$$\left.\begin{array}{l} \dot{V}_1 = (\dot{Z}_1 + \dot{Z}_2)\,\dot{I}_1 + \dot{Z}_2\,\dot{I}_2 \\ \dot{V}_2 = \dot{Z}_2\,\dot{I}_1 + (\dot{Z}_2 + \dot{Z}_3)\,\dot{I}_2 \end{array}\right\}$$

となる．この二つの式よりインピーダンス行列として

$$\begin{bmatrix} \dot{Z}_{11} & \dot{Z}_{12} \\ \dot{Z}_{21} & \dot{Z}_{22} \end{bmatrix} = \begin{bmatrix} \dot{Z}_1 + \dot{Z}_2 & \dot{Z}_2 \\ \dot{Z}_2 & \dot{Z}_2 + \dot{Z}_3 \end{bmatrix}$$

が得られる．

　本書で取り扱う2端子対回路は相反（可逆）回路である．すなわち，入力端に電源を接続したときの出力端の短絡電流と出力端に電源を接続したときの入力端の短絡電流とは等しい．このような相反（可逆）回路では

$$\dot{Z}_{12} = \dot{Z}_{21}$$

の関係が成り立つ．

2　アドミタンスパラメータによる関係式

　次に入力端の電流 $\dot{I}_1$ と出力端の電流 $\dot{I}_2$ に関する関係式を導き出す．そのため式（8·7）の両辺にインピーダンス行列（式（8·8））の逆行列

$$\begin{bmatrix} \dot{Z}_{11} & \dot{Z}_{12} \\ \dot{Z}_{21} & \dot{Z}_{22} \end{bmatrix}^{-1} \quad を左から掛け，行列 \quad \begin{bmatrix} \dot{I}_1 \\ \dot{I}_2 \end{bmatrix}$$

を左辺に移すと

$$\begin{bmatrix} \dot{I}_1 \\ \dot{I}_2 \end{bmatrix} = \begin{bmatrix} \dot{Z}_{11} & \dot{Z}_{12} \\ \dot{Z}_{21} & \dot{Z}_{22} \end{bmatrix}^{-1} \begin{bmatrix} \dot{V}_1 \\ \dot{V}_2 \end{bmatrix} \tag{8·13}$$

となる．

　上式のインピーダンス行列の逆行列は

$$\begin{bmatrix} \dot{Z}_{11} & \dot{Z}_{12} \\ \dot{Z}_{21} & \dot{Z}_{22} \end{bmatrix}^{-1} = \frac{1}{\dot{Z}_{11}\dot{Z}_{22} - \dot{Z}_{12}\dot{Z}_{21}} \begin{bmatrix} \dot{Z}_{22} & -\dot{Z}_{12} \\ -\dot{Z}_{21} & \dot{Z}_{11} \end{bmatrix} \tag{8·14}$$

であり，アドミタンスの次元をもつことから，これを新たに

$$\begin{bmatrix} \dot{Y}_{11} & \dot{Y}_{12} \\ \dot{Y}_{21} & \dot{Y}_{22} \end{bmatrix} = \frac{1}{\dot{Z}_{11}\dot{Z}_{22} - \dot{Z}_{12}\dot{Z}_{21}} \begin{bmatrix} \dot{Z}_{22} & -\dot{Z}_{12} \\ -\dot{Z}_{21} & \dot{Z}_{11} \end{bmatrix} \tag{8·15}$$

とおけば，式（8·13）は

$$\begin{bmatrix} \dot{I}_1 \\ \dot{I}_2 \end{bmatrix} = \begin{bmatrix} \dot{Y}_{11} & \dot{Y}_{12} \\ \dot{Y}_{21} & \dot{Y}_{22} \end{bmatrix} \begin{bmatrix} \dot{V}_1 \\ \dot{V}_2 \end{bmatrix} \tag{8·16}$$

となり，電流 $\dot{I}_1, \dot{I}_2$ に関する関係式が得られる．式（8·16）を2端子対回路網の

アドミタンスパラメータ[1]による関係式と呼び，行列

$$\begin{bmatrix} \dot{Y}_{11} & \dot{Y}_{12} \\ \dot{Y}_{21} & \dot{Y}_{22} \end{bmatrix} \tag{8・17}$$

をアドミタンス行列[2]と呼ぶ．

アドミタンスパラメータはインピーダンスパラメータと式 (8・15) の関係が
あり，逆に，インピーダンスパラメータはアドミタンスパラメータにより

$$\begin{bmatrix} \dot{Z}_{11} & \dot{Z}_{12} \\ \dot{Z}_{21} & \dot{Z}_{22} \end{bmatrix} = \frac{1}{\dot{Y}_{11}\,\dot{Y}_{22} - \dot{Y}_{12}\,\dot{Y}_{21}} \begin{bmatrix} \dot{Y}_{22} & -\dot{Y}_{12} \\ -\dot{Y}_{21} & \dot{Y}_{11} \end{bmatrix} \tag{8・18}$$

と表される．これは，式 (8・16) の両辺にアドミタンス行列の逆行列を左から掛
けることにより簡単に求められる．

各アドミタンスパラメータの意味は次のとおりである．

$\dot{Y}_{11}$ は，式 (8・16) より出力端を短絡して $\dot{V}_2 = 0$ となるようにした回路の
$\dot{I}_1 / \dot{V}_1$ である．これを

$$\dot{Y}_{11} = \left[\frac{\dot{I}_1}{\dot{V}_1}\right]_{\dot{V}_2 = 0} \tag{8・19}$$

と記し，短絡駆動点アドミタンス[3]と呼ぶ．

$\dot{Y}_{21}$ は出力端を短絡して $\dot{V}_2 = 0$ となるようにした回路の $\dot{I}_2 / \dot{V}_1$ である．これ
を

$$\dot{Y}_{21} = \left[\frac{\dot{I}_2}{\dot{V}_1}\right]_{\dot{V}_2 = 0} \tag{8・20}$$

と記し，短絡伝達アドミタンス[4]と呼ぶ．

$\dot{Y}_{12}$ と $\dot{Y}_{22}$ については

$$\dot{Y}_{12} = \left[\frac{\dot{I}_1}{\dot{V}_2}\right]_{\dot{V}_1 = 0} \tag{8・21}$$

$$\dot{Y}_{22} = \left[\frac{\dot{I}_2}{\dot{V}_2}\right]_{\dot{V}_1 = 0} \tag{8・22}$$

---

〔1〕アドミタンスパラメータ　admittance parameters
〔2〕アドミタンス行列　admittance matrix
〔3〕短絡駆動点アドミタンス　short-circuit input admittance
〔4〕短絡伝達アドミタンス　short-circuit transfer admittance

である．ただし，添字の $\dot{V}_2=0$, $\dot{V}_1=0$ は出力端または入力端をそれぞれ短絡したことを意味する．

相反（可逆）回路では

$$\dot{Y}_{12}=\dot{Y}_{21}$$

の関係が成り立つ．

次に，図8・2に示した回路の各アドミタンスパラメータを求める．

第1の方法は，式（8・19）〜式（8・22）を用いて求める方法で

$$\dot{Y}_{11}=\left[\frac{\dot{I}_1}{\dot{V}_1}\right]_{\dot{V}_2=0}=\frac{\dot{I}_1}{\dot{I}_1\left(\dot{Z}_1+\dfrac{\dot{Z}_2\dot{Z}_3}{\dot{Z}_2+\dot{Z}_3}\right)}=\frac{\dot{Z}_2+\dot{Z}_3}{\dot{Z}_1\dot{Z}_2+\dot{Z}_2\dot{Z}_3+\dot{Z}_3\dot{Z}_1}$$

$$\dot{Y}_{21}=\left[\frac{\dot{I}_2}{\dot{V}_1}\right]_{\dot{V}_2=0}=\frac{-\dot{I}_1\dfrac{\dot{Z}_2}{\dot{Z}_2+\dot{Z}_3}}{\dot{I}_1\left(\dot{Z}_1+\dfrac{\dot{Z}_2\dot{Z}_3}{\dot{Z}_2+\dot{Z}_3}\right)}=\frac{-\dot{Z}_2}{\dot{Z}_1\dot{Z}_2+\dot{Z}_2\dot{Z}_3+\dot{Z}_3\dot{Z}_1}$$

$$\dot{Y}_{12}=\left[\frac{\dot{I}_1}{\dot{V}_2}\right]_{\dot{V}_1=0}=\frac{-\dot{I}_2\left(\dfrac{\dot{Z}_2}{\dot{Z}_1+\dot{Z}_2}\right)}{\dot{I}_2\left(\dot{Z}_3+\dfrac{\dot{Z}_1\dot{Z}_2}{\dot{Z}_1+\dot{Z}_2}\right)}=\frac{-\dot{Z}_2}{\dot{Z}_1\dot{Z}_2+\dot{Z}_2\dot{Z}_3+\dot{Z}_3\dot{Z}_1}$$

$$\dot{Y}_{22}=\left[\frac{\dot{I}_2}{\dot{V}_2}\right]_{\dot{V}_1=0}=\frac{\dot{I}_2}{\dot{I}_2\left(\dot{Z}_3+\dfrac{\dot{Z}_1\dot{Z}_2}{\dot{Z}_1+\dot{Z}_2}\right)}=\frac{\dot{Z}_1+\dot{Z}_2}{\dot{Z}_1\dot{Z}_2+\dot{Z}_2\dot{Z}_3+\dot{Z}_3\dot{Z}_1}$$

となる．

以上をまとめると，図8・2の回路のアドミタンス行列は

$$\begin{bmatrix}\dot{Y}_{11}&\dot{Y}_{12}\\\dot{Y}_{21}&\dot{Y}_{22}\end{bmatrix}=\frac{1}{\dot{Z}_1\dot{Z}_2+\dot{Z}_2\dot{Z}_3+\dot{Z}_3\dot{Z}_1}\begin{bmatrix}\dot{Z}_2+\dot{Z}_3&-\dot{Z}_2\\-\dot{Z}_2&\dot{Z}_1+\dot{Z}_2\end{bmatrix}$$

である．

第2の方法は，図8・2の回路の入力端と出力端との閉回路にキルヒホッフの第2法則を適用して求める方法で

$$\left.\begin{array}{l}\dot{V}_1=(\dot{Z}_1+\dot{Z}_2)\dot{I}_1+\dot{Z}_2\dot{I}_2\\\dot{V}_2=\dot{Z}_2\dot{I}_1+(\dot{Z}_2+\dot{Z}_3)\dot{I}_2\end{array}\right\}$$

となるから，これより $\dot{I}_1, \dot{I}_2$ を求めると

$$\dot{I}_1 = \frac{\dot{Z}_2 + \dot{Z}_3}{\dot{Z}_1\dot{Z}_2 + \dot{Z}_2\dot{Z}_3 + \dot{Z}_3\dot{Z}_1}\, \dot{V}_1 - \frac{\dot{Z}_2}{\dot{Z}_1\dot{Z}_2 + \dot{Z}_2\dot{Z}_3 + \dot{Z}_3\dot{Z}_1}\, \dot{V}_2$$

$$\dot{I}_2 = \frac{-\dot{Z}_2}{\dot{Z}_1\dot{Z}_2 + \dot{Z}_2\dot{Z}_3 + \dot{Z}_3\dot{Z}_1}\, \dot{V}_1 + \frac{\dot{Z}_1 + \dot{Z}_2}{\dot{Z}_1\dot{Z}_2 + \dot{Z}_2\dot{Z}_3 + \dot{Z}_3\dot{Z}_1}\, \dot{V}_2$$

である．したがって，アドミタンス行列は

$$\begin{bmatrix} \dot{Y}_{11} & \dot{Y}_{12} \\ \dot{Y}_{21} & \dot{Y}_{22} \end{bmatrix} = \frac{1}{\dot{Z}_1\dot{Z}_2 + \dot{Z}_2\dot{Z}_3 + \dot{Z}_3\dot{Z}_1} \begin{bmatrix} \dot{Z}_2 + \dot{Z}_3 & -\dot{Z}_2 \\ -\dot{Z}_2 & \dot{Z}_1 + \dot{Z}_2 \end{bmatrix}$$

となる．

【例題 8・1】 図 8・3 (a), (b) に示した 2 端子対回路のインピーダンスパラ
メータとアドミタンスパラメータとを求めよ．

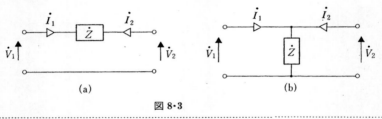

(a)   (b)

図 8・3

（**解**）（a）の回路のインピーダンスパラメータは定まらない．

（a）のアドミタンスパラメータは

$$\dot{Y}_{11} = \left[\frac{\dot{I}_1}{\dot{V}_1}\right]_{\dot{V}_2=0} = \frac{\dot{I}_1}{\dot{I}_1\dot{Z}} = \frac{1}{\dot{Z}} \qquad \dot{Y}_{12} = \left[\frac{\dot{I}_1}{\dot{V}_2}\right]_{\dot{V}_1=0} = \frac{-\dot{I}_2}{\dot{I}_2\dot{Z}} = -\frac{1}{\dot{Z}}$$

$$\dot{Y}_{21} = \left[\frac{\dot{I}_2}{\dot{V}_1}\right]_{\dot{V}_2=0} = \frac{-\dot{I}_1}{\dot{I}_1\dot{Z}} = -\frac{1}{\dot{Z}} \qquad \dot{Y}_{22} = \left[\frac{\dot{I}_2}{\dot{V}_2}\right]_{\dot{V}_1=0} = \frac{\dot{I}_2}{\dot{I}_2\dot{Z}} = \frac{1}{\dot{Z}}$$

となる．

（b）の回路のアドミタンスパラメータは定まらない．

（b）の回路のインピーダンスパラメータは

$$\dot{Z}_{11} = \left[\frac{\dot{V}_1}{\dot{I}_1}\right]_{\dot{I}_2=0} = \frac{\dot{I}_1\dot{Z}}{\dot{I}_1} = \dot{Z} \qquad \dot{Z}_{12} = \left[\frac{\dot{V}_1}{\dot{I}_2}\right]_{\dot{I}_1=0} = \frac{\dot{I}_2\dot{Z}}{\dot{I}_2} = \dot{Z}$$

$$\dot{Z}_{21} = \left[\frac{\dot{V}_2}{\dot{I}_1}\right]_{\dot{I}_2=0} = \frac{\dot{I}_1\dot{Z}}{\dot{I}_1} = \dot{Z} \qquad \dot{Z}_{22} = \left[\frac{\dot{V}_2}{\dot{I}_2}\right]_{\dot{I}_1=0} = \frac{\dot{I}_2\dot{Z}}{\dot{I}_2} = \dot{Z}$$

となる．

【例題8・2】 図8・4の2端子対回
路のインピーダンスパラメータと
アドミタンスパラメータを求めよ.

図8・4

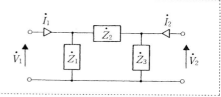

（解） まずインピーダンスパラメータを求める.

$$\dot{Z}_{11}=\left[\frac{\dot{V}_1}{\dot{I}_1}\right]_{\dot{I}_2=0}=\frac{\dot{I}_1\dfrac{\dot{Z}_1(\dot{Z}_2+\dot{Z}_3)}{\dot{Z}_1+\dot{Z}_2+\dot{Z}_3}}{\dot{I}_1}=\frac{\dot{Z}_1(\dot{Z}_2+\dot{Z}_3)}{\dot{Z}_1+\dot{Z}_2+\dot{Z}_3}$$

$$\dot{Z}_{21}=\left[\frac{\dot{V}_2}{\dot{I}_1}\right]_{\dot{I}_2=0}=\frac{\dot{I}_1\dfrac{\dot{Z}_1\dot{Z}_3}{\dot{Z}_1+\dot{Z}_2+\dot{Z}_3}}{\dot{I}_1}=\frac{\dot{Z}_1\dot{Z}_3}{\dot{Z}_1+\dot{Z}_2+\dot{Z}_3}$$

$$\dot{Z}_{12}=\left[\frac{\dot{V}_1}{\dot{I}_2}\right]_{\dot{I}_1=0}=\frac{\dot{I}_2\dfrac{\dot{Z}_1\dot{Z}_3}{\dot{Z}_1+\dot{Z}_2+\dot{Z}_3}}{\dot{I}_2}=\frac{\dot{Z}_1\dot{Z}_3}{\dot{Z}_1+\dot{Z}_2+\dot{Z}_3}$$

$$\dot{Z}_{22}=\left[\frac{\dot{V}_2}{\dot{I}_2}\right]_{\dot{I}_1=0}=\frac{\dot{I}_2\dfrac{\dot{Z}_3(\dot{Z}_1+\dot{Z}_2)}{\dot{Z}_1+\dot{Z}_2+\dot{Z}_3}}{\dot{I}_2}=\frac{\dot{Z}_3(\dot{Z}_1+\dot{Z}_2)}{\dot{Z}_1+\dot{Z}_2+\dot{Z}_3}$$

となる.

アドミタンスパラメータは

$$\dot{Y}_{11}=\left[\frac{\dot{I}_1}{\dot{V}_1}\right]_{\dot{V}_2=0}=\frac{\dot{I}_1}{\dot{I}_1\dfrac{\dot{Z}_1\dot{Z}_2}{\dot{Z}_1+\dot{Z}_2}}=\frac{\dot{Z}_1+\dot{Z}_2}{\dot{Z}_1\dot{Z}_2}$$

$$\dot{Y}_{21}=\left[\frac{\dot{I}_2}{\dot{V}_1}\right]_{\dot{V}_2=0}=\frac{-\dot{I}_1\dfrac{\dot{Z}_1}{\dot{Z}_1+\dot{Z}_2}}{\dot{I}_1\dfrac{\dot{Z}_1\dot{Z}_2}{\dot{Z}_1+\dot{Z}_2}}=-\frac{1}{\dot{Z}_2}$$

$$\dot{Y}_{12}=\left[\frac{\dot{I}_1}{\dot{V}_2}\right]_{\dot{V}_1=0}=\frac{-\dot{I}_2\dfrac{\dot{Z}_3}{\dot{Z}_2+\dot{Z}_3}}{\dot{I}_2\dfrac{\dot{Z}_2\dot{Z}_3}{\dot{Z}_2+\dot{Z}_3}}=-\frac{1}{\dot{Z}_2}$$

$$\dot{Y}_{22}=\left[\frac{\dot{I}_2}{\dot{V}_2}\right]_{\dot{V}_1=0}=\frac{\dot{I}_2}{\dot{I}_2\dfrac{\dot{Z}_2\dot{Z}_3}{\dot{Z}_2+\dot{Z}_3}}=\frac{\dot{Z}_2+\dot{Z}_3}{\dot{Z}_2\dot{Z}_3}$$

となる.

（**別解**）　図 8・5 のように真中の閉回路に閉回路電流 $\dot{I}$ を仮定し，三つの閉回路にキルヒホッフの第 2 法則を適用すると

$$\left.\begin{aligned}\dot{V}_1 &= \dot{Z}_1\,\dot{I}_1 - \dot{Z}_1\,\dot{I} \\ 0 &= (\dot{Z}_1 + \dot{Z}_2 + \dot{Z}_3)\,\dot{I} - \dot{Z}_1\,\dot{I}_1 + \dot{Z}_2\,\dot{I}_2 \\ \dot{V}_2 &= \dot{Z}_3\,\dot{I}_2 + \dot{Z}_3\,\dot{I}\end{aligned}\right\}$$

が得られる．これより $\dot{V}_1$，$\dot{V}_2$ を求めると

$$\dot{V}_1 = \frac{\dot{Z}_1(\dot{Z}_2 + \dot{Z}_3)}{\dot{Z}_1 + \dot{Z}_2 + \dot{Z}_3}\,\dot{I}_1 + \frac{\dot{Z}_1\dot{Z}_3}{\dot{Z}_1 + \dot{Z}_2 + \dot{Z}_3}\,\dot{I}_2$$

$$\dot{V}_2 = \frac{\dot{Z}_1\dot{Z}_3}{\dot{Z}_1 + \dot{Z}_2 + \dot{Z}_3}\,\dot{I}_1 + \frac{\dot{Z}_3(\dot{Z}_1 + \dot{Z}_2)}{\dot{Z}_1 + \dot{Z}_2 + \dot{Z}_3}\,\dot{I}_2$$

となるから，インピーダンスパラメータは

$$\begin{bmatrix}\dot{Z}_{11} & \dot{Z}_{12} \\ \dot{Z}_{21} & \dot{Z}_{22}\end{bmatrix} = \frac{1}{\dot{Z}_1 + \dot{Z}_2 + \dot{Z}_3}\begin{bmatrix}\dot{Z}_1(\dot{Z}_2 + \dot{Z}_3) & \dot{Z}_1\dot{Z}_3 \\ \dot{Z}_1\dot{Z}_3 & \dot{Z}_3(\dot{Z}_1 + \dot{Z}_2)\end{bmatrix}$$

となる．またアドミタンスパラメータは上式の逆行列を計算することで求まる．

❸　縦続パラメータによる関係式

縦続パラメータ[1] は伝送パラメータ[2] または F パラメータ[3] とも呼ばれる．このパラメータを用いるときは出力端の電流を図 8・6 のように定義すると都合がよい．その理由については 8・2 ❶ で説明する．

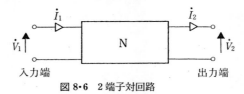

図 8・6　2端子対回路

縦続パラメータ（以降簡単のために F パラメータと記す）は入力端の電圧 $\dot{V}_1$ と電流 $\dot{I}_1$ を未知数としたときに現れるパラメータであり，四つの各 F パラメータを記号 $\dot{A}, \dot{B}, \dot{C}, \dot{D}$ で表すと，F 行列[4] は

$$\begin{bmatrix}\dot{A} & \dot{B} \\ \dot{C} & \dot{D}\end{bmatrix} \tag{8・23}$$

---

〔1〕縦続パラメータ cascade parameters　　〔2〕伝送パラメータ transmission parameters
〔3〕F パラメータ F parameters　　〔4〕F 行列　F matrix

である．したがって，$\dot{V}_1, \dot{I}_1$ は

$$\begin{bmatrix} \dot{V}_1 \\ \dot{I}_1 \end{bmatrix} = \begin{bmatrix} \dot{A} & \dot{B} \\ \dot{C} & \dot{D} \end{bmatrix} \begin{bmatrix} \dot{V}_2 \\ \dot{I}_2 \end{bmatrix} \tag{8・24}$$

のように書き表すことができる．

各 F パラメータの意味は式 (8・24) より次のようになる．

$$\dot{A} = \left[\frac{\dot{V}_1}{\dot{V}_2} \right]_{\dot{I}_2 = 0} \tag{8・25}$$

$$\dot{C} = \left[\frac{\dot{I}_1}{\dot{V}_2} \right]_{\dot{I}_2 = 0} \tag{8・26}$$

$$\dot{B} = \left[\frac{\dot{V}_1}{\dot{I}_2} \right]_{\dot{V}_2 = 0} \tag{8・27}$$

$$\dot{D} = \left[\frac{\dot{I}_1}{\dot{I}_2} \right]_{\dot{V}_2 = 0} \tag{8・28}$$

ただし，$\dot{I}_2 = 0$ は出力端の開放を，また $\dot{V}_2 = 0$ は出力端の短絡を意味する．

式 (8・25)〜(8・28) を用いて，図 8・2 の回路の F パラメータを求めると

$$\dot{A} = \left[\frac{\dot{V}_1}{\dot{V}_2} \right]_{\dot{I}_2 = 0} = \frac{\dot{I}_1 (\dot{Z}_1 + \dot{Z}_2)}{\dot{I}_1 \dot{Z}_2} = \frac{\dot{Z}_1 + \dot{Z}_2}{\dot{Z}_2}$$

$$\dot{C} = \left[\frac{\dot{I}_1}{\dot{V}_2} \right]_{\dot{I}_2 = 0} = \frac{\dot{I}_1}{\dot{I}_1 \dot{Z}_2} = \frac{1}{\dot{Z}_2}$$

$$\dot{B} = \left[\frac{\dot{V}_1}{\dot{I}_2} \right]_{\dot{V}_2 = 0} = \frac{\dot{I}_1 \left(\dot{Z}_1 + \frac{\dot{Z}_2 \dot{Z}_3}{\dot{Z}_2 + \dot{Z}_3} \right)}{\dot{I}_1 \left(\frac{\dot{Z}_2}{\dot{Z}_2 + \dot{Z}_3} \right)} = \frac{\dot{Z}_1 \dot{Z}_2 + \dot{Z}_2 \dot{Z}_3 + \dot{Z}_3 \dot{Z}_1}{\dot{Z}_2}$$

$$\dot{D} = \left[\frac{\dot{I}_1}{\dot{I}_2} \right]_{\dot{V}_2 = 0} = \frac{\dot{I}_1}{\dot{I}_1 \left(\frac{\dot{Z}_2}{\dot{Z}_2 + \dot{Z}_3} \right)} = \frac{\dot{Z}_2 + \dot{Z}_3}{\dot{Z}_2}$$

となり，F 行列でまとめて表記すると

$$\begin{bmatrix} \dot{A} & \dot{B} \\ \dot{C} & \dot{D} \end{bmatrix} = \begin{bmatrix} \dfrac{\dot{Z}_1 + \dot{Z}_2}{\dot{Z}_2} & \dfrac{\dot{Z}_1 \dot{Z}_2 + \dot{Z}_2 \dot{Z}_3 + \dot{Z}_3 \dot{Z}_1}{\dot{Z}_2} \\[2mm] \dfrac{1}{\dot{Z}_2} & \dfrac{\dot{Z}_2 + \dot{Z}_3}{\dot{Z}_2} \end{bmatrix}$$

となる.

　次に，F パラメータとインピーダンスパラメータとの関係式を求める．図 8
・6 に示した 2 端子対回路の出力端の電流 $\dot{I}_2$ の向きが，インピーダンスパラメ
ータを定義した際とは逆（図 8・1 参照）であることに注意すると，図 8・6 の回路
のインピーダンスパラメータによる関係式は

$$\begin{bmatrix} \dot{V}_1 \\ \dot{V}_2 \end{bmatrix} = \begin{bmatrix} \dot{Z}_{11} & \dot{Z}_{12} \\ \dot{Z}_{21} & \dot{Z}_{22} \end{bmatrix} \begin{bmatrix} \dot{I}_1 \\ -\dot{I}_2 \end{bmatrix} \tag{8・29}$$

となる．上式から $\dot{V}_1, \dot{I}_1$ を求めると

$$\left. \begin{array}{l} \dot{V}_1 = \dfrac{\dot{Z}_{11}}{\dot{Z}_{21}} \dot{V}_2 + \dfrac{\dot{Z}_{11} \dot{Z}_{22} - \dot{Z}_{12} \dot{Z}_{21}}{\dot{Z}_{21}} \dot{I}_2 \\[4mm] \dot{I}_1 = \dfrac{1}{\dot{Z}_{21}} \dot{V}_2 + \dfrac{\dot{Z}_{22}}{\dot{Z}_{21}} \dot{I}_2 \end{array} \right\} \tag{8・30}$$

となるから，F パラメータはインピーダンスパラメータにより

$$\begin{bmatrix} \dot{A} & \dot{B} \\ \dot{C} & \dot{D} \end{bmatrix} = \begin{bmatrix} \dfrac{\dot{Z}_{11}}{\dot{Z}_{21}} & \dfrac{\dot{Z}_{11} \dot{Z}_{22} - \dot{Z}_{12} \dot{Z}_{21}}{\dot{Z}_{21}} \\[4mm] \dfrac{1}{\dot{Z}_{21}} & \dfrac{\dot{Z}_{22}}{\dot{Z}_{21}} \end{bmatrix} \tag{8・31}$$

のように書き表すことができる.

　また，F パラメータはアドミタンスパラメータを用いれば

$$\begin{bmatrix} \dot{A} & \dot{B} \\ \dot{C} & \dot{D} \end{bmatrix} = \begin{bmatrix} -\dfrac{\dot{Y}_{22}}{\dot{Y}_{21}} & -\dfrac{1}{\dot{Y}_{21}} \\[4mm] -\dfrac{\dot{Y}_{11} \dot{Y}_{22} - \dot{Y}_{12} \dot{Y}_{21}}{\dot{Y}_{21}} & -\dfrac{\dot{Y}_{11}}{\dot{Y}_{21}} \end{bmatrix} \tag{8・32}$$

と表示できる．これは式 (8・16) より容易に求められる.

　相反（可逆）回路では式 (8・32) より

$$\begin{vmatrix} \dot{A} & \dot{B} \\ \dot{C} & \dot{D} \end{vmatrix} = \dot{A}\dot{D} - \dot{B}\dot{C}$$

$$= \frac{\dot{Y}_{11} \dot{Y}_{22}}{\dot{Y}_{21}^2} + \frac{\dot{Y}_{12} \dot{Y}_{21} - \dot{Y}_{11} \dot{Y}_{22}}{\dot{Y}_{21}^2} = 1$$

の関係が成り立つ.

表 8・1　インピーダンス($\dot{Z}$)，アドミタンス($\dot{Y}$)，縦続(F)各パラメータ間の相互変換表

	インピーダンスパラメータ $\dot{Z}$	アドミタンスパラメータ $\dot{Y}$	縦続パラメータ F
インピーダンス パラメータ $\dot{Z}$	$\begin{bmatrix} \dot{Z}_{11} & \dot{Z}_{12} \\ \dot{Z}_{21} & \dot{Z}_{22} \end{bmatrix}$	$\dfrac{1}{\dot{Y}_{11}\dot{Y}_{22}-\dot{Y}_{12}\dot{Y}_{21}}\begin{bmatrix} \dot{Y}_{22} & -\dot{Y}_{12} \\ -\dot{Y}_{21} & \dot{Y}_{11} \end{bmatrix}$	$\dfrac{1}{\dot{C}}\begin{bmatrix} \dot{A} & \dot{A}\dot{D}-\dot{B}\dot{C} \\ 1 & \dot{D} \end{bmatrix}$
アドミタンス パラメータ $\dot{Y}$	$\dfrac{1}{\dot{Z}_{11}\dot{Z}_{22}-\dot{Z}_{12}\dot{Z}_{21}}\begin{bmatrix} \dot{Z}_{22} & -\dot{Z}_{12} \\ -\dot{Z}_{21} & \dot{Z}_{11} \end{bmatrix}$	$\begin{bmatrix} \dot{Y}_{11} & \dot{Y}_{12} \\ \dot{Y}_{21} & \dot{Y}_{22} \end{bmatrix}$	$\dfrac{1}{\dot{B}}\begin{bmatrix} \dot{D} & \dot{B}\dot{C}-\dot{A}\dot{D} \\ -1 & \dot{A} \end{bmatrix}$
縦続パラメータ F	$\dfrac{1}{\dot{Z}_{21}}\begin{bmatrix} \dot{Z}_{11} & \dot{Z}_{11}\dot{Z}_{22}-\dot{Z}_{12}\dot{Z}_{21} \\ 1 & \dot{Z}_{22} \end{bmatrix}$	$-\dfrac{1}{\dot{Y}_{21}}\begin{bmatrix} \dot{Y}_{22} & 1 \\ \dot{Y}_{11}\dot{Y}_{22}-\dot{Y}_{12}\dot{Y}_{21} & \dot{Y}_{11} \end{bmatrix}$	$\begin{bmatrix} \dot{A} & \dot{B} \\ \dot{C} & \dot{D} \end{bmatrix}$

【例題8・3】　図8・7(a)，(b)の2端子対回路の F パラメータを求めよ.

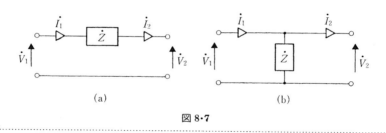

(a)　　　　　　　　　　　　(b)

図8・7

（解）　F パラメータを求めるときは出力端の電流 $\dot{I}_2$ を図8・7のようにとる.
図8・7(a)の F パラメータは

$$\dot{A}=\left[\frac{\dot{V}_1}{\dot{V}_2}\right]_{\dot{I}_2=0}=\frac{\dot{V}_1}{\dot{V}_1}=1 \qquad \dot{C}=\left[\frac{\dot{I}_1}{\dot{V}_2}\right]_{\dot{I}_2=0}=\frac{0}{\dot{V}_1}=0$$

$$\dot{B}=\left[\frac{\dot{V}_1}{\dot{I}_2}\right]_{\dot{V}_2=0}=\frac{\dot{I}_1\dot{Z}}{\dot{I}_1}=\dot{Z} \qquad \dot{D}=\left[\frac{\dot{I}_1}{\dot{I}_2}\right]_{\dot{V}_2=0}=\frac{\dot{I}_1}{\dot{I}_1}=1$$

である.
図8・7(b)の F パラメータは

$$\dot{A}=\left[\frac{\dot{V}_1}{\dot{V}_2}\right]_{\dot{I}_2=0}=\frac{\dot{V}_1}{\dot{V}_1}=1 \qquad \dot{C}=\left[\frac{\dot{I}_1}{\dot{V}_2}\right]_{\dot{I}_2=0}=\frac{\dot{I}_1}{\dot{I}_1\dot{Z}}=\frac{1}{\dot{Z}}$$

$$\dot{B}=\left[\frac{\dot{V}_1}{\dot{I}_2}\right]_{\dot{V}_2=0}=\frac{0}{\infty}=0 \qquad \dot{D}=\left[\frac{\dot{I}_1}{\dot{I}_2}\right]_{\dot{V}_2=0}=1$$

である.

【例題8·4】 図8·8の2端子対回路の
F パラメータを求めよ.

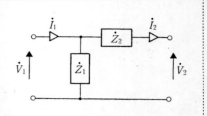

図 8·8

（解） 図8·8の回路の F パラメータは式（8·25）から式（8·28）より

$$\dot{A}=\left[\frac{\dot{V}_1}{\dot{V}_2}\right]_{\dot{I}_2=0}=\frac{\dot{I}_1\dot{Z}_1}{\dot{I}_1\dot{Z}_1}=1 \qquad \dot{C}=\left[\frac{\dot{I}_1}{\dot{V}_2}\right]_{\dot{I}_2=0}=\frac{\dot{I}_1}{\dot{I}_1\dot{Z}_1}=\frac{1}{\dot{Z}_1}$$

$$\dot{B}=\left[\frac{\dot{V}_1}{\dot{I}_2}\right]_{\dot{V}_2=0}=\frac{\dot{I}_1\dfrac{\dot{Z}_1\dot{Z}_2}{\dot{Z}_1+\dot{Z}_2}}{\dot{I}_1\dfrac{\dot{Z}_1}{\dot{Z}_1+\dot{Z}_2}}=\dot{Z}_2 \qquad \dot{D}=\left[\frac{\dot{I}_1}{\dot{I}_2}\right]_{\dot{V}_2=0}=\frac{\dot{I}_1}{\dot{I}_1\dfrac{\dot{Z}_1}{\dot{Z}_1+\dot{Z}_2}}=\frac{\dot{Z}_1+\dot{Z}_2}{\dot{Z}_1}$$

となる. また, F 行列で表すと

$$\begin{bmatrix} \dot{A} & \dot{B} \\ \dot{C} & \dot{D} \end{bmatrix}=\begin{bmatrix} 1 & \dot{Z}_2 \\ \dfrac{1}{\dot{Z}_1} & \dfrac{\dot{Z}_1+\dot{Z}_2}{\dot{Z}_1} \end{bmatrix}$$

となる.

（別解） キルヒホッフの第2法則を図8·8の二つの閉回路に適用すると（図8·9参照）

$$\dot{V}_1=\dot{Z}_1\dot{I}_1-\dot{Z}_1\dot{I}_2$$
$$-\dot{V}_2=-\dot{Z}_1\dot{I}_1+(\dot{Z}_1+\dot{Z}_2)\dot{I}_2$$

となる. これより $\dot{V}_1, \dot{I}_1$ は

$$\dot{V}_1=\dot{V}_2+\dot{Z}_2\dot{I}_2$$
$$\dot{I}_1=\frac{1}{\dot{Z}_1}\dot{V}_2+\frac{\dot{Z}_1+\dot{Z}_2}{\dot{Z}_1}\dot{I}_2$$

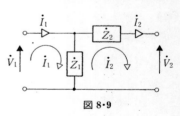

図 8·9

となるから, これを行列表示すると

$$\begin{bmatrix} \dot{V}_1 \\ \dot{I}_1 \end{bmatrix}=\begin{bmatrix} 1 & \dot{Z}_2 \\ \dfrac{1}{\dot{Z}_1} & \dfrac{\dot{Z}_1+\dot{Z}_2}{\dot{Z}_1} \end{bmatrix}\begin{bmatrix} \dot{V}_2 \\ \dot{I}_2 \end{bmatrix}$$

である. したがって F 行列は次のようになる.

$$\begin{bmatrix} \dot{A} & \dot{B} \\ \dot{C} & \dot{D} \end{bmatrix}=\begin{bmatrix} 1 & \dot{Z}_2 \\ \dfrac{1}{\dot{Z}_1} & \dfrac{\dot{Z}_1+\dot{Z}_2}{\dot{Z}_1} \end{bmatrix}$$

【**例題 8・5**】　図 8・5 の 2 端子対回路の F パラメータを求めよ.

（**解**）　出力端の電流 $\dot{I}_2$ の向きを図 8・10 のようにとる.

　F パラメータは

$$\dot{A}=\left[\frac{\dot{V}_1}{\dot{V}_2}\right]_{\dot{I}_2=0}=\frac{\dot{I}_1\dfrac{\dot{Z}_1(\dot{Z}_2+\dot{Z}_3)}{\dot{Z}_1+\dot{Z}_2+\dot{Z}_3}}{\dot{I}_1\dfrac{\dot{Z}_1\dot{Z}_3}{\dot{Z}_1+\dot{Z}_2+\dot{Z}_3}}$$

$$=\frac{\dot{Z}_2+\dot{Z}_3}{\dot{Z}_3}$$

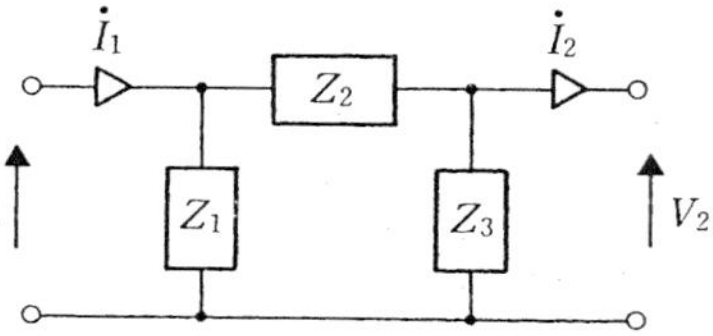

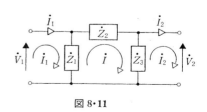

図 8・10

$$\dot{C}=\left[\frac{\dot{I}_1}{\dot{V}_2}\right]_{\dot{I}_2=0}=\frac{\dot{I}_1}{\dot{I}_1\dfrac{\dot{Z}_1\dot{Z}_3}{\dot{Z}_1+\dot{Z}_2+\dot{Z}_3}}=\frac{\dot{Z}_1+\dot{Z}_2+\dot{Z}_3}{\dot{Z}_1\dot{Z}_3}$$

$$\dot{B}=\left[\frac{\dot{V}_1}{\dot{I}_2}\right]_{\dot{V}_2=0}=\frac{\dot{I}_1\dfrac{\dot{Z}_1\dot{Z}_2}{\dot{Z}_1+\dot{Z}_2}}{\dot{I}_1\dfrac{\dot{Z}_1}{\dot{Z}_1+\dot{Z}_2}}=\dot{Z}_2$$

$$\dot{D}=\left[\frac{\dot{I}_1}{\dot{I}_2}\right]_{\dot{V}_2=0}=\frac{\dot{I}_1}{\dot{I}_1\dfrac{\dot{Z}_1}{\dot{Z}_1+\dot{Z}_2}}=\frac{\dot{Z}_1+\dot{Z}_2}{\dot{Z}_1}$$

となる. また, F 行列で表すと

$$\begin{bmatrix}\dot{A}&\dot{B}\\\dot{C}&\dot{D}\end{bmatrix}=\begin{bmatrix}\dfrac{\dot{Z}_2+\dot{Z}_3}{\dot{Z}_3}&\dot{Z}_2\\\dfrac{\dot{Z}_1+\dot{Z}_2+\dot{Z}_3}{\dot{Z}_1\dot{Z}_3}&\dfrac{\dot{Z}_1+\dot{Z}_2}{\dot{Z}_1}\end{bmatrix}$$

となる.

（**別解**）　真中の閉回路に電流 $\dot{i}$ を図 8・11 のように仮定し, 三つの閉回路にキルヒホッフの第 2 法則を適用する.

$$\left.\begin{array}{l}\dot{V}_1=\dot{Z}_1\dot{I}_1-\dot{Z}_1\dot{i}\\0=(\dot{Z}_1+\dot{Z}_2+\dot{Z}_3)\dot{i}-\dot{Z}_1\dot{I}_1-\dot{Z}_3\dot{I}_2\\-\dot{V}_2=\dot{Z}_3\dot{I}_2-\dot{Z}_3\dot{i}\end{array}\right\}$$

図 8・11

三つの式より $\dot{I}$ を消去し，$\dot{V}_1, \dot{I}_1$ を求めれば

$$\left.\begin{array}{l} \dot{V}_1 = \dfrac{\dot{Z}_2+\dot{Z}_3}{\dot{Z}_3} \dot{V}_2 + \dot{Z}_2 \dot{I}_2 \\[3mm] \dot{I}_1 = \dfrac{\dot{Z}_1+\dot{Z}_2+\dot{Z}_3}{\dot{Z}_1 \dot{Z}_3} \dot{V}_2 + \dfrac{\dot{Z}_1+\dot{Z}_2}{\dot{Z}_1} \dot{I}_2 \end{array}\right\}$$

となるから

$$\begin{bmatrix} \dot{V}_1 \\ \dot{I}_1 \end{bmatrix} = \begin{bmatrix} \dfrac{\dot{Z}_2+\dot{Z}_3}{\dot{Z}_3} & \dot{Z}_2 \\[3mm] \dfrac{\dot{Z}_1+\dot{Z}_2+\dot{Z}_3}{\dot{Z}_1 \dot{Z}_3} & \dfrac{\dot{Z}_1+\dot{Z}_2}{\dot{Z}_1} \end{bmatrix} \begin{bmatrix} \dot{V}_2 \\ \dot{I}_2 \end{bmatrix}$$

である．したがって F 行列は次のようになる．

$$\begin{bmatrix} \dot{A} & \dot{B} \\ \dot{C} & \dot{D} \end{bmatrix} = \begin{bmatrix} \dfrac{\dot{Z}_2+\dot{Z}_3}{\dot{Z}_3} & \dot{Z}_2 \\[3mm] \dfrac{\dot{Z}_1+\dot{Z}_2+\dot{Z}_3}{\dot{Z}_1 \dot{Z}_3} & \dfrac{\dot{Z}_1+\dot{Z}_2}{\dot{Z}_1} \end{bmatrix}$$

8·2　２端子対回路の接続

　大規模な回路では，希望する動作特性を有する回路を構成するために，基本となるいくつかの２端子対回路を接続する方法が用いられる．代表的な接続の方法として縦続接続[1]，並列接続[2]，直列接続[3]があり，それぞれ，F パラメータ，アドミタンスパラメータ，インピーダンスパラメータが用いられる．

■　縦 続 接 続

　電気回路では縦続接続が最もよく用いられる接続法である．この接続法は図8·12に示したように N_1 の回路の出力端と N_2 の回路の入力端とを結ぶ．したがって，N_1 の回路の出力端の電流の向きと N_2 の回路の入力端の電流の向きとが同方向であれば好都合である．これが，F パラメータを用いる際に出力端の電流の向きを8·1 ■ の図8·6に示したようにとる理由である．

---

〔1〕縦続接続 cascade connection　　〔2〕並列接続 parallel connection
〔3〕直列接続 series connection

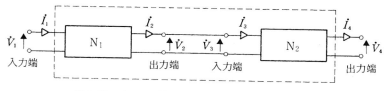

図 8・12　二つの 2 端子対回路（N_1, N_2）の縦続接続

　いま，N_1 の回路の F パラメータを $\dot{A}_1, \dot{B}_1, \dot{C}_1, \dot{D}_1$ とし，N_2 の回路のそれを $\dot{A}_2, \dot{B}_2, \dot{C}_2, \dot{D}_2$ とすれば，両回路の F パラメータによる関係式は

$$\begin{bmatrix} \dot{V}_1 \\ \dot{I}_1 \end{bmatrix} = \begin{bmatrix} \dot{A}_1 & \dot{B}_1 \\ \dot{C}_1 & \dot{D}_1 \end{bmatrix} \begin{bmatrix} \dot{V}_2 \\ \dot{I}_2 \end{bmatrix} \tag{8・33}$$

$$\begin{bmatrix} \dot{V}_3 \\ \dot{I}_3 \end{bmatrix} = \begin{bmatrix} \dot{A}_2 & \dot{B}_2 \\ \dot{C}_2 & \dot{D}_2 \end{bmatrix} \begin{bmatrix} \dot{V}_4 \\ \dot{I}_4 \end{bmatrix} \tag{8・34}$$

である．縦続接続した回路では，N_1 の回路の出力端の電圧・電流（$\dot{V}_2, \dot{I}_2$）と N_2 の回路の入力端の電圧・電流（$\dot{V}_3, \dot{I}_3$）とは同一であるから，$\dot{V}_1, \dot{I}_1$ は式（8・33），（8・34）より

$$\begin{bmatrix} \dot{V}_1 \\ \dot{I}_1 \end{bmatrix} = \begin{bmatrix} \dot{A}_1 & \dot{B}_1 \\ \dot{C}_1 & \dot{D}_1 \end{bmatrix} \begin{bmatrix} \dot{V}_2 \\ \dot{I}_2 \end{bmatrix} = \begin{bmatrix} \dot{A}_1 & \dot{B}_1 \\ \dot{C}_1 & \dot{D}_1 \end{bmatrix} \begin{bmatrix} \dot{V}_3 \\ \dot{I}_3 \end{bmatrix} = \begin{bmatrix} \dot{A}_1 & \dot{B}_1 \\ \dot{C}_1 & \dot{D}_1 \end{bmatrix} \begin{bmatrix} \dot{A}_2 & \dot{B}_2 \\ \dot{C}_2 & \dot{D}_2 \end{bmatrix} \begin{bmatrix} \dot{V}_4 \\ \dot{I}_4 \end{bmatrix}$$
$$= \begin{bmatrix} \dot{A}_1\dot{A}_2 + \dot{B}_1\dot{C}_2 & \dot{A}_1\dot{B}_2 + \dot{B}_1\dot{D}_2 \\ \dot{C}_1\dot{A}_2 + \dot{D}_1\dot{C}_2 & \dot{C}_1\dot{B}_2 + \dot{D}_1\dot{D}_2 \end{bmatrix} \begin{bmatrix} \dot{V}_4 \\ \dot{I}_4 \end{bmatrix} \tag{8・35}$$

となる．すなわち，縦続接続した全体の 2 端子対回路の F パラメータ $\dot{A}, \dot{B}, \dot{C}, \dot{D}$ は

$$\begin{bmatrix} \dot{A} & \dot{B} \\ \dot{C} & \dot{D} \end{bmatrix} = \begin{bmatrix} \dot{A}_1 & \dot{B}_1 \\ \dot{C}_1 & \dot{D}_1 \end{bmatrix} \begin{bmatrix} \dot{A}_2 & \dot{B}_2 \\ \dot{C}_2 & \dot{D}_2 \end{bmatrix} = \begin{bmatrix} \dot{A}_1\dot{A}_2 + \dot{B}_1\dot{C}_2 & \dot{A}_1\dot{B}_2 + \dot{B}_1\dot{D}_2 \\ \dot{C}_1\dot{A}_2 + \dot{D}_1\dot{C}_2 & \dot{C}_1\dot{B}_2 + \dot{D}_1\dot{D}_2 \end{bmatrix} \tag{8・36}$$

であり，左端の 2 端子対回路の F 行列から順番に行列の積を計算することで求められる．

【例題 8・6】　図 8・4 の 2 端子対回路の F パラメータを縦続接続で求めよ．

（解）　図 **8·13** の点線で示した位置で
回路を切断し，各回路を I，II，III とす
れば，全体の回路は I，II，III の各 2 端
子対回路の縦続接続とみなせる．した
がって，全体の回路の F パラメータは
各回路の F 行列の積で求められる．回
路 I，II，III の F 行列は例題 8·3 によれ
ばそれぞれ

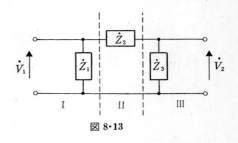

図 8·13

$$\begin{bmatrix} 1 & 0 \\ \dfrac{1}{\dot{Z}_1} & 1 \end{bmatrix} \quad \begin{bmatrix} 1 & \dot{Z}_2 \\ 0 & 1 \end{bmatrix} \quad \begin{bmatrix} 1 & 0 \\ \dfrac{1}{\dot{Z}_3} & 1 \end{bmatrix}$$

であるから，全体の回路の F パラメータ $\dot{A}, \dot{B}, \dot{C}, \dot{D}$ は

$$\begin{bmatrix} \dot{A} & \dot{B} \\ \dot{C} & \dot{D} \end{bmatrix} = \begin{bmatrix} 1 & 0 \\ \dfrac{1}{\dot{Z}_1} & 1 \end{bmatrix} \begin{bmatrix} 1 & \dot{Z}_2 \\ 0 & 1 \end{bmatrix} \begin{bmatrix} 1 & 0 \\ \dfrac{1}{\dot{Z}_3} & 1 \end{bmatrix} = \begin{bmatrix} 1 & \dot{Z}_2 \\ \dfrac{1}{\dot{Z}_1} & 1 + \dfrac{\dot{Z}_3}{\dot{Z}_1} \end{bmatrix} \begin{bmatrix} 1 & 0 \\ \dfrac{1}{\dot{Z}_3} & 1 \end{bmatrix}$$

$$= \begin{bmatrix} 1 + \dfrac{\dot{Z}_2}{\dot{Z}_3} & \dot{Z}_2 \\ \dfrac{\dot{Z}_1 + \dot{Z}_2 + \dot{Z}_3}{\dot{Z}_1 \dot{Z}_3} & 1 + \dfrac{\dot{Z}_2}{\dot{Z}_1} \end{bmatrix}$$

となる．

2 　並 列 接 続

　図 **8·14** に示したように，入力端および出力端どうしを並列に接続する方法
を並列接続と呼ぶ．並列接続で合成された回路も 2 端子対回路となるから，こ

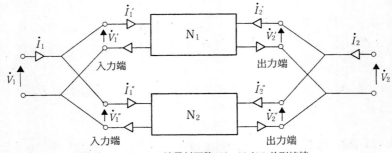

図 8·14 　二つの 2 端子対回路（N_1, N_2）の並列接続

の合成された回路のパラメータについて述べる.

N_1 の回路のアドミタンスパラメータによる関係式は

$$\begin{bmatrix} \dot{I}_1' \\ \dot{I}_2' \end{bmatrix} = \begin{bmatrix} \dot{Y}_{11}' & \dot{Y}_{12}' \\ \dot{Y}_{21}' & \dot{Y}_{22}' \end{bmatrix} \begin{bmatrix} \dot{V}_1' \\ \dot{V}_2' \end{bmatrix} \tag{8・37}$$

であり,N_2 の回路のアドミタンスパラメータによる関係式は

$$\begin{bmatrix} \dot{I}_1'' \\ \dot{I}_2'' \end{bmatrix} = \begin{bmatrix} \dot{Y}_{11}'' & \dot{Y}_{12}'' \\ \dot{Y}_{21}'' & \dot{Y}_{22}'' \end{bmatrix} \begin{bmatrix} \dot{V}_1'' \\ \dot{V}_2'' \end{bmatrix} \tag{8・38}$$

である.また,個々の回路並びに並列接続した全体の回路の入力端および出力端の電圧と電流との間には

$$\left. \begin{array}{ll} \dot{I}_1 = \dot{I}_1' + \dot{I}_1'' & \dot{I}_2 = \dot{I}_2' + \dot{I}_2'' \\ \dot{V}_1 = \dot{V}_1' = \dot{V}_1'' & \dot{V}_2 = \dot{V}_2' = \dot{V}_2'' \end{array} \right\}$$

の関係が成り立つ.したがって,並列接続した全体の2端子対回路の $\dot{I}_1, \dot{I}_2$ は

$$\begin{bmatrix} \dot{I}_1 \\ \dot{I}_2 \end{bmatrix} = \begin{bmatrix} \dot{I}_1' \\ \dot{I}_2' \end{bmatrix} + \begin{bmatrix} \dot{I}_1'' \\ \dot{I}_2'' \end{bmatrix} = \begin{bmatrix} \dot{Y}_{11}' & \dot{Y}_{12}' \\ \dot{Y}_{21}' & \dot{Y}_{22}' \end{bmatrix} \begin{bmatrix} \dot{V}_1' \\ \dot{V}_2' \end{bmatrix} + \begin{bmatrix} \dot{Y}_{11}'' & \dot{Y}_{12}'' \\ \dot{Y}_{21}'' & \dot{Y}_{22}'' \end{bmatrix} \begin{bmatrix} \dot{V}_1'' \\ \dot{V}_2'' \end{bmatrix}$$

$$= \left[\begin{bmatrix} \dot{Y}_{11}' & \dot{Y}_{12}' \\ \dot{Y}_{21}' & \dot{Y}_{22}' \end{bmatrix} + \begin{bmatrix} \dot{Y}_{11}'' & \dot{Y}_{12}'' \\ \dot{Y}_{21}'' & \dot{Y}_{22}'' \end{bmatrix} \right] \begin{bmatrix} \dot{V}_1 \\ \dot{V}_2 \end{bmatrix} = \begin{bmatrix} \dot{Y}_{11} & \dot{Y}_{12} \\ \dot{Y}_{21} & \dot{Y}_{22} \end{bmatrix} \begin{bmatrix} \dot{V}_1 \\ \dot{V}_2 \end{bmatrix} \tag{8・39}$$

となる.式(8・39)より,並列接続で合成された全体の2端子対回路のアドミタンスパラメータ $\dot{Y}_{11}, \dot{Y}_{12}, \dot{Y}_{21}, \dot{Y}_{22}$ は

$$\begin{bmatrix} \dot{Y}_{11} & \dot{Y}_{12} \\ \dot{Y}_{21} & \dot{Y}_{22} \end{bmatrix} = \begin{bmatrix} \dot{Y}_{11}' & \dot{Y}_{12}' \\ \dot{Y}_{21}' & \dot{Y}_{22}' \end{bmatrix} + \begin{bmatrix} \dot{Y}_{11}'' & \dot{Y}_{12}'' \\ \dot{Y}_{21}'' & \dot{Y}_{22}'' \end{bmatrix} = \begin{bmatrix} \dot{Y}_{11}' + \dot{Y}_{11}'' & \dot{Y}_{12}' + \dot{Y}_{12}'' \\ \dot{Y}_{21}' + \dot{Y}_{21}'' & \dot{Y}_{22}' + \dot{Y}_{22}'' \end{bmatrix} \tag{8・40}$$

となり,各2端子対回路のアドミタンス行列の和で求められる.

【例題8・7】　図8・15 の2端子対回路のアドミタンスパラメータを並列接続で求めよ.

図8・15

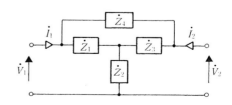

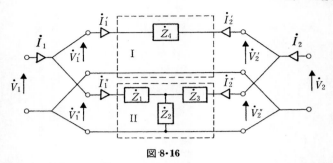

図 8·16

（解）　図 8·15 の 2 端子対回路は図 8·16 に示したように二つの 2 端子対回路 I，II
の並列接続とみなせる．したがって，全体の回路のアドミタンスパラメータは，I と
II の回路のアドミタンスパラメータの和となる．I の回路のアドミタンスパラメータ
は例題 8·1 より

$$\begin{bmatrix} \dfrac{1}{\dot{Z}_4} & -\dfrac{1}{\dot{Z}_4} \\ -\dfrac{1}{\dot{Z}_4} & \dfrac{1}{\dot{Z}_4} \end{bmatrix}$$

であり，II の回路のアドミタンスパラメータは **8·1 2**（157 ページ）より

$$\frac{1}{\dot{Z}_1 \dot{Z}_2 + \dot{Z}_2 \dot{Z}_3 + \dot{Z}_3 \dot{Z}_1}\begin{bmatrix} \dot{Z}_2 + \dot{Z}_3 & -\dot{Z}_2 \\ -\dot{Z}_2 & \dot{Z}_1 + \dot{Z}_2 \end{bmatrix}$$

であるから，全体の回路のアドミタンスパラメータ $\dot{Y}_{11}$，$\dot{Y}_{12}$，$\dot{Y}_{21}$，$\dot{Y}_{22}$ は

$$\begin{bmatrix} \dot{Y}_{11} & \dot{Y}_{12} \\ \dot{Y}_{21} & \dot{Y}_{22} \end{bmatrix} = \begin{bmatrix} \dfrac{1}{\dot{Z}_4} & -\dfrac{1}{\dot{Z}_4} \\ -\dfrac{1}{\dot{Z}_4} & \dfrac{1}{\dot{Z}_4} \end{bmatrix} + \frac{1}{\dot{Z}_1 \dot{Z}_2 + \dot{Z}_2 \dot{Z}_3 + \dot{Z}_3 \dot{Z}_1}\begin{bmatrix} \dot{Z}_2 + \dot{Z}_3 & -\dot{Z}_2 \\ -\dot{Z}_2 & \dot{Z}_1 + \dot{Z}_2 \end{bmatrix}$$

$$= \begin{bmatrix} \dfrac{1}{\dot{Z}_4} + \dfrac{\dot{Z}_2 + \dot{Z}_3}{\dot{Z}_1 \dot{Z}_2 + \dot{Z}_2 \dot{Z}_3 + \dot{Z}_3 \dot{Z}_1} & -\dfrac{1}{\dot{Z}_4} - \dfrac{\dot{Z}_2}{\dot{Z}_1 \dot{Z}_2 + \dot{Z}_2 \dot{Z}_3 + \dot{Z}_3 \dot{Z}_1} \\ -\dfrac{1}{\dot{Z}_4} - \dfrac{\dot{Z}_2}{\dot{Z}_1 \dot{Z}_2 + \dot{Z}_2 \dot{Z}_3 + \dot{Z}_3 \dot{Z}_1} & \dfrac{1}{\dot{Z}_4} + \dfrac{\dot{Z}_1 + \dot{Z}_2}{\dot{Z}_1 \dot{Z}_2 + \dot{Z}_2 \dot{Z}_3 + \dot{Z}_3 \dot{Z}_1} \end{bmatrix}$$

となる．

3　直 列 接 続

　図 8·17 のように入力端および出力端どうしを直列に接続する方法を直列接
続と呼ぶ．直列接続で合成された回路も 2 端子対回路である．そこで，並列接

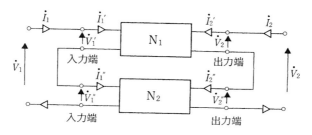

図 8・17　二つの 2 端子対回路（N_1, N_2）の直列接続

続と同様に，個々の回路と合成された回路とのパラメータの関係について述べる．

個々の回路と直列接続で合成された全体の回路との間には

$$\left.\begin{array}{ll} \dot{V}_1 = \dot{V}_1{}' + \dot{V}_1{}'' & \dot{V}_2 = \dot{V}_2{}' + \dot{V}_2{}'' \\ \dot{I}_1 = \dot{I}_1{}' = \dot{I}_1{}'' & \dot{I}_2 = \dot{I}_2{}' = \dot{I}_2{}'' \end{array}\right\}$$

の関係があるから，N_1 および N_2 の回路のインピーダンスパラメータによる関係式をそれぞれ

$$\begin{bmatrix} \dot{V}_1{}' \\ \dot{V}_2{}' \end{bmatrix} = \begin{bmatrix} \dot{Z}_{11}{}' & \dot{Z}_{12}{}' \\ \dot{Z}_{21}{}' & \dot{Z}_{22}{}' \end{bmatrix} \begin{bmatrix} \dot{I}_1{}' \\ \dot{I}_2{}' \end{bmatrix} \tag{8・41}$$

$$\begin{bmatrix} \dot{V}_1{}'' \\ \dot{V}_2{}'' \end{bmatrix} = \begin{bmatrix} \dot{Z}_{11}{}'' & \dot{Z}_{12}{}'' \\ \dot{Z}_{21}{}'' & \dot{Z}_{22}{}'' \end{bmatrix} \begin{bmatrix} \dot{I}_1{}'' \\ \dot{I}_2{}'' \end{bmatrix} \tag{8・42}$$

とすれば，直列接続で合成された全体の回路の $\dot{V}_1$, $\dot{V}_2$ は

$$\begin{bmatrix} \dot{V}_1 \\ \dot{V}_2 \end{bmatrix} = \begin{bmatrix} \dot{V}_1{}' \\ \dot{V}_2{}' \end{bmatrix} + \begin{bmatrix} \dot{V}_1{}'' \\ \dot{V}_2{}'' \end{bmatrix} = \begin{bmatrix} \dot{Z}_{11}{}' & \dot{Z}_{12}{}' \\ \dot{Z}_{21}{}' & \dot{Z}_{22}{}' \end{bmatrix} \begin{bmatrix} \dot{I}_1{}' \\ \dot{I}_2{}' \end{bmatrix} + \begin{bmatrix} \dot{Z}_{11}{}'' & \dot{Z}_{12}{}'' \\ \dot{Z}_{21}{}'' & \dot{Z}_{22}{}'' \end{bmatrix} \begin{bmatrix} \dot{I}_1{}'' \\ \dot{I}_2{}'' \end{bmatrix}$$

$$= \left[\begin{bmatrix} \dot{Z}_{11}{}' & \dot{Z}_{12}{}' \\ \dot{Z}_{21}{}' & \dot{Z}_{22}{}' \end{bmatrix} + \begin{bmatrix} \dot{Z}_{11}{}'' & \dot{Z}_{12}{}'' \\ \dot{Z}_{21}{}'' & \dot{Z}_{22}{}'' \end{bmatrix}\right] \begin{bmatrix} \dot{I}_1 \\ \dot{I}_2 \end{bmatrix} = \begin{bmatrix} \dot{Z}_{11} & \dot{Z}_{12} \\ \dot{Z}_{21} & \dot{Z}_{22} \end{bmatrix} \begin{bmatrix} \dot{I}_1 \\ \dot{I}_2 \end{bmatrix} \tag{8・43}$$

である．したがって，直列接続で合成された全体の回路のインピーダンスパラメータ $\dot{Z}_{11}, \dot{Z}_{12}, \dot{Z}_{21}, \dot{Z}_{22}$ は

$$\begin{bmatrix} \dot{Z}_{11} & \dot{Z}_{12} \\ \dot{Z}_{21} & \dot{Z}_{22} \end{bmatrix} = \begin{bmatrix} \dot{Z}_{11}{}' & \dot{Z}_{12}{}' \\ \dot{Z}_{21}{}' & \dot{Z}_{22}{}' \end{bmatrix} + \begin{bmatrix} \dot{Z}_{11}{}'' & \dot{Z}_{12}{}'' \\ \dot{Z}_{21}{}'' & \dot{Z}_{22}{}'' \end{bmatrix} = \begin{bmatrix} \dot{Z}_{11}{}' + \dot{Z}_{11}{}'' & \dot{Z}_{12}{}' + \dot{Z}_{12}{}'' \\ \dot{Z}_{21}{}' + \dot{Z}_{21}{}'' & \dot{Z}_{22}{}' + \dot{Z}_{22}{}'' \end{bmatrix}$$

$$\tag{8・44}$$

となり，個々の回路のインピーダンス行列の和で求められる．

【例題8・8】 図8・18（a）の2端子対回路の入力端に10〔A〕の電流源を接続し，出力端に4〔Ω〕の負荷を接続する．4〔Ω〕の負荷に流れる電流を求めよ．

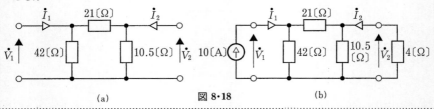

図 8・18

（解） 図8・18（a）の回路のアドミタンスパラメータは式（8・19）から式（8・22）により

$$\dot{Y}_{11}=\frac{1}{14}\text{〔S〕} \quad \dot{Y}_{12}=-\frac{1}{21}\text{〔S〕} \quad \dot{Y}_{21}=-\frac{1}{21}\text{〔S〕} \quad \dot{Y}_{22}=\frac{1}{7}\text{〔S〕}$$

であるから，アドミタンスパラメータによる関係式は

$$\begin{bmatrix}\dot{I}_1 \\ \dot{I}_2\end{bmatrix}=\begin{bmatrix}\dfrac{1}{14} & -\dfrac{1}{21} \\ -\dfrac{1}{21} & \dfrac{1}{7}\end{bmatrix}\begin{bmatrix}\dot{V}_1 \\ \dot{V}_2\end{bmatrix}$$

となる．

題意より，入力端と出力端の端子条件を考慮すると図8・18（b）の回路となる．図（b）より

$$\dot{I}_1=10\text{〔A〕} \qquad \dot{V}_2=-4\dot{I}_2$$

である．

よってアドミタンスパラメータによる関係式は

$$\left.\begin{aligned}10&=\frac{1}{14}\dot{V}_1-\frac{1}{21}\dot{V}_2 \\ 0&=-\frac{1}{21}\dot{V}_1+\frac{11}{28}\dot{V}_2\end{aligned}\right\}$$

となる．これより $\dot{V}_2$ を求めると

$$\dot{V}_2=18.5\text{〔V〕}$$

であるから，4〔Ω〕の負荷に流れる電流は

$$\dot{I}_2=-\frac{\dot{V}_2}{4}=-\frac{18.5}{4}=-4.63\text{〔A〕}$$

となる．

8章　演　習　問　題

1　アドミタンスパラメータとインピーダンスパラメータをFパラメータを用いて表示せよ．

2　式（8・18）を導出せよ．

3　式（8・32）を導出せよ．

4　インピーダンスパラメータが$\dot{Z}_{11}=3〔\Omega〕$，$\dot{Z}_{12}=1〔\Omega〕$，$\dot{Z}_{21}=1〔\Omega〕$，$\dot{Z}_{22}=2〔\Omega〕$の回路がある．この回路のアドミタンスパラメータとFパラメータを求めよ．

5　図の回路のFパラメータを求めよ．

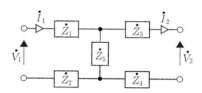

6　図の回路のインピーダンスパラメータを求めよ．また，入力端に内部抵抗$1〔\Omega〕$の電圧源$12\angle 0°〔V〕$を接続し，出力端に4〔Ω〕の負荷を接続したときに，この負荷に流れる電流を求めよ．

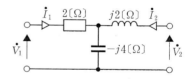

第9章 影像パラメータと
*LC*フィルタ

影像パラメータ[1]は2端子対回路を表すパラメータの一つであり，フィルタを設計する際に用いられる．フィルタとは，入力端の信号の中から出力端で必要とする周波数の信号だけを取り出し，不必要な周波数の信号を取り除く2端子対回路のことである．最も単純なフィルタはインダクタンス L とキャパシタンス C，すなわちリアクタンスだけから構成される *LC* フィルタ[2]である．

9・1 影像パラメータ

影像パラメータは二つの影像インピーダンス[3] $\dot{Z}_{01}, \dot{Z}_{02}$ と影像伝達定数[4]（略して伝達定数）$\dot{\theta}$ とからなっている．

1 影像インピーダンス

図 **9・1** に示すように，入力端に電源と適当なインピーダンス $\dot{Z}_{01}$ を接続し，さらに出力端に適当なインピーダンス $\dot{Z}_{02}$ を接続する．このとき入力端から回路をみたときのインピーダンスが $\dot{Z}_{01}$ であれば，このインピーダンスを影像インピーダンス $\dot{Z}_{01}$ と呼ぶ．また，出力端に電源と適当なインピーダンス $\dot{Z}_{02}$ を

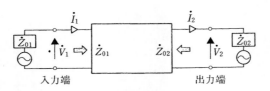

図 **9・1** 2端子対回路の影像インピーダンス

〔1〕影像パラメータ image parameters
〔2〕*LC* フィルタ *LC* filter 〔3〕影像インピーダンス image impedance
〔4〕影像伝達定数 image transfer constant または transfer constant

接続し，さらに入力端に適当なインピーダンス $\dot{Z}_{01}$ を接続する．このとき出力端から回路をみたときのインピーダンスが $\dot{Z}_{02}$ であれば，このインピーダンスを影像インピーダンス $\dot{Z}_{02}$ と呼ぶ．

　影像インピーダンスを定義したので，次に影像インピーダンスと F パラメータとの関係を調べ，さらに影像インピーダンスの意味について述べる．

　影像インピーダンス $\dot{Z}_{01}$ は前述の定義より

$$\dot{Z}_{01} = \frac{\dot{V}_1}{\dot{I}_1} \qquad (9\cdot1)$$

と表すことができる．式 $(8\cdot24)$ によれば，$\dot{V}_1, \dot{I}_1$ は

$$\begin{bmatrix} \dot{V}_1 \\ \dot{I}_1 \end{bmatrix} = \begin{bmatrix} \dot{A} & \dot{B} \\ \dot{C} & \dot{D} \end{bmatrix} \begin{bmatrix} \dot{V}_2 \\ \dot{I}_2 \end{bmatrix}$$

であるから，これを式 $(9\cdot1)$ に用いれば

$$\dot{Z}_{01} = \frac{\dot{A}\,\dot{V}_2 + \dot{B}\,\dot{I}_2}{\dot{C}\,\dot{V}_2 + \dot{D}\,\dot{I}_2}$$

となる．さらに，$\dot{Z}_{02}$ も前述の定義より $\dot{Z}_{02} = \dfrac{\dot{V}_2}{\dot{I}_2}$ と表せるから，$\dot{Z}_{01}$ は F パラメータと $\dot{Z}_{02}$ を用いて

$$\dot{Z}_{01} = \frac{\dot{A}\dot{Z}_{02} + \dot{B}}{\dot{C}\dot{Z}_{02} + \dot{D}} \qquad (9\cdot2)$$

となる．

　次に，影像インピーダンス $\dot{Z}_{02}$ は上述のように

$$\dot{Z}_{02} = \frac{\dot{V}_2}{\dot{I}_2} \qquad (9\cdot3)$$

である．F パラメータによれば，$\dot{V}_2, \dot{I}_2$ は式 $(8\cdot24)$ の両辺に逆行列 $\begin{bmatrix} \dot{A} & \dot{B} \\ \dot{C} & \dot{D} \end{bmatrix}^{-1}$ を掛けることで

$$\begin{bmatrix} \dot{V}_2 \\ \dot{I}_2 \end{bmatrix} = \begin{bmatrix} \dot{A} & \dot{B} \\ \dot{C} & \dot{D} \end{bmatrix}^{-1} \begin{bmatrix} \dot{V}_1 \\ \dot{I}_1 \end{bmatrix} = \frac{1}{\dot{A}\dot{D} - \dot{B}\dot{C}} \begin{bmatrix} \dot{D} & -\dot{B} \\ -\dot{C} & \dot{A} \end{bmatrix} \begin{bmatrix} \dot{V}_1 \\ \dot{I}_1 \end{bmatrix}$$

となるが，ここでは $\dot{V}_2, \dot{I}_2$ を入力端とし，$\dot{V}_1, \dot{I}_1$ を出力端としているから，F パラメータを定義したときの約束に従い，$\dot{I}_1, \dot{I}_2$ の符号をそれぞれ

$$\dot{I}_1 \longrightarrow -\dot{I}_1$$

$$\dot{I}_2 \longrightarrow -\dot{I}_2$$

に変更すると

$$\begin{bmatrix} \dot{V}_2 \\ \dot{I}_2 \end{bmatrix} = \begin{bmatrix} \dot{D} & \dot{B} \\ \dot{C} & \dot{A} \end{bmatrix} \begin{bmatrix} \dot{V}_1 \\ \dot{I}_1 \end{bmatrix} \quad (\text{ただし, } \dot{A}\dot{D} - \dot{B}\dot{C} = 1 \text{ を用いた}) \qquad (9\cdot4)$$

のようになる. これを式 (9·3) に用いれば $\dot{Z}_{02}$ は

$$\dot{Z}_{02} = \frac{\dot{D}\dot{V}_1 + \dot{B}\dot{I}_1}{\dot{C}\dot{V}_1 + \dot{A}\dot{I}_1} = \frac{\dot{D}\left(\dfrac{\dot{V}_1}{\dot{I}_1}\right) + \dot{B}}{\dot{C}\left(\dfrac{\dot{V}_1}{\dot{I}_1}\right) + \dot{A}} = \frac{\dot{D}\dot{Z}_{01} + \dot{B}}{\dot{C}\dot{Z}_{01} + \dot{A}} \qquad (9\cdot5)$$

となる.

式(9·2)と式(9·5)より, 影像インピーダンス $\dot{Z}_{01}$ と $\dot{Z}_{02}$ は F パラメータにより

$$\left.\begin{array}{l} \dot{Z}_{01} = \sqrt{\dfrac{\dot{A}\dot{B}}{\dot{C}\dot{D}}} \\[3mm] \dot{Z}_{02} = \sqrt{\dfrac{\dot{B}\dot{D}}{\dot{A}\dot{C}}} \end{array}\right\} \qquad (9\cdot6)$$

のように表すことができる.

また, 式 (8·31), (8·32) によれば

$$\left.\begin{array}{ll} \dfrac{\dot{A}}{\dot{C}} = \dot{Z}_{11} & \dfrac{\dot{B}}{\dot{D}} = \dfrac{1}{\dot{Y}_{11}} \\[3mm] \dfrac{\dot{D}}{\dot{C}} = \dot{Z}_{22} & \dfrac{\dot{B}}{\dot{A}} = \dfrac{1}{\dot{Y}_{22}} \end{array}\right\} \qquad (9\cdot7)$$

となるから, これを式 (9·6) に用いれば影像インピーダンスは

$$\left.\begin{array}{l} \dot{Z}_{01} = \sqrt{\dfrac{\dot{Z}_{11}}{\dot{Y}_{11}}} = \sqrt{\dot{Z}_{1o}\dot{Z}_{1s}} \\[3mm] \dot{Z}_{02} = \sqrt{\dfrac{\dot{Z}_{22}}{\dot{Y}_{22}}} = \sqrt{\dot{Z}_{2o}\dot{Z}_{2s}} \end{array}\right\} \qquad (9\cdot8)$$

と表すこともできる. 式 (9·8) の右辺は, $\dot{Z}_{11}$ が出力端を開放して入力端から回路をみたインピーダンスであるからこれを $\dot{Z}_{1o}$ と, $\dfrac{1}{\dot{Y}_{11}}$ が出力端を短絡して入力端から回路をみたインピーダンスであるからこれを $\dot{Z}_{1s}$ と書き改めた. $\dot{Z}_{2o}$ と $\dot{Z}_{2s}$ についても同様である. 影像インピーダンスの計算には式 (9·6) よりも式 (9·8) が多く用いられる. また式 (9·8) は, 影像インピーダンス

が開放インピーダンス[1]と短絡インピーダンス[2]との幾何平均[3]であること
を示している.

2 伝達定数

入力端の皮相電力 $\dot{V}_1\dot{I}_1$ と出力端の皮相電力 $\dot{V}_2\dot{I}_2$ との比を

$$\frac{\dot{V}_1\dot{I}_1}{\dot{V}_2\dot{I}_2} = \varepsilon^{2\dot{\theta}} \tag{9·9}$$

と置き,$\dot{\theta}$ を伝達定数と定義する.

式 (8·24),(9·1),(9·3),(9·6) を用いて $\dot{V}_1,\dot{I}_1$ を

$$\dot{V}_1 = \dot{A}\dot{V}_2 + \dot{B}\dot{I}_2 = \left(\dot{A} + \dot{B}\frac{\dot{I}_2}{\dot{V}_2}\right)\dot{V}_2 = \left(\dot{A} + \dot{B}\sqrt{\frac{\dot{A}\dot{C}}{\dot{B}\dot{D}}}\right)\dot{V}_2$$

$$= \sqrt{\frac{\dot{A}}{\dot{D}}}(\sqrt{\dot{A}\dot{D}} + \sqrt{\dot{B}\dot{C}})\dot{V}_2$$

$$\dot{I}_1 = \dot{C}\dot{V}_2 + \dot{D}\dot{I}_2 = \left(\dot{C}\frac{\dot{V}_2}{\dot{I}_2} + \dot{D}\right)\dot{I}_2 = \left(\dot{C}\sqrt{\frac{\dot{B}\dot{D}}{\dot{A}\dot{C}}} + \dot{D}\right)\dot{I}_2$$

$$= \sqrt{\frac{\dot{D}}{\dot{A}}}(\sqrt{\dot{A}\dot{D}} + \sqrt{\dot{B}\dot{C}})\dot{I}_2$$

のように変形し,これを式 (9·9) に代入すると

$$\frac{\dot{V}_1\dot{I}_1}{\dot{V}_2\dot{I}_2} = (\sqrt{\dot{A}\dot{D}} + \sqrt{\dot{B}\dot{C}})^2 = \varepsilon^{2\dot{\theta}}$$

となるから,伝達定数は **F** パラメータにより

$$\varepsilon^{\dot{\theta}} = \sqrt{\dot{A}\dot{D}} + \sqrt{\dot{B}\dot{C}} \tag{9·10}$$

または

$$\dot{\theta} = \log(\sqrt{\dot{A}\dot{D}} + \sqrt{\dot{B}\dot{C}}) \tag{9·11}$$

と表すことができる.

式 (9·10) によれば

$$\varepsilon^{-\dot{\theta}} = \frac{1}{\sqrt{\dot{A}\dot{D}} + \sqrt{\dot{B}\dot{C}}} = \sqrt{\dot{A}\dot{D}} - \sqrt{\dot{B}\dot{C}} \quad (\text{ただし } \dot{A}\dot{D} - \dot{B}\dot{C} = 1) \tag{9·12}$$

[1] 開放インピーダンス open-circuit impedance
[2] 短絡インピーダンス short-circuit impedance　[3] 幾何平均 geometric mean

であるから，式 (9・10), (9・12) を用いて伝達定数をさらに使いやすい表示にすることができる．すなわち

$$\varepsilon^{\dot\theta}+\varepsilon^{-\dot\theta}=2\sqrt{\dot A\dot D} \qquad \varepsilon^{\dot\theta}-\varepsilon^{-\dot\theta}=2\sqrt{\dot B\dot C}$$

であるから，伝達定数を双曲線関数，例えば $\tanh\dot\theta$ で表すと

$$\tanh\dot\theta=\frac{\varepsilon^{\dot\theta}-\varepsilon^{-\dot\theta}}{\varepsilon^{\dot\theta}+\varepsilon^{-\dot\theta}}=\sqrt{\frac{\dot B\dot C}{\dot A\dot D}} \tag{9・13}$$

となる．ここで再び，式 (9・7) 等を用いれば

$$\tanh\dot\theta=\frac{1}{\sqrt{\dot Z_{11}\dot Y_{11}}}=\sqrt{\frac{\dot Z_{1s}}{\dot Z_{1o}}} \tag{9・14}$$

となる．また，$\tanh\dot\theta$ は

$$\tanh\dot\theta=\frac{1}{\sqrt{\dot Z_{22}\dot Y_{22}}}=\sqrt{\frac{\dot Z_{2s}}{\dot Z_{2o}}} \tag{9・15}$$

のように表すこともできる．

さらに，伝達定数を $\sinh\dot\theta$ と $\cosh\dot\theta$ で表すと

$$\sinh\dot\theta=\sqrt{\dot B\dot C} \qquad \cosh\dot\theta=\sqrt{\dot A\dot D} \tag{9・16}$$

である．

ところで伝達定数 $\dot\theta$ は複素数であるから

$$\dot\theta=\alpha+j\beta \tag{9・17}$$

と置けば，式 (9・9) より

$$\frac{\dot V_1\dot I_1}{\dot V_2\dot I_2}=\varepsilon^{2(\alpha+j\beta)}$$

である．上式より

$$\left|\frac{\dot V_1\dot I_1}{\dot V_2\dot I_2}\right|=|\varepsilon^{2(\alpha+j\beta)}|=\varepsilon^{2\alpha} \tag{9・18}$$

であるから，$\alpha=0$ ならば $\varepsilon^{2\alpha}=1$ となり

$$|\dot V_1\dot I_1|=|\dot V_2\dot I_2| \tag{9・19}$$

である．すなわち，入力端の皮相電力は減衰せずそのまま出力端に伝送される．一方，$\alpha>0$ なら，$\varepsilon^{2\alpha}>1$ となり

$$|\dot V_1\dot I_1|>|\dot V_2\dot I_2| \tag{9・20}$$

である．すなわち，入力端の皮相電力は減衰して出力端に伝送される．このよ

うに α は減衰の有無を表すので，これを減衰定数[1]と呼び，一方 β を位相定数[2]と呼んでいる．

3 縦続接続と影像パラメータ

図 **9·2** のように影像パラメータが $\dot{Z}_{01}, \dot{Z}_{02}, \dot{\theta}_1 ; \dot{Z}_{02}, \dot{Z}_{03}, \dot{\theta}_2$ である二つの2端子対回路を縦続接続し，入力端にインピーダンス $\dot{Z}_{01}$ を，出力端にインピーダンス $\dot{Z}_{03}$ を接続する．このとき，縦続接続した全体の回路（点線で囲んである）の影像パラメータは次のようになる．

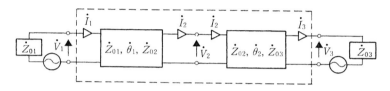

図 9·2 影像インピーダンスによる2端子対回路の縦続接続

まず，影像インピーダンスは回路両端のインピーダンスであることから，$\dot{Z}_{01}$，$\dot{Z}_{03}$ となる．

伝達定数は，それぞれの2端子対回路の伝達定数が

$$\varepsilon^{2\dot{\theta}_1} = \frac{\dot{V}_1 \dot{I}_1}{\dot{V}_2 \dot{I}_2}$$

$$\varepsilon^{2\dot{\theta}_2} = \frac{\dot{V}_2 \dot{I}_2}{\dot{V}_3 \dot{I}_3}$$

であるから，全体の回路については

$$\varepsilon^{2\dot{\theta}} = \frac{\dot{V}_1 \dot{I}_1}{\dot{V}_3 \dot{I}_3} = \varepsilon^{2\dot{\theta}_1} \varepsilon^{2\dot{\theta}_2} = \varepsilon^{2(\dot{\theta}_1 + \dot{\theta}_2)} \qquad (9\cdot21)$$

となる．すなわち

$$\dot{\theta} = \dot{\theta}_1 + \dot{\theta}_2 \qquad (9\cdot22)$$

である．

---

[1] 減衰定数 attenuation constant 　[2] 位相定数 phase constant

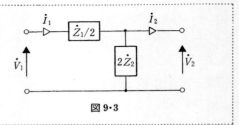

【例題9・1】 図9・3に示した2端子対回路の影像インピーダンス $\dot{Z}_{01}, \dot{Z}_{02}$ と，伝達定数 $\dot{\theta}$ を $\tanh\dot{\theta}$ の形で求めよ．

図9・3

（解）　$\dot{Z}_{01}$ と $\dot{Z}_{02}$ は式（9・8）より

$$\dot{Z}_{01}=\sqrt{\dot{Z}_{1o}\,\dot{Z}_{1s}}=\sqrt{\left(\frac{\dot{Z}_1}{2}+2\dot{Z}_2\right)\frac{\dot{Z}_1}{2}}=\sqrt{\frac{\dot{Z}_1^2}{4}+\dot{Z}_1\dot{Z}_2}$$

$$\dot{Z}_{02}=\sqrt{\dot{Z}_{2o}\,\dot{Z}_{2s}}=\sqrt{2\dot{Z}_2\left(\frac{2\dot{Z}_1\dot{Z}_2}{\dot{Z}_1+4\dot{Z}_2}\right)}=2\dot{Z}_2\sqrt{\frac{\dot{Z}_1}{\dot{Z}_1+4\dot{Z}_2}}$$

である．

$\tanh\dot{\theta}$ は式（9・14）より

$$\tanh\dot{\theta}=\sqrt{\frac{\dot{Z}_{1s}}{\dot{Z}_{1o}}}=\sqrt{\frac{\dfrac{\dot{Z}_1}{2}}{\dfrac{\dot{Z}_1}{2}+2\dot{Z}_2}}=\sqrt{\frac{\dot{Z}_1}{\dot{Z}_1+4\dot{Z}_2}}$$

である．

9・2　*LC* フィルタ

■1　リアクタンス2端子対回路の影像パラメータ

影像インピーダンス $\dot{Z}_{01}$ と伝達定数 $\tanh\dot{\theta}$ はそれぞれ式（9・8），（9・14）より

$$\dot{Z}_{01}=\sqrt{\dot{Z}_{1o}\,\dot{Z}_{1s}}$$

$$\tanh\dot{\theta}=\sqrt{\frac{\dot{Z}_{1s}}{\dot{Z}_{1o}}}$$

であるが，リアクタンスのみからなる回路の $\dot{Z}_{1o}$ と $\dot{Z}_{1s}$ は

$$\dot{Z}_{1o}=\pm jX_{1o}\qquad \dot{Z}_{1s}=\pm jX_{1s} \tag{9・23}$$

である．したがって，$\dot{Z}_{01}$ と $\tanh\dot{\theta}$ は

$$\dot{Z}_{01}=\sqrt{\pm jX_{1o}\cdot\pm jX_{1s}}\qquad \tanh\dot{\theta}=\sqrt{\frac{\pm jX_{1s}}{\pm jX_{1o}}} \tag{9・24}$$

となる．

式 (9・24) より，$\dot{Z}_{1o}$ と $\dot{Z}_{1s}$ が同符号であれば $\dot{Z}_{01}$ は虚数，$\tanh\dot{\theta}$ は実数となる．また，$\dot{Z}_{1o}$ と $\dot{Z}_{1s}$ が異符号であれば $\dot{Z}_{01}$ は実数，$\tanh\dot{\theta}$ は虚数となる．

ところで，$\tanh\dot{\theta}$ は式 (9・17) より

$$\tanh\dot{\theta} = \tanh(\alpha+j\beta) = \frac{\sinh(\alpha+j\beta)}{\cosh(\alpha+j\beta)} = \frac{\cosh\alpha\sinh\alpha + j\cos\beta\sin\beta}{\cosh^2\alpha\cos^2\beta + \sinh^2\alpha\sin^2\beta}$$

であるから，$\tanh\dot{\theta}$ が虚数（$\dot{Z}_{01}$ は実数）であれば，$\cosh\alpha\sinh\alpha = 0$，すなわち $\alpha = 0$ となる．α は 9・1 **2** で説明した減衰定数であり，角周波数 ω の関数である．この $\alpha = 0$ となる ω の区間を通過域[1]という．

また $\tanh\dot{\theta}$ が実数（$\dot{Z}_{01}$ は虚数）であれば $\alpha \neq 0$ となる．ω のこの区間を減衰域[2]という．通過域と減衰域の境界を遮断角周波数[3]（ω_1）という．

2　定 K 形フィルタ

図 9・4 に示した 2 端子対回路で

$$\dot{Z}_1\dot{Z}_2 = K^2 \qquad (9・25)$$

の関係が成り立つものを定 K 形フィルタといい，式 (9・25) の K を公称インピーダンス[4]（単位：Ω）と呼ぶ．

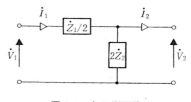

図 9・4　定 K 形回路

図 9・4 の回路の影像インピーダンス $\dot{Z}_{01}$ は

$$\dot{Z}_{01} = \sqrt{\dot{Z}_{1o}\dot{Z}_{1s}} = \sqrt{\left(\frac{\dot{Z}_1}{2}+2\dot{Z}_2\right)\frac{\dot{Z}_1}{2}} = \sqrt{\dot{Z}_1\dot{Z}_2\left(1+\frac{\dot{Z}_1^2}{4\dot{Z}_1\dot{Z}_2}\right)}$$

$$= K\sqrt{1+\left(\frac{\dot{Z}_1}{2K}\right)^2} \qquad (9・26)$$

である．

図の回路が $\alpha = 0$ の通過域であるためには $\tanh\dot{\theta}$ が虚数，すなわち $\dot{Z}_{01}$ が実数であればよい．そのためには式 (9・26) の根号の中が

$$1+\left(\frac{\dot{Z}_1}{2K}\right)^2 \geqq 0 \qquad (9・27)$$

〔1〕通過域 pass band　　　〔2〕減衰域 attenuation band
〔3〕遮断角周波数 cutoff radian frequency
〔4〕公称インピーダンス nominal impedance

でなければならない．リアクタンスのみからなる回路では

$$\dot{Z}_1 = \pm j X_1$$

であるから，結局式（9・27）は

$$1 - \frac{X_1^2}{4K^2} \geqq 0 \tag{9・28}$$

となる．式（9・28）より通過域の条件として

$$-1 \leqq \frac{X_1}{2K} \leqq 1 \tag{9・29}$$

が求められる．

$\alpha > 0$ の減衰域であるためには $\tanh\dot{\theta}$ が実数，すなわち $\dot{Z}_{01}$ が虚数であれば
よい．そのためには式（9・26）の根号の中が

$$1 - \frac{X_1^2}{4K^2} < 0 \tag{9・30}$$

でなければならない．これより減衰域の条件として

$$\frac{X_1}{2K} > 1 \qquad \frac{X_1}{2K} < -1 \tag{9・31}$$

が求められる．

遮断角周波数 ω_1 は，式（9・29）の等号が成り立つ条件より

$$X_1 = \pm 2K \tag{9・32}$$

で与えられる．

（1）　低域通過フィルタ

図9・5に示した回路の $\dfrac{X_1}{2K}$ は

$$\frac{X_1}{2K} = \frac{\omega L}{2K}$$

である．したがって，この回路の通過域は，
$\omega \geqq 0$ を考慮して式（9・29）より

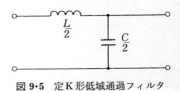

図9・5　定K形低域通過フィルタ

$$0 \leqq \frac{\omega L}{2K} \leqq 1 \tag{9・33}$$

となる．また，減衰域は式（9・31）より

$$\frac{\omega L}{2K} > 1 \tag{9・34}$$

となる．式(9·33), (9·34)より図9·5の回路は低域通過フィルタ[1] であることがわかる．遮断角周波数 ω_1 は式(9·32)より

$$\omega_1 L = 2K$$

すなわち

$$\omega_1 = \frac{2K}{L} \qquad (9\cdot35)$$

であり，この回路は 0 から $\frac{2K}{L}$ までの角周波数域を通過させ，$\frac{2K}{L}$ より高い角周波数域を減衰させる．

(2) 高域通過フィルタ

図9·6に示した回路の $\frac{X_1}{2K}$ は

$$\frac{X_1}{2K} = -\frac{1}{2K\omega C} \qquad (9\cdot36)$$

である．したがって，この回路の通過域は，$\omega \geqq 0$ であることを考慮して式(9·29)より

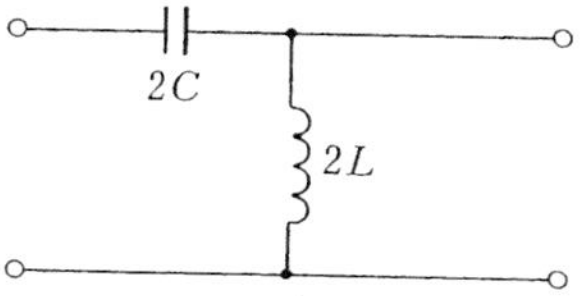

$$-1 \leqq -\frac{1}{2K\omega C} \leqq 0$$

すなわち

$$\frac{1}{2K\omega C} \leqq 1 \qquad (9\cdot37)$$

図9·6 定K形高域通過フィルタ

となる．減衰域は式(9·31)より

$$-\frac{1}{2K\omega C} < -1$$

すなわち

$$\frac{1}{2K\omega C} > 1 \qquad (9\cdot38)$$

となる．式(9·37), (9·38)より図9·6の回路は高域通過フィルタ[2] であることがわかる．遮断角周波数 ω_1 は

$$\omega_1 = \frac{1}{2KC} \qquad (9\cdot39)$$

[1] 低域通過フィルタ low-pass filter　　[2] 高域通過フィルタ high-pass filter

であり，この回路は $\dfrac{1}{2KC}$ より高い角周波数域を通過させ，0 から $\dfrac{1}{2KC}$ ま

での角周波数域を減衰させる．

【例題 9・2】 遮断角周波数 ω_1 が 1 000〔rad/s〕であり，公称インピーダン
ス K が 100〔Ω〕である低域通過フィルタを設計せよ．

（**解**） 低域通過フィルタであるから $\dot{Z}_1$ にはインダク
タンスを，$\dot{Z}_2$ にはキャパシタンスを接続した**図 9・7**
の回路である．

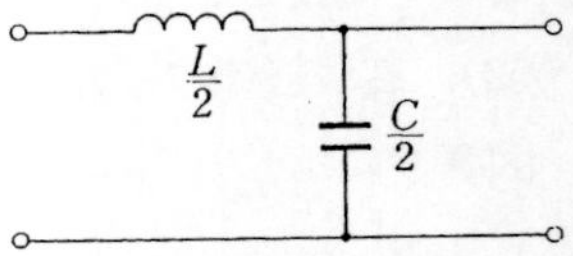

　必要な L は，式（9・35）より

$$1\,000 = \frac{2\times100}{L}$$

となるから

$$L = 200 \ 〔\text{mH}〕$$

である．よって

$$\frac{L}{2} = 100 \ 〔\text{mH}〕$$

とすればよい．

　また，式（9・25）より

$$\dot{Z}_1 \dot{Z}_2 = K^2$$

であるから

$$j\omega L \times \frac{1}{j\omega C} = \frac{L}{C} = K^2$$

となる．これに $L = 200$〔mH〕，$K = 100$〔Ω〕を入れれば，必要な C として

$$C = \frac{L}{K^2} = \frac{0.2}{1\times10^4} = 2\times10^{-5} \ 〔\text{F}〕 = 20 \ 〔\mu\text{F}〕$$

である．よって

$$\frac{C}{2} = 10 \ 〔\mu\text{F}〕$$

とすればよい．

図 9・7

9 章　演　習　問　題

1　式 (9·15) を求めよ.

2　式 (9·16) を求めよ.

3　図の回路の影像インピーダンス $\dot{Z}_{01}$, $\dot{Z}_{02}$ と伝達定数 $\dot{\theta}$ を $\tanh\dot{\theta}$ と $\cosh\dot{\theta}$ の形で求めよ.

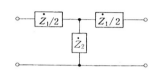

4　F パラメータを影像パラメータを用いて表示せよ.

5　図の回路は低域通過フィルタである. 遮断角周波数と公称インピーダンスを求めよ. ただし, $L = 40\,[\mathrm{mH}]$, $C = 10\,[\mu\mathrm{F}]$ とする.

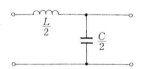

6　公称インピーダンス K が $600\,[\Omega]$ で, 遮断角周波数 ω_1 が $1\times10^4\,[\mathrm{rad/s}]$ である高域通過フィルタを設計せよ.

第 **10** 章　三相交流回路

　これまでに取り扱ってきたのは単相式[1]であり，一般家庭などへの配電はこの方式である．

　しかしながら，周波数が等しく，位相の異なる複数の起電力を組合せる方式もあり，この回路方式を多相方式[2]と称している．この場合の起電力を多相交流起電力[3]，電流を多相交流（電流）[4]という．n 相の起電力をもつ多相方式を n 相式[5] と呼んでおり，三相式，六相式，十二相式などがある．このうち三相式は，送・配電における経済性や誘導電動機の使用などに利点が多く，工業用の動力電源などとして広く使用されている．

　したがって，本章においても，主として三相式の場合について述べることにする．

10・1　多相方式

　多相交流を発生させるには図**10・1** に示すように，二極発電機に n 個の別々なコイルを配置すればよい＊．この場合，各コイルからみれば磁極の回転は同一であるので，コイルに発生する起電力は同一周波数である．また起電力の位相は，コイルの配置されている位置によって異なってくる．

　各コイルの起電力（電圧）は

$$e_a = E_{ma} \sin \omega t$$

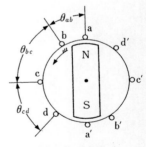

a-a′, b-b′, c-c′, d-d′
はコイルを表している．

図**10・1**　多相交流起電力の発生

---

〔1〕単相式 single phase system 　　〔2〕多相方式 polyphase system
〔3〕多相交流起電力 polyphase alternating current e.m.f.
〔4〕多相交流 polyphase alternating current
〔5〕n 相式 n-phase system
＊ここでは説明の都合上，コイルを固定して，磁石を回転させているが，第2章の図2・1のように磁石を固定して，コイルを回転させる方式と，原理的には全く同じである．

$$
\left.\begin{aligned}
e_b &= E_{mb}\sin(\omega t-\theta_{ab})\\
e_c &= E_{mc}\sin\{\omega t-(\theta_{ab}+\theta_{bc})\}\\
e_d &= E_{md}\sin\{\omega t-(\theta_{ab}+\theta_{bc}+\theta_{cd})\}\\
&\vdots
\end{aligned}\right\} \qquad (10\cdot1)
$$

ただし，$E_{ma}, E_{mb}, E_{mc}, E_{md}$, ……は起電力の最大値，$\theta_{ab}, \theta_{bc}, \theta_{cd}$, ……は，位相角を表す．

であり，図**10・2**のような波形となる．

図 10・2　多相交流起電力の波形

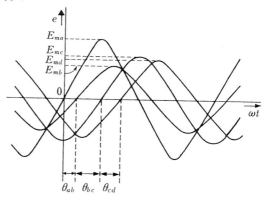

また，これを実効値と位相角によるベクトルで示すと

$$
\left.\begin{aligned}
\dot{E}_a &= \frac{E_{ma}}{\sqrt{2}}\varepsilon^{j0}\\
\dot{E}_b &= \frac{E_{mb}}{\sqrt{2}}\varepsilon^{-j\theta_{ab}}\\
\dot{E}_c &= \frac{E_{mc}}{\sqrt{2}}\varepsilon^{-j(\theta_{ab}+\theta_{bc})}\\
\dot{E}_d &= \frac{E_{md}}{\sqrt{2}}\varepsilon^{-j(\theta_{ab}+\theta_{bc}+\theta_{cd})}\\
&\vdots
\end{aligned}\right\} \qquad (10\cdot2)
$$

ただし，$E_{ma}/\sqrt{2}$，$E_{mb}/\sqrt{2}$，$E_{mc}/\sqrt{2}$，$E_{md}/\sqrt{2}$，……は，実効値を表す．

となり，ベクトル図は図**10・3**のようになる．

図 10・3　多相交流起電力のベクトル図

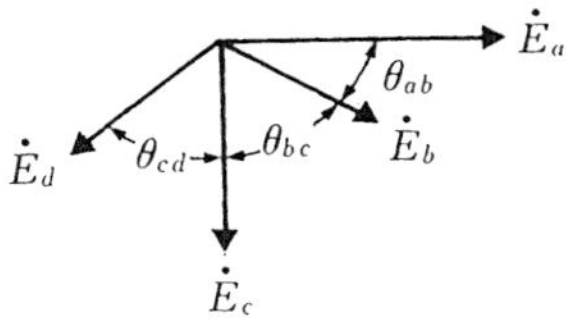

ここで，各起電力の最大値が

$$E_{ma} = E_{mb} = E_{mc} = E_{md} = \cdots\cdots = E_m \qquad (10\cdot3)$$

と等しく，各位相角が

$$\theta_{ab} = \theta_{bc} = \theta_{cd} = \theta_{de} = \cdots\cdots = \theta = \frac{2\pi}{n} \qquad (10\cdot4)$$

のように等しい多相交流を，対称多相方式[1]と呼び，起電力の最大値と位相角

〔1〕対称多相方式 symmetrical polyphase system

のうち，どれか一つでも異なる多相交流を非対称多相方式[1]という．

10·2　対称三相交流

発電機に巻数の等しい3個のコイルを等間隔に配置した場合，各コイルに発生する起電力は

$$e_a = E_m \sin \omega t$$

$$e_b = E_m \sin\left(\omega t - \frac{2\pi}{3}\right)$$

$$e_c = E_m \sin\left(\omega t - \frac{4}{3}\pi\right) = E_m \sin\left(\omega t + \frac{2\pi}{3}\right)$$

(10·5)

の対称三相交流[2]となり，図10·4の波形となる．これを，ベクトルで示すと

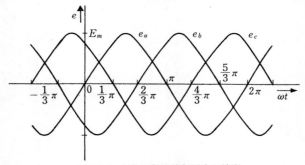

図10·4　対称三相交流起電力の波形

$$\dot{E}_a = E\varepsilon^{j0} = E$$

$$\dot{E}_b = E\varepsilon^{-j\frac{2}{3}\pi} = \left(-\frac{1}{2} - j\frac{\sqrt{3}}{2}\right)E$$

$$\dot{E}_c = E\varepsilon^{-j\frac{4}{3}\pi} = E\varepsilon^{j\frac{2}{3}\pi} = \left(-\frac{1}{2} + j\frac{\sqrt{3}}{2}\right)E$$

(10·6)

ただし，$E = E_m/\sqrt{2}$ で，実効値を表す．

となり，ベクトル図は図10·5に示すとおりである．

---

〔1〕非対称多相方式 asymmetrical polyphase system
〔2〕対称三相交流 symmetrical three-phase star-connected system

一般に，対称三相起電力は，式(10・5) の
ようにその位相の進んでいる順に e_a, e_b, e_c と
しており，このことを相順[1]または相回転[2]
が a, b, c であるという.

いま

$$a = \varepsilon^{j\frac{2}{3}\pi} = -\frac{1}{2} + j\frac{\sqrt{3}}{2} = \varepsilon^{-j\frac{4}{3}\pi}$$

$$(10・7)$$

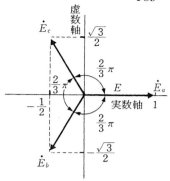

図 10・5 対称三相交流起電力の
ベクトル図

とすると

$$a^2 = \varepsilon^{j\frac{4}{3}\pi} = \varepsilon^{-j\frac{2}{3}\pi} = -\frac{1}{2} - j\frac{\sqrt{3}}{2}$$

$$a^3 = a \cdot a^2 = \left(-\frac{1}{2} + j\frac{\sqrt{3}}{2}\right)\left(-\frac{1}{2} - j\frac{\sqrt{3}}{2}\right) = 1 \Bigg\}$$

$$(10・8)$$

となるから，これらより対称三相起電力を a 相を基準として示すと

$$\dot{E}_a = E$$

$$\dot{E}_b = a^2 E$$

$$\dot{E}_c = a E \Bigg\}$$

$$(10・9)$$

となる. そして，これらのベクトル和は

$$\dot{E}_a + \dot{E}_b + \dot{E}_c = (1 + a^2 + a) E = \left\{1 + \left(-\frac{1}{2} - j\frac{\sqrt{3}}{2}\right) + \left(-\frac{1}{2} + j\frac{\sqrt{3}}{2}\right)\right\} E$$

$$= \dot{0}$$

$$(10・10)$$

となり，対称三相交流起電力[3] の総和は零になることがわかる.

【例題10・1】 対称三相交流電圧において，a 相の瞬時電圧が

$$e_a = 200\sqrt{2} \sin(\omega t + \pi) \text{ [V]}$$

であるとき，b, c 相の瞬時電圧 e_b, e_c を求め，さらに，各相の電圧ベクトル
$\dot{E}_a, \dot{E}_b, \dot{E}_c$ を $a + jb$ の表示で求めよ. ただし，相回転の順は $e_a \to e_b \to e_c$
とする.

---

〔1〕相順 phase sequence 〔2〕相回転 phase rotation
〔3〕対称三相交流起電力 symmetrical three-phase e.m.f.

（解）　相回転の順に位相が $2\pi/3$〔rad〕ずつ遅れるから

$$e_b = 200\sqrt{2}\,\sin\left(\omega t + \pi - \frac{2}{3}\pi\right) = 200\sqrt{2}\,\sin\left(\omega t + \frac{1}{3}\pi\right)\text{〔V〕}$$

$$e_c = 200\sqrt{2}\,\sin\left(\omega t + \pi - \frac{4}{3}\pi\right) = 200\sqrt{2}\,\sin\left(\omega t - \frac{1}{3}\pi\right)\text{〔V〕}$$

となり，電圧ベクトルは

$$\dot{E}_a = 200\frac{\sqrt{2}}{\sqrt{2}}\varepsilon^{j\pi} = 200\,(\cos\pi + j\sin\pi) = 200\,(-1 + j\,0) = -200 + j\,0\ \text{〔V〕}$$

$$\dot{E}_b = 200\frac{\sqrt{2}}{\sqrt{2}}\,\varepsilon^{j\frac{1}{3}\pi} = 200\left(\cos\frac{1}{3}\pi + j\sin\frac{1}{3}\pi\right) = 200\left(\frac{1}{2} + j\frac{\sqrt{3}}{2}\right) = 100 + j\,173\ \text{〔V〕}$$

$$\dot{E}_c = 200\frac{\sqrt{2}}{\sqrt{2}}\,\varepsilon^{-j\frac{1}{3}\pi} = 200\left\{\cos\left(-\frac{1}{3}\pi\right) + j\sin\left(-\frac{1}{3}\pi\right)\right\} = 200\left(\frac{1}{2} - j\frac{\sqrt{3}}{2}\right)$$
$$= 100 - j\,173\ \text{〔V〕}$$

となる.

10・3　三相起電力の結合方式

■1　Y 結 線

　Y結線[1]は図**10・6**に示すように，各相
の終端をまとめてこれを共通端子とし，
各相の始端から供給する方式である. こ
こに，Nを電源の中性点[2]，Y結線の場
合の相電圧（各相の電圧)[3] $\dot{E}_a, \dot{E}_b, \dot{E}_c$ を
Y電圧[4]，また各相間の電圧 $\dot{V}_{ab}, \dot{V}_{bc}$,
$\dot{V}_{ca}$ を線間電圧[5]という.

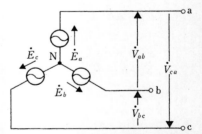

図**10・6**　Y結線における相電圧と線間電圧

　対称三相回路の場合，相電圧と線間電圧との間には

$$\left.\begin{aligned}
\dot{V}_{ab} &= \dot{E}_a - \dot{E}_b = \dot{E}_a - a^2\,\dot{E}_a = (1 - a^2)\,\dot{E}_a \\
\dot{V}_{bc} &= \dot{E}_b - \dot{E}_c = \dot{E}_b - a^2\,\dot{E}_b = (1 - a^2)\,\dot{E}_b \\
\dot{V}_{ca} &= \dot{E}_c - \dot{E}_a = \dot{E}_c - a^2\,\dot{E}_c = (1 - a^2)\,\dot{E}_c
\end{aligned}\right\} \tag{10・11}$$

の関係があり，式(10・8)により

〔1〕Y結線　Y-connection または star connection　　〔2〕中性点　neutral point
〔3〕相電圧　phase voltage　　〔4〕Y電圧　Y-voltage または star voltage
〔5〕線間電圧　line voltage

$$1-a^2 = 1-\left(-\frac{1}{2}-j\frac{\sqrt{3}}{2}\right) = \frac{3}{2}+j\frac{\sqrt{3}}{2} = \sqrt{3}\,\varepsilon^{j\frac{1}{6}\pi} \tag{10・12}$$

であるから

$$\left.\begin{aligned}
\dot{V}_{ab} &= \left(\frac{3}{2}+j\frac{\sqrt{3}}{2}\right)\dot{E}_a = \sqrt{3}\,\dot{E}_a\varepsilon^{j\frac{1}{6}\pi} \\[2mm]
\dot{V}_{bc} &= \left(\frac{3}{2}+j\frac{\sqrt{3}}{2}\right)\dot{E}_b = \sqrt{3}\,\dot{E}_b\varepsilon^{j\frac{1}{6}\pi} \\[2mm]
\dot{V}_{ca} &= \left(\frac{3}{2}+j\frac{\sqrt{3}}{2}\right)\dot{E}_c = \sqrt{3}\,\dot{E}_c\varepsilon^{j\frac{1}{6}\pi}
\end{aligned}\right\} \tag{10・13}$$

となる.

　すなわち，対称三相起電力をY結線とした場合，線間電圧は相電圧の$\sqrt{3}$倍であり，位相はY電圧より$\pi/6$〔rad〕（= 30°）だけ進んでいることを示している.

　さらに，線間電圧も，対称三相電圧であることがわかる. これらの関係をベクトル図に示したのが図10・7である.

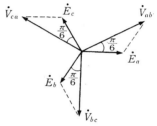

図 10・7　相電圧と線間電圧のベクトル図

2　△ 結 線

　△結線[1]は図10・8に示すように,各相の始端と終端とを順次接続した方式である. ここに，△結線の場合の相電圧（各相の電圧）$\dot{E}_a$, $\dot{E}_b, \dot{E}_c$ を△電圧[2]といい, この△電圧と各相間の線間電圧 $\dot{V}_{ab}, \dot{V}_{bc}, \dot{V}_{ca}$ との関係は

$$\left.\begin{aligned}
\dot{V}_{ab} &= \dot{E}_a \\
\dot{V}_{bc} &= \dot{E}_b \\
\dot{V}_{ca} &= \dot{E}_c
\end{aligned}\right\} \tag{10・14}$$

となり，それぞれ等しいことがわかる.

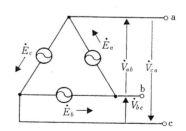

図 10・8　△結線における相電圧と線間電圧

---

〔1〕△結線 delta-connection, △は「デルタ」と読む.
〔2〕△電圧 delta voltage

❸ Y形起電力と△形起電力の等価変換

対称三相回路において，図 **10·9**(a) のY結線回路と，同 (b) の△結線回路が
お互いに等価であるための，Y電圧 $\dot{E}_a, \dot{E}_b, \dot{E}_c$ と△電圧 $\dot{V}_{ab}, \dot{V}_{bc}, \dot{V}_{ca}$ との関
係を求めてみる．そのためには，両回路の線間電圧がそれぞれ等しくなるよう
に考えればよいから，式 (10·13)，(10·14) の関係により

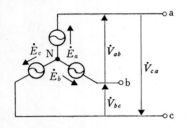
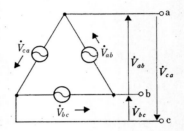

(a) Y形起電力 　　　　　　　　　　　(b) △形起電力

図 **10·9** Y形起電力と△形起電力の等価変換

$$\dot{V}_{ab} = \left(\frac{3}{2} + j\frac{\sqrt{3}}{2}\right)\dot{E}_a = \sqrt{3}\,\dot{E}_a\varepsilon^{j\frac{1}{6}\pi}$$

$$\dot{V}_{bc} = \left(\frac{3}{2} + j\frac{\sqrt{3}}{2}\right)\dot{E}_b = \sqrt{3}\,\dot{E}_b\varepsilon^{j\frac{1}{6}\pi} \qquad\qquad (10·15)$$

$$\dot{V}_{ca} = \left(\frac{3}{2} + j\frac{\sqrt{3}}{2}\right)\dot{E}_c = \sqrt{3}\,\dot{E}_c\varepsilon^{j\frac{1}{6}\pi}$$

あるいは

$$\dot{E}_a = \frac{\dot{V}_{ab}}{\left(\frac{3}{2} + j\frac{\sqrt{3}}{2}\right)} = \frac{\dot{V}_{ab}}{\sqrt{3}}\varepsilon^{-j\frac{1}{6}\pi}$$

$$\dot{E}_b = \frac{\dot{V}_{bc}}{\left(\frac{3}{2} + j\frac{\sqrt{3}}{2}\right)} = \frac{\dot{V}_{bc}}{\sqrt{3}}\varepsilon^{-j\frac{1}{6}\pi} \qquad\qquad (10·16)$$

$$\dot{E}_c = \frac{\dot{V}_{ca}}{\left(\frac{3}{2} + j\frac{\sqrt{3}}{2}\right)} = \frac{\dot{V}_{ca}}{\sqrt{3}}\varepsilon^{-j\frac{1}{6}\pi}$$

の関係が得られる．

【例題10·2】 図10·6の回路において，$\dot{V}_{ab} = 120\varepsilon^{j\frac{1}{6}\pi}$〔V〕のとき，$\dot{E}_a, \dot{E}_b,$ $\dot{E}_c$ を指数関数表示で求めよ．ただし，$\dot{V}_{ab}, \dot{V}_{bc}, \dot{V}_{ca}$ は対称三相電圧で，相順は $\dot{V}_{ab} \to \dot{V}_{bc} \to \dot{V}_{ca}$ とする．

（解） 式(10·16)から

$$\dot{E}_a = \frac{\dot{V}_{ab}}{\sqrt{3}}\varepsilon^{-j\frac{1}{6}\pi} = \frac{120\varepsilon^{j\frac{1}{6}\pi}}{\sqrt{3}}\varepsilon^{-j\frac{1}{6}\pi} = 40\sqrt{3}\ \varepsilon^{j0} \text{〔V〕}$$

となり，対称三相電圧であるから

$$\dot{E}_b = a^2\dot{E}_a = \varepsilon^{-j\frac{2}{3}\pi} \cdot 40\sqrt{3}\ \varepsilon^{j0} = 40\sqrt{3}\ \varepsilon^{-j\frac{2}{3}\pi} \text{〔V〕}$$

$$\dot{E}_c = a\dot{E}_a = \varepsilon^{j\frac{2}{3}\pi} \cdot 40\sqrt{3}\ \varepsilon^{j0} = 40\sqrt{3}\ \varepsilon^{j\frac{2}{3}\pi} \text{〔V〕}$$

となる．

10·4 三相負荷の結合方式

1 Y 結 線

Y結線は図10·10に示すように，各相の終端をまとめてこれを共通端子とし，各相の始点に起電力を供給する方式である．ここに，N′ を負荷の中性点，負荷 $\dot{Z}_a, \dot{Z}_b, \dot{Z}_c$ に流れる電流 $\dot{I}_a, \dot{I}_b, \dot{I}_c$ をY電流[1]，負荷端子 a′, b′, c′ に流入する電流を線電流[2]という．Y結線に

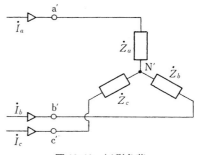

図10·10 Y形負荷

おいては，この線電流とY電流とは等しくなる．

また，$\dot{Z}_a = \dot{Z}_b = \dot{Z}_c$ の場合をY形平衡負荷といい，対称三相起電力が端子 a′, b′, c′ に加えられれば，Y電流も対称三相電流となる．

2 △ 結 線

△結線は図10·11に示すように，各相の始端と終端を順次接続した方式である．ここに，負荷 $\dot{Z}_{ab}, \dot{Z}_{bc}, \dot{Z}_{ca}$ に流れる電流 $\dot{I}_{ab}, \dot{I}_{bc}, \dot{I}_{ca}$ を△電流[3]，負荷端

---

〔1〕Y電流 Y-current または star current 〔2〕線電流 line current
〔3〕△電流 delta current

子 a′, b′, c′ に流入する電流 $\dot{I}_a, \dot{I}_b, \dot{I}_c$ を線電流という.

また, $\dot{Z}_{ab} = \dot{Z}_{bc} = \dot{Z}_{ca}$ の場合を △形
平衡負荷といい, 対称三相起電力が端子
a′, b′, c′ に加えられれば, △電流も線
電流も対称三相電流となる.

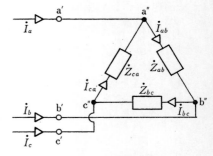

この場合, 図10・11 の a″, b″, c″ 各点
にキルヒホッフの第1法則を適用すれば
△電流 $\dot{I}_{ab}, \dot{I}_{bc}, \dot{I}_{ca}$ と線電流 $\dot{I}_a, \dot{I}_b, \dot{I}_c$ と
の関係は

図 10・11   △形負荷

$$\left. \begin{aligned} \dot{I}_a &= \dot{I}_{ab} - \dot{I}_{ca} = \dot{I}_{ab} - a\dot{I}_{ab} = (1-a)\,\dot{I}_{ab} \\ \dot{I}_b &= \dot{I}_{bc} - \dot{I}_{ab} = \dot{I}_{bc} - a\dot{I}_{bc} = (1-a)\,\dot{I}_{bc} \\ \dot{I}_c &= \dot{I}_{ca} - \dot{I}_{bc} = \dot{I}_{ca} - a\dot{I}_{ca} = (1-a)\,\dot{I}_{ca} \end{aligned} \right\} \tag{10・17}$$

のように求められ, 式 (10・7) により

$$1-a = 1 - \left(-\frac{1}{2} + j\frac{\sqrt{3}}{2}\right) = \frac{3}{2} - j\frac{\sqrt{3}}{2} = \sqrt{3}\,\varepsilon^{-j\frac{1}{6}\pi} \tag{10・18}$$

であるから

$$\left. \begin{aligned} \dot{I}_a &= \left(\frac{3}{2} - j\frac{\sqrt{3}}{2}\right)\dot{I}_{ab} = \sqrt{3}\,\dot{I}_{ab}\,\varepsilon^{-j\frac{1}{6}\pi} \\[2mm] \dot{I}_b &= \left(\frac{3}{2} - j\frac{\sqrt{3}}{2}\right)\dot{I}_{bc} = \sqrt{3}\,\dot{I}_{bc}\,\varepsilon^{-j\frac{1}{6}\pi} \\[2mm] \dot{I}_c &= \left(\frac{3}{2} - j\frac{\sqrt{3}}{2}\right)\dot{I}_{ca} = \sqrt{3}\,\dot{I}_{ca}\,\varepsilon^{-j\frac{1}{6}\pi} \end{aligned} \right\} \tag{10・19}$$

となる.

すなわち, △形平衡負荷の場合, 線電流は,
△電流の $\sqrt{3}$ 倍であり, 位相は△電流より $\pi/6$
〔rad〕(= 30°) だけ遅れていることを示してい
る. これらの関係をベクトル図に示したのが図
10・12 である.

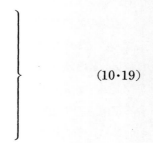

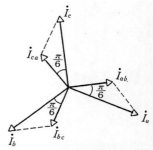

図 10・12   線電流と△電流のベク
トル図

【例題10・3】 図10・11の回路において，$\dot{I}_{ab} = -j10$〔A〕のとき， 線電流 $\dot{I}_a, \dot{I}_b, \dot{I}_c$ を $a+jb$ の表示で求めよ．ただし， $\dot{I}_{ab}, \dot{I}_{bc}, \dot{I}_{ca}$ は， 対称三相電流で，相順は $\dot{I}_{ab} \to \dot{I}_{bc} \to \dot{I}_{ca}$ とする．

（解） 対称三相電流であるから

$$\dot{I}_{bc} = a^2 \dot{I}_{ab} = \left(-\frac{1}{2} -j\frac{\sqrt{3}}{2}\right)(-j10) = -8.7+j5.0 \text{〔A〕}$$

$$\dot{I}_{ca} = a\dot{I}_{ab} = \left(-\frac{1}{2} +j\frac{\sqrt{3}}{2}\right)(-j10) = 8.7+j5.0 \text{〔A〕}$$

となり，$a+jb$ の表示で与えられている場合には，$(1-a)$ を用いなくてもすむから

$$\dot{I}_a = \dot{I}_{ab} - \dot{I}_{ca} = -j10-(8.7+j5.0) = -8.7-j15.0 \text{〔A〕}$$
$$\dot{I}_b = \dot{I}_{bc} - \dot{I}_{ab} = (-8.7+j5.0)-(-j10) = -8.7+j15.0 \text{〔A〕}$$
$$\dot{I}_c = \dot{I}_{ca} - \dot{I}_{bc} = (8.7+j5.0)-(-8.7+j5.0) = 17.4+j0 \text{〔A〕}$$

となる．

❸ Ｙ形負荷と△形負荷の等価変換

図10・13（a）のＹ形負荷と同（b）の△形負荷がお互いに等価であるための，Ｙ負荷 $\dot{Z}_a, \dot{Z}_b, \dot{Z}_c$ と，△負荷 $\dot{Z}_{ab}, \dot{Z}_{bc}, \dot{Z}_{ca}$ の関係を求める方法については，すでに**6・5**節に述べており，その結果は式（10・20），（10・21）に示すとおりである．

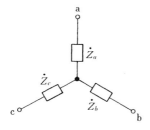

（a） Ｙ形負荷

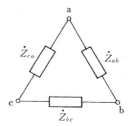

（b） △形負荷

図 **10・13** Ｙ形負荷と△形負荷の等価変換

$$\dot{Z}_a = \frac{\dot{Z}_{ca}\dot{Z}_{ab}}{\dot{Z}_{ab}+\dot{Z}_{bc}+\dot{Z}_{ca}}$$

$$\dot{Z}_b = \frac{\dot{Z}_{ab}\,\dot{Z}_{bc}}{\dot{Z}_{ab}+\dot{Z}_{bc}+\dot{Z}_{ca}} \tag{10·20}$$

$$\dot{Z}_c = \frac{\dot{Z}_{bc}\,\dot{Z}_{ca}}{\dot{Z}_{ab}+\dot{Z}_{bc}+\dot{Z}_{ca}}$$

$$\dot{Z}_{ab} = \frac{\dot{Z}_a\dot{Z}_b+\dot{Z}_b\dot{Z}_c+\dot{Z}_c\dot{Z}_a}{\dot{Z}_c}$$

$$\dot{Z}_{bc} = \frac{\dot{Z}_a\dot{Z}_b+\dot{Z}_b\dot{Z}_c+\dot{Z}_c\dot{Z}_a}{\dot{Z}_a} \tag{10·21}$$

$$\dot{Z}_{ca} = \frac{\dot{Z}_a\dot{Z}_b+\dot{Z}_b\dot{Z}_c+\dot{Z}_c\dot{Z}_a}{\dot{Z}_b}$$

したがって，いずれも平衡負荷で

$$\dot{Z}_a = \dot{Z}_b = \dot{Z}_c = \dot{Z}_Y$$
$$\dot{Z}_{ab} = \dot{Z}_{bc} = \dot{Z}_{ca} = \dot{Z}_\triangle \tag{10·22}$$

ならば，Y負荷と△負荷が等価であるための関係は

$$\dot{Z}_\triangle = 3\dot{Z}_Y$$
$$\dot{Z}_Y = \frac{1}{3}\dot{Z}_\triangle \tag{10·23}$$

となる．

10·5　対称三相の交流電力

　対称三相回路におけるY形負荷または△形負荷において，各相に加わる電圧の瞬時値をe_1, e_2, e_3とし，流れる電流の瞬時値をi_1, i_2, i_3とすると，各相の瞬時電力の総和は，この三相回路全体の瞬時電力であり

$$p = e_1 i_1 + e_2 i_2 + e_3 i_3 \tag{10·24}$$

となる．

　電圧，電流の実効値をそれぞれE, I，負荷の一相のインピーダンスを$\dot{Z} = R + jX$とし，その位相角を$\varphi = \tan^{-1}(X/R)$とすれば

$$e_1 = \sqrt{2}\,E\sin\omega t$$

$$e_2 = \sqrt{2}\,E\sin\left(\omega t - \frac{2}{3}\,\pi\right)$$

$$e_3 = \sqrt{2}\,E\sin\left(\omega t - \frac{4}{3}\,\pi\right)$$

$$(10\cdot25)$$

であり，また

$$i_1 = \sqrt{2}\,I\sin(\omega t - \varphi)$$

$$i_2 = \sqrt{2}\,I\sin\left(\omega t - \frac{2}{3}\,\pi - \varphi\right)$$

$$i_3 = \sqrt{2}\,I\sin\left(\omega t - \frac{4}{3}\,\pi - \varphi\right)$$

$$(10\cdot26)$$

であるから，瞬時電力 p は

$$p = \sqrt{2}\,E\cdot\sqrt{2}\,I\left\{\sin\omega t\cdot\sin(\omega t - \varphi) + \sin\left(\omega t - \frac{2}{3}\,\pi\right)\cdot\sin\left(\omega t - \frac{2}{3}\,\pi - \varphi\right)\right.$$

$$\left. + \sin\left(\omega t - \frac{4}{3}\,\pi\right)\cdot\sin\left(\omega t - \frac{4}{3}\,\pi - \varphi\right)\right\}$$

$$= 2EI\left\{\frac{\cos\varphi - \cos(2\omega t - \varphi)}{2} + \frac{\cos\varphi - \cos\left(2\omega t - 2\frac{2\pi}{3} - \varphi\right)}{2}\right.$$

$$\left. + \frac{\cos\varphi - \cos\left(2\omega t - 2\frac{4\pi}{3} - \varphi\right)}{2}\right\}$$

$$= 3EI\cos\varphi - EI\left[\cos(2\omega t - \varphi) + \cos\left\{(2\omega t - \varphi) - 2\frac{2\pi}{3}\right\}\right.$$

$$\left. + \cos\left\{(2\omega t - \varphi) - 2\frac{4\pi}{3}\right\}\right]$$

$$= 3EI\cos\varphi - EI\left\{\cos(2\omega t - \varphi)\cdot1 + \sin(2\omega t - \varphi)\cdot0 + \cos(2\omega t - \varphi)\right.$$

$$\cdot\left(-\frac{1}{2}\right) + \sin(2\omega t - \varphi)\cdot\left(-\frac{\sqrt{3}}{2}\right) + \cos(2\omega t - \varphi)\cdot\left(-\frac{1}{2}\right)$$

$$\left. + \sin(2\omega t - \varphi)\cdot\left(\frac{\sqrt{3}}{2}\right)\right\} = 3EI\cos\varphi \qquad (10\cdot27)$$

となる．

　このように，瞬時電力 p は，時間に無関係であるから，平均電力 P_a（**4・6**節

参照）と等しくなる．すなわち

$$P_a = p = 3EI\cos\varphi \tag{10·28}$$

で示される．すなわち，一相の平均電力の3倍である．

　具体的な回路における平均電力（ただ単に電力と呼ぶこともある）の求め方については，次節以降で述べる．

10·6 対称三相回路

■ 起電力Y結線，負荷Y結線（Y-Y形）の場合

　図 **10·14** のようにY結線された対称三相起電力 $\dot{E}_a, \dot{E}_b, \dot{E}_c$ に，Y形平衡負荷 $\dot{Z}_a = \dot{Z}_b = \dot{Z}_c = \dot{Z}_Y$ を接続した場合の線電流 $\dot{I}_a, \dot{I}_b, \dot{I}_c$，三相の電力 P_3 を求めてみる．

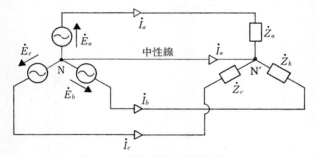

図 **10·14** 対称三相Y-Y形回路

ここで，インピーダンス $\dot{Z}_Y$ は

$$\dot{Z}_Y = R + jX = Z_Y \varepsilon^{j\varphi} \qquad ただし，\varphi = \tan^{-1}\frac{X}{R} \tag{10·29}$$

であるものとする．

　いま，電源の中性点 N と負荷の中性点 N′ とを接続し，この線を中性線[1]と呼ぶ．このようにすると，$\dot{Z}_a$ には $\dot{E}_a$ だけの電圧が加わるから，線電流 $\dot{I}_a$ は

$$\dot{I}_a = \frac{\dot{E}_a}{\dot{Z}_a} \tag{10·30}$$

となる．また，$\dot{Z}_b, \dot{Z}_c$ についても同様で，線電流 $\dot{I}_b, \dot{I}_c$ は

---

〔1〕中性線 neutral line

$$\left.\begin{array}{l} \dot{I}_b = \dfrac{\dot{E}_b}{\dot{Z}_b} \\[4mm] \dot{I}_c = \dfrac{\dot{E}_c}{\dot{Z}_c} \end{array}\right\} \tag{10·31}$$

となる.

各相電圧は,$\dot{E}_a$ を基準にすると

$$\left.\begin{array}{l} \dot{E}_a = E \\ \dot{E}_b = a^2 E \\ \dot{E}_c = a E \end{array}\right\} \tag{10·32}$$

であるから

$$\left.\begin{array}{l} \dot{I}_a = \dfrac{\dot{E}_a}{\dot{Z}_a} = \dfrac{E}{Z_Y \varepsilon^{j\varphi}} = \dfrac{E}{Z_Y}\varepsilon^{-j\varphi} = I_Y \varepsilon^{-j\varphi} \\[4mm] \dot{I}_b = \dfrac{\dot{E}_b}{\dot{Z}_b} = \dfrac{a^2 E}{Z_Y \varepsilon^{j\varphi}} = a^2 \dfrac{E}{Z_Y}\varepsilon^{-j\varphi} = a^2 I_Y \varepsilon^{-j\varphi} \\[4mm] \dot{I}_c = \dfrac{\dot{E}_c}{\dot{Z}_c} = \dfrac{a E}{Z_Y \varepsilon^{j\varphi}} = a \dfrac{E}{Z_Y}\varepsilon^{-j\varphi} = a I_Y \varepsilon^{-j\varphi} \end{array}\right\} \tag{10·33}$$

となり,Y電圧と線電流のベクトル図は図**10·15**のようになる.ここで

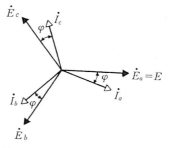

$$I_Y = \frac{E}{Z_Y} \tag{10·34}$$

であり,I_Y は線電流の絶対値を表している.

ところで,中性線 NN′ を流れる電流 $\dot{I}_n$ は,負荷の中性点 N′ にキルヒホッフの第1法則を適用すると

図10·15 Y電圧と線電流のベクトル図

$$\begin{aligned} \dot{I}_n &= -(\dot{I}_a + \dot{I}_b + \dot{I}_c) = -(I_Y \varepsilon^{-j\varphi} + a^2 I_Y \varepsilon^{-j\varphi} + a I_Y \varepsilon^{-j\varphi}) \\ &= -I_Y \varepsilon^{-j\varphi}(1 + a^2 + a) = 0 \end{aligned} \tag{10·35}$$

となる.すなわち,中性線には電流が流れないので,中性線を結んでも結ばなくても変わりがない.したがって,Y-Y形対称三相回路の場合は中性線を省略するのが一般的である.

次に,三相の電力(平均電力)について考えてみる.Y-Y形対称三相回路に

おいて，Y 電圧の絶対値は $|\dot{E}_a| = |\dot{E}_b| = |\dot{E}_c| = E$，線電流の絶対値は $|\dot{I}_a| = |\dot{I}_b| = |\dot{I}_c| = I_Y$ であるから，三相の電力を P_3 とすると，式 (10·28) により

$$P_3 = 3EI_Y \cos\varphi \tag{10·36}$$

として求められる．ここで，$\cos\varphi$ は負荷の力率であり，式 (10·29) より

$$\cos\varphi = \frac{R}{Z_Y} = \frac{R}{\sqrt{R^2 + X^2}} \tag{10·37}$$

となる．

また，図 10·6 に示した線間電圧により三相の電力を考えてみる．線間電圧の絶対値を $|\dot{V}_{ab}| = |\dot{V}_{bc}| = |\dot{V}_{ca}| = V$ とすると，式 (10·13) より

$$V = \sqrt{3}\,E \tag{10·38}$$

の関係が得られるから，よって

$$P_3 = \sqrt{3}\,VI_Y \cos\varphi \tag{10·39}$$

からも，三相の電力を求めることができる．

【例題 10·4】　図 10·14 に示す対称三相回路において，$\dot{E}_a = 120 + j0$ 〔V〕であるとき，線電流 $\dot{I}_a, \dot{I}_b, \dot{I}_c$ と三相の電力 P_3 を求めよ．ただし，$\dot{Z} = 8 + j6$ 〔Ω〕，相回転の順を $\dot{E}_a \to \dot{E}_b \to \dot{E}_c$ とする．

（解）　式 (10·33) より

$$\dot{I}_a = \frac{\dot{E}_a}{\dot{Z}} = \frac{120 + j0}{8 + j6} = \frac{120(8 - j6)}{(8 + j6)(8 - j6)} = \frac{120(8 - j6)}{100} = 9.6 - j7.2 \text{ 〔A〕}$$

となり，対称三相電流であるから

$$\dot{I}_b = a^2 \dot{I}_a = \left(-\frac{1}{2} - j\frac{\sqrt{3}}{2}\right)(9.6 - j7.2) = -11.0 - j4.7 \text{ 〔A〕}$$

$$\dot{I}_c = a\dot{I}_a = \left(-\frac{1}{2} + j\frac{\sqrt{3}}{2}\right)(9.6 - j7.2) = 1.4 + j11.9 \text{ 〔A〕}$$

となる．

次に，三相の電力は，式 (10·36), (10·37) より

$$P_3 = 3EI_Y \cos\varphi = 3 \times 120 \times \sqrt{9.6^2 + 7.2^2} \times \frac{8}{\sqrt{8^2 + 6^2}} = 3 \times 120 \times 12 \times 0.8$$

$$= 3\,456 \text{ 〔W〕}$$

が得られる．

2 起電力△結線, 負荷△結線 (△-△形) の場合

図 **10・16** のように△結線された対称三相起電力 $\dot{V}_{ab}, \dot{V}_{bc}, \dot{V}_{ca}$ に, △形平衡負荷 $\dot{Z}_{ab}=\dot{Z}_{bc}=\dot{Z}_{ca}=Z_\triangle$ を接続した場合の△電流 $\dot{I}_{ab}, \dot{I}_{bc}, \dot{I}_{ca}$, 線電流 $\dot{I}_a, \dot{I}_b,$ $\dot{I}_c$, 三相の電力 P_3 を求めてみる.

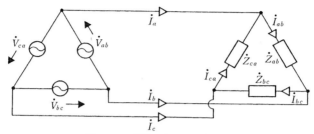

図 **10・16** 対称三相△-△形回路

ここで, インピーダンス $\dot{Z}_\triangle$ は, 式 (10・29) と同様に

$$\dot{Z}_\triangle = R + jX = Z_\triangle \varepsilon^{j\varphi} \tag{10・40}$$

であるものとする.

線間電圧は, $\dot{V}_{ab}$ を基準にすると

$$\left.\begin{array}{l} \dot{V}_{ab} = V \\[4pt] \dot{V}_{bc} = a^2 V \\[4pt] \dot{V}_{ca} = a V \end{array}\right\} \tag{10・41}$$

であり, これらの電圧がそれぞれ負荷インピーダンスに加わっているので, △電流 $\dot{I}_{ab}, \dot{I}_{bc}, \dot{I}_{ca}$ は

$$\left.\begin{array}{l} \dot{I}_{ab} = \dfrac{\dot{V}_{ab}}{\dot{Z}_{ab}} = \dfrac{V}{Z_\triangle \varepsilon^{j\varphi}} = \dfrac{V}{Z_\triangle}\varepsilon^{-j\varphi} = I_\triangle \varepsilon^{-j\varphi} \\[10pt] \dot{I}_{bc} = \dfrac{\dot{V}_{bc}}{\dot{Z}_{bc}} = \dfrac{a^2 V}{Z_\triangle \varepsilon^{j\varphi}} = a^2 \dfrac{V}{Z_\triangle}\varepsilon^{-j\varphi} = a^2 I_\triangle \varepsilon^{-j\varphi} \\[10pt] \dot{I}_{ca} = \dfrac{\dot{V}_{ca}}{\dot{Z}_{ca}} = \dfrac{a V}{Z_\triangle \varepsilon^{j\varphi}} = a \dfrac{V}{Z_\triangle}\varepsilon^{-j\varphi} = a I_\triangle \varepsilon^{-j\varphi} \end{array}\right\} \tag{10・42}$$

となる. ここで

$$I_\triangle = \frac{V}{Z_\triangle} \tag{10・43}$$

であり, $I_\triangle$ は△電流の絶対値を表している.

また，電源と負荷の間に流れる線電流 $\dot{I}_a, \dot{I}_b, \dot{I}_c$ は，式 (10·17), (10·19) より

$$\dot{I}_a = \dot{I}_{ab} - \dot{I}_{ca} = I_\triangle \varepsilon^{-j\varphi} - aI_\triangle \varepsilon^{-j\varphi} = I_\triangle \varepsilon^{-j\varphi}(1-a) = \sqrt{3}\, I_\triangle \varepsilon^{-j(\varphi+\frac{1}{6}\pi)}$$

$$\dot{I}_b = \dot{I}_{bc} - \dot{I}_{ab} = a^2 I_\triangle \varepsilon^{-j\varphi} - I_\triangle \varepsilon^{-j\varphi} = a^2 I_\triangle \varepsilon^{-j\varphi}(1-a) = a^2 \sqrt{3}\, I_\triangle \varepsilon^{-j(\varphi+\frac{1}{6}\pi)}$$

$$\dot{I}_c = \dot{I}_{ca} - \dot{I}_{bc} = aI_\triangle \varepsilon^{-j\varphi} - a^2 I_\triangle \varepsilon^{-j\varphi} = aI_\triangle \varepsilon^{-j\varphi}(1-a) = a\sqrt{3}\, I_\triangle \varepsilon^{-j(\varphi+\frac{1}{6}\pi)}$$

$$(10\cdot44)$$

となり，線間電圧，△電流そして線電流のベ
クトル図は図 10·17 のようになる.

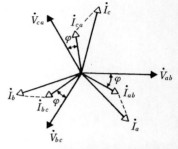

次に，三相の電力（平均電力）について考
えてみる．△−△形対称三相回路において，
線間電圧の絶対値は $|\dot{V}_{ab}| = |\dot{V}_{bc}| = |\dot{V}_{ca}| =$
V，△電流の絶対値は $|\dot{I}_{ab}| = |\dot{I}_{bc}| = |\dot{I}_{ca}| =$
$I_\triangle$ であるから，三相の電力を P_3 とすると，
式 (10·28) により

$$P_3 = 3VI_\triangle \cos\varphi \qquad (10\cdot45)$$

図 10·17　線間電圧，△電流，線電
流のベクトル図

として求められる．ここで，$\cos\varphi$ は式 (10·37)
と同様に，負荷の力率である.

また，線電流により三相の電力を考えてみる．線電流の絶対値を $|\dot{I}_a| = |\dot{I}_b|$
$= |\dot{I}_c| = I_Y$ とすると，式 (10·19) より

$$I_Y = \sqrt{3}\, I_\triangle \qquad\qquad\qquad\qquad\qquad (10\cdot46)$$

の関係が得られるから，よって

$$P_3 = \sqrt{3}\, VI_Y \cos\varphi \qquad\qquad\qquad\qquad (10\cdot47)$$

からも，三相の電力を求めることができる.

なお，式 (10·47) は Y−Y 形の場合に求めた三相の電力の式 (10·39) と全く
同じである．したがって，電源と負荷が Y 形か △ 形かに関係なく用いることの
できることがわかる.

【例題 10·5】　図 10·16 に示す回路において，電源，負荷とも平衡である場
合の線電流 $\dot{I}_a, \dot{I}_b, \dot{I}_c$，△電流 $\dot{I}_{ab}, \dot{I}_{bc}, \dot{I}_{ca}$ ならびに三相の電力 P_3 を求めよ．
ただし，$\dot{V}_{ab} = 200\varepsilon^{j\frac{5}{12}\pi}$〔V〕，$\dot{Z} = 40\varepsilon^{j\frac{1}{4}\pi}$〔Ω〕，相回転の順を $\dot{V}_{ab} \rightarrow \dot{V}_{bc} \rightarrow$
$\dot{V}_{ca}$ とする.

（**解**）　まず，△電流は，式（10·42）より

$$\dot{I}_{ab}=\frac{\dot{V}_{ab}}{\dot{Z}}=\frac{200\varepsilon^{j\frac{5}{12}\pi}}{40\,\varepsilon^{j\frac{1}{4}\pi}}=\frac{200}{40}\,\varepsilon^{j(\frac{5}{12}-\frac{1}{4})\pi}=5\,\varepsilon^{j\frac{1}{6}\pi}\;\text{〔A〕}$$

$$\dot{I}_{bc}=a^2\dot{I}_{ab}=\varepsilon^{-j\frac{2}{3}\pi}\!\cdot\!5\,\varepsilon^{j\frac{1}{6}\pi}=5\,\varepsilon^{j(-\frac{2}{3}+\frac{1}{6})\pi}=5^{-j\frac{1}{2}\pi}\;\text{〔A〕}$$

$$\dot{I}_{ca}=a\dot{I}_{ab}=\varepsilon^{j\frac{2}{3}\pi}\!\cdot\!5\,\varepsilon^{j\frac{1}{6}\pi}=5\,\varepsilon^{j(\frac{2}{3}+\frac{1}{6})\pi}=5\,\varepsilon^{j\frac{5}{6}\pi}\;\text{〔A〕}$$

となる．次に，線電流は，式（10·44）より

$$\dot{I}_a=\dot{I}_{ab}(1-a)=5\varepsilon^{j\frac{1}{6}\pi}\!\cdot\!\sqrt{3}\,\varepsilon^{-j\frac{1}{6}\pi}=5\sqrt{3}\,\varepsilon^{j0}\;\text{〔A〕}$$

$$\dot{I}_b=a^2\dot{I}_a=\varepsilon^{-j\frac{2}{3}\pi}\!\cdot\!5\sqrt{3}\,\varepsilon^{j0}=5\sqrt{3}\,\varepsilon^{-j\frac{2}{3}\pi}\;\text{〔A〕}$$

$$\dot{I}_c=a\dot{I}_a=\varepsilon^{j\frac{2}{3}\pi}\!\cdot\!\sqrt{3}\,\varepsilon^{j0}=5\sqrt{3}\,\,^{j\frac{2}{3}\pi}\;\text{〔A〕}$$

となる．三相の電力は，式（10·45）より

$$P_3=3\,VI_\triangle\cos\varphi=3\times200\times5\times\cos\frac{\pi}{4}=3\,000\times\frac{1}{\sqrt{2}}=2\,121\;\text{〔W〕}$$

または，式（10·47）より

$$P_3=\sqrt{3}\;VI_Y\cos\varphi=\sqrt{3}\times200\times5\sqrt{3}\times\frac{1}{\sqrt{2}}=2\,121\;\text{〔W〕}$$

となる．

❸　起電力Ｙ結線，負荷△結線（Ｙ–△形）の場合

　図**10·18**のように，Ｙ結線された対称三相起電力に△形平衡負荷を接続した場合の△電流と線電流の求め方には，(1)負荷をＹ形に変換する，(2)電源を△形に変換する，の2通りの解法がある．

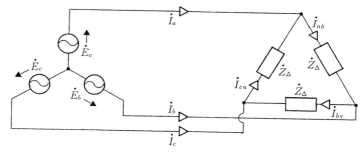

図 **10·18**　対称三相Ｙ–△形回路

（1）　負荷をＹ形に変換

　△形に接続されているインピーダンスを$\dot{Z}_\triangle$とすると，これと等価なＹ形に変

換したインピーダンス $\dot{Z}_Y$ は，式 (10·23) より

$$\dot{Z}_Y = \frac{1}{3}\dot{Z}_\triangle \tag{10·48}$$

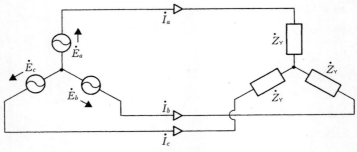

図 10·19　負荷を Y 形に変換した回路

となり，図 10·19 に示す回路に置き換えることができるから，**10·6 ⬛** に述べた方法で線電流を求めることができる．したがって，もとの△形負荷に流れる△電流は，式 (10·17)，(10·19) の関係から

$$\dot{I}_{ab} = \frac{\dot{I}_a}{(1-a)} = \frac{\dot{I}_a}{\left(\frac{3}{2}-j\frac{\sqrt{3}}{2}\right)} = \frac{\dot{I}_a}{\sqrt{3}}\varepsilon^{j\frac{1}{6}\pi}$$

$$\dot{I}_{bc} = \frac{\dot{I}_b}{(1-a)} = \frac{\dot{I}_b}{\left(\frac{3}{2}-j\frac{\sqrt{3}}{2}\right)} = \frac{\dot{I}_b}{\sqrt{3}}\varepsilon^{j\frac{1}{6}\pi} \left.\begin{array}{c}\\[6em]\end{array}\right\} \tag{10·49}$$

$$\dot{I}_{ca} = \frac{\dot{I}_c}{(1-a)} = \frac{\dot{I}_c}{\left(\frac{3}{2}-j\frac{\sqrt{3}}{2}\right)} = \frac{\dot{I}_c}{\sqrt{3}}\varepsilon^{j\frac{1}{6}\pi}$$

により，求められる．

(2)　電源を△形に変換

　Y 結線された対称三相起電力 $\dot{E}_a, \dot{E}_b, \dot{E}_c$ を，これと等価な△結線された対称三相起電力 $\dot{V}_{ab}, \dot{V}_{bc}, \dot{V}_{ca}$ に変換するには，式 (10·15) により

$$\dot{V}_{ab} = \left(\frac{3}{2}+j\frac{\sqrt{3}}{2}\right)\dot{E}_a = \sqrt{3}\,\dot{E}_a\varepsilon^{j\frac{1}{6}\pi}$$

$$\dot{V}_{bc} = \left(\frac{3}{2}+j\frac{\sqrt{3}}{2}\right)\dot{E}_b = \sqrt{3}\,\dot{E}_b\varepsilon^{j\frac{1}{6}\pi} \left.\begin{array}{c}\\[3em]\end{array}\right\} \tag{10·50}$$

$$\dot{V}_{ca} = \left(\frac{3}{2} + j\frac{\sqrt{3}}{2}\right)\dot{E}_c = \sqrt{3}\,\dot{E}_c\,\varepsilon^{j\frac{1}{6}\pi}$$

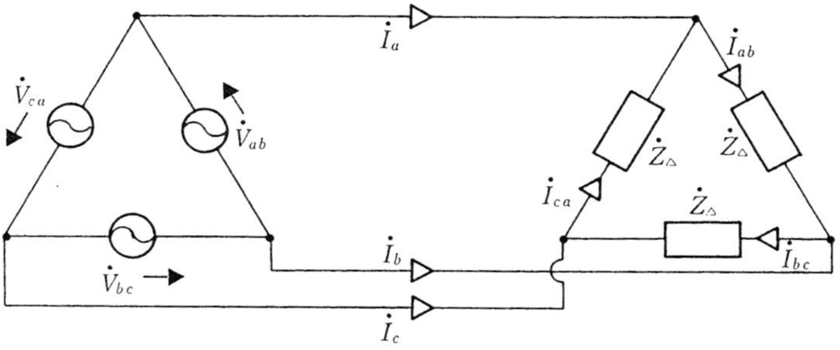

図 10・20　電源を△形に変換した回路

となるから，図 10・20 に示す回路に置き換えることができる．したがって，△電流と線電流は 10・6 **2** に述べた方法で解けばよい．

【**例題 10・6**】　図 10・18 の対称三相Ｙ-△形回路において，電源を△形に変換する方法により，△電流 $\dot{I}_{ab}$, $\dot{I}_{bc}$, $\dot{I}_{ca}$，線電流 $\dot{I}_a$, $\dot{I}_b$, $\dot{I}_c$ ならびに三相の電力 P_3 を求めよ．ただし，$\dot{E}_a = 120 - j\,40\sqrt{3}$〔V〕, $\dot{Z}_\triangle = 6 + j\,8$〔Ω〕, 相順は，$\dot{E}_a \to \dot{E}_b \to \dot{E}_c$ とする．

（**解**）　題意により式（10・50）から，Ｙ電圧を△電圧に変換すると

$$\dot{V}_{ab} = (1 - a^2)\,\dot{E}_a = \left(\frac{3}{2} + j\frac{\sqrt{3}}{2}\right)(120 - j\,40\sqrt{3}) = 240 + j\,0 \ \text{〔V〕}$$

が得られるから，△-△形回路として，△電流を求めると

$$\dot{I}_{ab} = \frac{\dot{V}_{ab}}{\dot{Z}_\triangle} = \frac{240 + j\,0}{6 + j\,8} = \frac{240(6 - j\,8)}{(6 + j\,8)(6 - j\,8)} = \frac{1\,440 - j\,1\,920}{100} = 14.4 - j\,19.2 \ \text{〔A〕}$$

$$\dot{I}_{bc} = a^2\,\dot{I}_{ab} = \left(-\frac{1}{2} - j\frac{\sqrt{3}}{2}\right)(14.4 - j\,19.2) = -23.8 - j\,2.9 \ \text{〔A〕}$$

$$\dot{I}_{ca} = a\,\dot{I}_{ab} = \left(-\frac{1}{2} + j\frac{\sqrt{3}}{2}\right)(14.4 - j\,19.2) = 9.4 + j\,22.1 \ \text{〔A〕}$$

となる．

　線電流は

$$\dot{I}_a = \dot{I}_{ab} - \dot{I}_{ca} = (14.4 - j\,19.2) - (9.4 + j\,22.1) = 5.0 - j\,41.3 \ \text{〔A〕}$$

$$\dot{I}_b = \dot{I}_{bc} - \dot{I}_{ab} = (-23.8 - j\,2.9) - (14.4 - j\,19.2) = -38.2 + j\,16.3 \ \text{〔A〕}$$

$$\dot{I}_c = \dot{I}_{ca} - \dot{I}_{bc} = (9.4 + j\,22.1) - (-23.8 - j\,2.9) = 33.2 + j\,25.0 \; \text{[A]}$$

となり，三相の電力は

$$P_3 = 3\,VI_\triangle \cos\varphi = 3 \times 240 \times \sqrt{14.4^2 + 19.2^2} \times \frac{6}{\sqrt{6^2 + 8^2}} = 720 \times 24 \times 0.6$$

$$= 10\,368 \; \text{[W]}$$

となる．

4 起電力△結線，負荷Y結線（△－Y形）の場合

図 10·21 のように，△結線された対称三相起電力に，Y形平衡負荷を接続した場合の線電流の求め方には，(1)負荷を△形に変換する，(2)電源をY形に変換する，の2通りの解法がある．

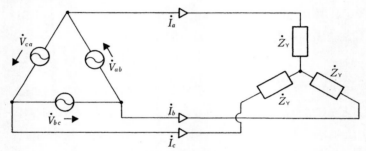

図 10·21 対称三相△－Y形回路

(1) 負荷を△形に変換

Y形に接続されているインピーダンスを $\dot{Z}_Y$ とすると，これと等価な△形に変換したインピーダンス $\dot{Z}_\triangle$ は，式 (10·23) より

$$\dot{Z}_\triangle = 3\dot{Z}_Y \tag{10·51}$$

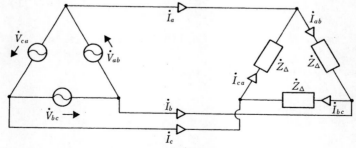

図 10·22 負荷を△形に変換した回路

となり，図 **10・22** に示す回路に置き換えることができるから，線電流は **10・6**
2 に述べた方法で解けばよい．

(2)　電源をY形に変換

△結線された対称三相起電力 $\dot{V}_{ab}, \dot{V}_{bc}, \dot{V}_{ca}$ を，これと等価なY結線された対
称三相起電力 $\dot{E}_a, \dot{E}_b, \dot{E}_c$ に変換するには，式（10・16）により

$$\dot{E}_a = \frac{\dot{V}_{ab}}{\left(\dfrac{3}{2}+j\dfrac{\sqrt{3}}{2}\right)} = \frac{\dot{V}_{ab}}{\sqrt{3}}\varepsilon^{-j\frac{1}{6}\pi}$$

$$\dot{E}_b = \frac{\dot{V}_{bc}}{\left(\dfrac{3}{2}+j\dfrac{\sqrt{3}}{2}\right)} = \frac{\dot{V}_{bc}}{\sqrt{3}}\varepsilon^{-j\frac{1}{6}\pi} \qquad (10\cdot52)$$

$$\dot{E}_c = \frac{\dot{V}_{ca}}{\left(\dfrac{3}{2}+j\dfrac{\sqrt{3}}{2}\right)} = \frac{\dot{V}_{ca}}{\sqrt{3}}\varepsilon^{-j\frac{1}{6}\pi}$$

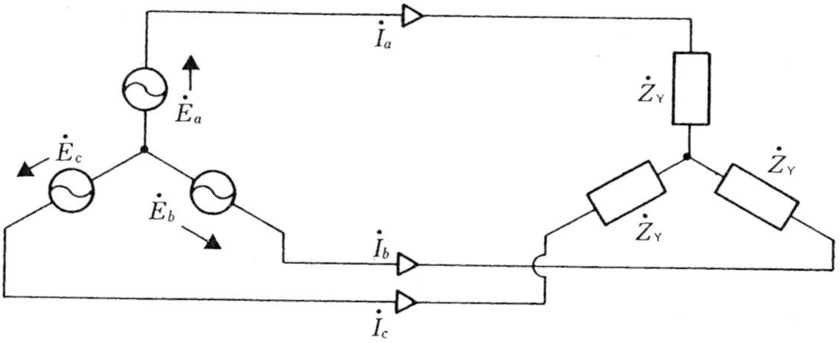

図 **10・23**　電源をY形に変換した回路

であるから，図 **10・23** に示す回路に置き換えることができる．したがって，線
電流は **10・6 1** に述べた方法で解けばよい．

【**例題 10・7**】　図 10・21 のような対称三相△-Y形回路において，電源をY
形に変換する方法により，線電流 $\dot{I}_a, \dot{I}_b, \dot{I}_c$ ならびに三相の電力 P_3 を求め
よ．ただし，$\dot{V}_{ab}=120\sqrt{3}\,\varepsilon^{j\frac{1}{6}\pi}$〔V〕，$\dot{Z}_Y=20\,\varepsilon^{-j\frac{1}{6}\pi}$〔Ω〕，相順は，$\dot{V}_{ab}\to\dot{V}_{bc}$
$\to\dot{V}_{ca}$ とする．

（**解**）　題意により，式（10・52）から，△電圧をY電圧に変換すると

$$\dot{E}_a = \frac{\dot{V}_{ab}}{(1-a^2)} = \frac{\dot{V}_{ab}}{\sqrt{3}}\varepsilon^{-j\frac{1}{6}\pi} = \frac{120\sqrt{3}\,\varepsilon^{j\frac{1}{6}\pi}}{\sqrt{3}}\varepsilon^{-j\frac{1}{6}\pi} = 120\varepsilon^{j0}\ \text{(V)}$$

となるから，Y-Y形回路として，線電流を求めると

$$\dot{I}_a = \frac{\dot{E}_a}{\dot{Z}_Y} = \frac{120\,\varepsilon^{j0}}{20\,\varepsilon^{-j\frac{1}{6}\pi}} = 6\,\varepsilon^{j\frac{1}{6}\pi}\ \text{(A)}$$

$$\dot{I}_b = a^2\dot{I}_a = \varepsilon^{-j\frac{2}{3}\pi}\cdot 6\,\varepsilon^{j\frac{1}{6}\pi} = 6\,\varepsilon^{j(-\frac{2}{3}+\frac{1}{6})\pi} = 6\,\varepsilon^{-j\frac{1}{2}\pi}\ \text{(A)}$$

$$\dot{I}_c = a\dot{I}_a = \varepsilon^{j\frac{2}{3}\pi}\cdot 6\,\varepsilon^{j\frac{1}{6}\pi} = 6\,\varepsilon^{j(\frac{2}{3}+\frac{1}{6})\pi} = 6\,\varepsilon^{j\frac{5}{6}\pi}\ \text{(A)}$$

となる．三相の電力は

$$P_3 = 3\,E\,I_Y\cos\varphi = 3\times120\times6\times\cos\left(-\frac{1}{6}\pi\right) = 2\,160\times\frac{\sqrt{3}}{2} = 1\,871\ \text{(W)}$$

となる．

10·7 非対称三相回路

起電力または負荷の1つでも対称でない三相回路を，非対称三相回路と呼ぶ．この最も一般的な解法は，第11章に述べる対称座標法によるが，ここではキルヒホッフの法則を適用して解ける代表的な非対称三相回路の解法について扱う．

1 起電力Y結線，負荷Y結線（Y-Y形）の場合

図 **10·24** に示す回路において，線電流 $\dot{I}_a$，$\dot{I}_b$，$\dot{I}_c$ および中性線電流 $\dot{I}_n$ を求めることを考える．ここで，電源の非対称Y形起電力を $\dot{E}_a$，$\dot{E}_b$，$\dot{E}_c$，電源の内部インピーダンスを $\dot{Z}_{ga}$，$\dot{Z}_{gb}$，$\dot{Z}_{gc}$，Y形不平衡負荷を $\dot{Z}_a$，$\dot{Z}_b$，$\dot{Z}_c$，線路のインピーダンスを $\dot{Z}_{la}$，$\dot{Z}_{lb}$，$\dot{Z}_{lc}$，中性線インピーダンスを $\dot{Z}_n$ とする．

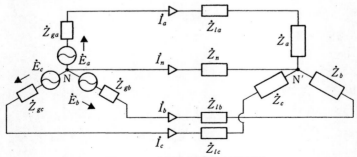

図 **10·24** 非対称三相Y-Y形回路

計算を簡単にするために

$$\dot{Z}_A = \dot{Z}_{ga} + \dot{Z}_{la} + \dot{Z}_a$$
$$\dot{Z}_B = \dot{Z}_{gb} + \dot{Z}_{lb} + \dot{Z}_b$$
$$\dot{Z}_c = \dot{Z}_{gc} + \dot{Z}_{lc} + \dot{Z}_c$$
$$(10・53)$$

とおくと，回路図は図 **10・25** のように置き換えることができる．

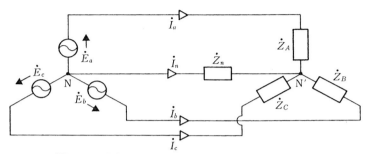

図 **10・25** 非対称三相 Ｙ-Ｙ 形回路（負荷をまとめた場合）

　非対称の場合，一般に負荷の中性点 N′ の電位と電源の中性点 N の電位とは等しくない．いま，N′ 点の電位を N の電位に対して $\dot{E}_n$ とすると

$$\dot{E}_a - \dot{E}_n = \dot{I}_a \dot{Z}_A$$
$$\dot{E}_b - \dot{E}_n = \dot{I}_b \dot{Z}_B$$
$$\dot{E}_c - \dot{E}_n = \dot{I}_c \dot{Z}_C$$
$$- \dot{E}_n = \dot{I}_n \dot{Z}_n$$
$$(10・54)$$

であり，これより各線電流は

$$\dot{I}_a = \frac{\dot{E}_a - \dot{E}_n}{\dot{Z}_A} = (\dot{E}_a - \dot{E}_n)\dot{Y}_A$$

$$\dot{I}_b = \frac{\dot{E}_b - \dot{E}_n}{\dot{Z}_B} = (\dot{E}_b - \dot{E}_n)\dot{Y}_B$$

$$\dot{I}_c = \frac{\dot{E}_c - \dot{E}_n}{\dot{Z}_C} = (\dot{E}_c - \dot{E}_n)\dot{Y}_C$$

$$\dot{I}_n = \frac{-\dot{E}_n}{\dot{Z}_n} = -\dot{E}_n \dot{Y}_n$$

$$(10・55)$$

ただし，$\dot{Y}_A = \dfrac{1}{\dot{Z}_A}$, $\dot{Y}_B = \dfrac{1}{\dot{Z}_B}$, $\dot{Y}_C = \dfrac{1}{\dot{Z}_C}$, $\dot{Y}_n = \dfrac{1}{\dot{Z}_n}$

と求まる．しかしながら，まだ N′ 点の電位 $\dot{E}_n$ が定まっていない．そこで，N′

点にキルヒホッフの第1法則を適用すると

$$\dot{I}_a + \dot{I}_b + \dot{I}_c + \dot{I}_n = (\dot{E}_a - \dot{E}_n)\,\dot{Y}_A + (\dot{E}_b - \dot{E}_n)\,\dot{Y}_B + (\dot{E}_c - \dot{E}_n)\,\dot{Y}_c - \dot{E}_n\,\dot{Y}_n$$
$$= 0 \tag{10·56}$$

となるから

$$\dot{E}_n(\dot{Y}_A + \dot{Y}_B + \dot{Y}_C + \dot{Y}_n) = \dot{E}_a\,\dot{Y}_A + \dot{E}_b\,\dot{Y}_B + \dot{E}_c\,\dot{Y}_C \tag{10·57}$$

となり

$$\dot{E}_n = \frac{\dot{E}_a\,\dot{Y}_A + \dot{E}_b\,\dot{Y}_B + \dot{E}_c\,\dot{Y}_C}{\dot{Y}_A + \dot{Y}_B + \dot{Y}_C + \dot{Y}_n} \tag{10·58}$$

が得られる.

もし，中性線のない回路ならば $\dot{Z}_n = \infty$ と考えることができるから，$\dot{Y}_n = 0$ となり

$$\dot{E}_n = \frac{\dot{E}_a\,\dot{Y}_A + \dot{E}_b\,\dot{Y}_B + \dot{E}_c\,\dot{Y}_C}{\dot{Y}_A + \dot{Y}_B + \dot{Y}_C} \tag{10·59}$$

となる.

したがって，各線電流は，式 (10·58) または式 (10·59) で定めた $\dot{E}_n$ の値を式 (10·55) に代入すれば，求めることができる.

【例題 10·8】 図 10·25 において，電源の中性点 N に対する負荷の中性点 N′ の電位 $\dot{E}_n$，線電流 $\dot{I}_a, \dot{I}_b, \dot{I}_c$，中性線電流 $\dot{I}_n$ を求めよ. ただし，$\dot{E}_a = 120 + j0$ 〔V〕，$\dot{E}_b = -18 - j76$ 〔V〕，$\dot{E}_c = -j100$ 〔V〕，$\dot{Y}_A = j0.5$ 〔S〕，$\dot{Y}_B = 0.6 + j0.8$ 〔S〕，$\dot{Y}_C = 0.4 + j0.3$ 〔S〕，$\dot{Y}_n = 0.2$ 〔S〕 とする.

（解） まず，式 (10·58) により，$\dot{E}_n$ を求める. 分子については

$$\dot{E}_a\,\dot{Y}_A = 120 \times j0.5 = j60$$
$$\dot{E}_b\,\dot{Y}_B = (-18 - j76)(0.6 + j0.8) = 50 - j60$$
$$\dot{E}_c\,\dot{Y}_C = -j100(0.4 + j0.3) = 30 - j40$$

であるから

$$\dot{E}_a\,\dot{Y}_A + \dot{E}_b\,\dot{Y}_B + \dot{E}_c\,\dot{Y}_C = 80 - j40$$

となり，分母については

$$\dot{Y}_A + \dot{Y}_B + \dot{Y}_C + \dot{Y}_n = 1.2 + j1.6$$

となる. したがって

$$\dot{E}_n = \frac{\dot{E}_a \dot{Y}_A + \dot{E}_b \dot{Y}_B + \dot{E}_c \dot{Y}_C}{\dot{Y}_A + \dot{Y}_B + \dot{Y}_C + \dot{Y}_n} = \frac{80 - j\,40}{1.2 + j\,1.6} = 8 - j\,44 \ \text{〔V〕}$$

が得られる．次に，式（10·55）により，線電流と中性線電流を求めると

$$\dot{I}_a = (\dot{E}_a - \dot{E}_n)\,\dot{Y}_A = (112 + j\,44) \times j\,0.5 = -22 + j\,56 \ \text{〔A〕}$$

$$\dot{I}_b = (\dot{E}_b - \dot{E}_n)\,\dot{Y}_B = (-26 - j\,32)(0.6 + j\,0.8) = 10 - j\,40 \ \text{〔A〕}$$

$$\dot{I}_c = (\dot{E}_c - \dot{E}_n)\,\dot{Y}_C = (-8 - j\,56)(0.4 + j\,0.3) = 13.6 - j\,24.8 \ \text{〔A〕}$$

$$\dot{I}_n = -\dot{E}_n \dot{Y}_n = -(8 - j\,44) \times 0.2 = -1.6 + j\,8.8 \ \text{〔A〕}$$

となる．

❷　起電力△結線，負荷△結線（△-△形）の場合

　図 **10·26** に示す回路において，電源の非対称△形起電力を $\dot{V}_{ab},\ \dot{V}_{bc},\ \dot{V}_{ca}$，電源の内部インピーダンスを $\dot{Z}_{ga},\ \dot{Z}_{gb},\ \dot{Z}_{gc}$，△形不平衡負荷を $\dot{Z}_{ab},\ \dot{Z}_{bc},\ \dot{Z}_{ca}$，線路のインピーダンスを $\dot{Z}_{la},\ \dot{Z}_{lb},\ \dot{Z}_{lc}$ とする．そして，3 つの閉回路 a-a′-b′-b-a，b-b′-c′-c-b，c-c′-a′-a-c にそれぞれ閉路電流 $\dot{I}_{ab},\ \dot{I}_{bc},\ \dot{I}_{ca}$ を考えて，キルヒホッフの第 2 法則を適用すると

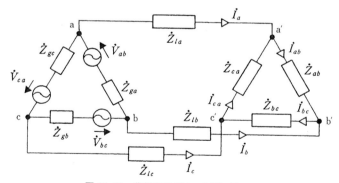

図 **10·26**　非対称三相△-△形回路

$$\left.\begin{array}{l}
\dot{Z}_A \dot{I}_{ab} - \dot{Z}_{lb} \dot{I}_{bc} - \dot{Z}_{la} \dot{I}_{ca} = \dot{V}_{ab} \\[4pt]
-\dot{Z}_{lb} \dot{I}_{ab} + \dot{Z}_B \dot{I}_{bc} - \dot{Z}_{lc} \dot{I}_{ca} = \dot{V}_{bc} \\[4pt]
-\dot{Z}_{la} \dot{I}_{ab} - \dot{Z}_{lc} \dot{I}_{bc} + \dot{Z}_C \dot{I}_{ca} = \dot{V}_{ca}
\end{array}\right\} \qquad (10 \cdot 60)$$

ただし

$$\dot{Z}_A = \dot{Z}_{ga} + \dot{Z}_{la} + \dot{Z}_{ab} + \dot{Z}_{lb}$$

$$\dot{Z}_B = \dot{Z}_{gb} + \dot{Z}_{lb} + \dot{Z}_{bc} + \dot{Z}_{lc}$$

$$\dot{Z}_C = \dot{Z}_{gc} + \dot{Z}_{lc} + \dot{Z}_{ca} + \dot{Z}_{la}$$

が得られる．これを解くと，各閉路電流 $\dot{I}_{ab}, \dot{I}_{bc}, \dot{I}_{ca}$ が求まるから，線電流 $\dot{I}_a$, $\dot{I}_b, \dot{I}_c$ は

$$\left.\begin{array}{l} \dot{I}_a = \dot{I}_{ab} - \dot{I}_{ca} \\[4pt] \dot{I}_b = \dot{I}_{bc} - \dot{I}_{ab} \\[4pt] \dot{I}_c = \dot{I}_{ca} - \dot{I}_{bc} \end{array}\right\} \tag{10·61}$$

より求めることができる．

もし，電源の内部インピーダンス $\dot{Z}_{ga}, \dot{Z}_{gb}, \dot{Z}_{gc}$ と線路のインピーダンス $\dot{Z}_{la}$, $\dot{Z}_{lb}, \dot{Z}_{lc}$ を無視することができれば，各閉路電流 $\dot{I}_{ab}, \dot{I}_{bc}, \dot{I}_{ca}$ は

$$\left.\begin{array}{l} \dot{I}_{ab} = \dfrac{\dot{V}_{ab}}{\dot{Z}_{ab}} \\[10pt] \dot{I}_{bc} = \dfrac{\dot{V}_{bc}}{\dot{Z}_{bc}} \\[10pt] \dot{I}_{ca} = \dfrac{\dot{V}_{ca}}{\dot{Z}_{ca}} \end{array}\right\} \tag{10·62}$$

のように，簡単に求めることができる．

【例題 10・9】 図 10・27 に示す回路において，$\dot{V}_{ab} = 200 + j0$ 〔V〕 の対称三相電源が△形負荷に接続されている場合の△電流 $\dot{I}_{ab}, \dot{I}_{bc}, \dot{I}_{ca}$，線電流 $\dot{I}_a$, $\dot{I}_b, \dot{I}_c$ を求めよ．ただし，$\dot{Z}_{ab} = 3 - j4$ 〔Ω〕，$\dot{Z}_{bc} = 5 + j0$ 〔Ω〕，$\dot{Z}_{ca} = 4 + j3$ 〔Ω〕，相回転の順を $\dot{V}_{ab} \rightarrow \dot{V}_{bc} \rightarrow \dot{V}_{ca}$ とする．

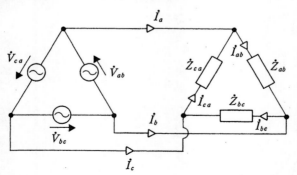

図 10·27

（解） △電流は，閉路電流と等しいから，式 (10·62) より

$$\dot{I}_{ab}=\frac{\dot{V}_{ab}}{\dot{Z}_{ab}}=\frac{200+j\,0}{3-j\,4}=24.0+j\,32.0\;\text{〔A〕}$$

$$\dot{I}_{bc}=\frac{\dot{V}_{bc}}{\dot{Z}_{bc}}=\frac{a^2\dot{V}_{ab}}{\dot{Z}_{bc}}=\frac{\left(-\dfrac{1}{2}-j\dfrac{\sqrt{3}}{2}\right)\times200}{5+j\,0}=-20.0-j\,34.6\;\text{〔A〕}$$

$$\dot{I}_{ca}=\frac{\dot{V}_{ca}}{\dot{Z}_{ca}}=\frac{a\dot{V}_{ab}}{\dot{Z}_{ca}}=\frac{\left(-\dfrac{1}{2}+j\dfrac{\sqrt{3}}{2}\right)\times200}{4+j\,3}=4.8+j\,39.7\;\text{〔A〕}$$

となる．線電流は，式（10・61）より

$$\dot{I}_a=\dot{I}_{ab}-\dot{I}_{ca}=19.2-j\,7.7\;\text{〔A〕}$$

$$\dot{I}_b=\dot{I}_{bc}-\dot{I}_{ab}=-44.0-j\,66.6\;\text{〔A〕}$$

$$\dot{I}_c=\dot{I}_{ca}-\dot{I}_{bc}=24.8+j\,74.3\;\text{〔A〕}$$

となる．

10·8　三相回路の電力測定

■1　ブロンデルの定理

　一般の多相交流回路において，各相負荷の端子と中性点との間のY電圧を$\dot{E}_1$，$\dot{E}_2,\dot{E}_3,\cdots\cdots,\dot{E}_n$，各相の線電流を$\dot{I}_1,\dot{I}_2,\dot{I}_3,\cdots\cdots,\dot{I}_n$，各相における電圧と電流の位相差を$\varphi_1,\varphi_2,\varphi_3,\cdots\cdots,\varphi_n$とすれば，多相交流回路の複素電力$\dot{P}$は

$$\dot{P}=P_a+jP_r=\overline{E}_1\dot{I}_1+\overline{E}_2\dot{I}_2+\overline{E}_3\dot{I}_3+\cdots\cdots+\overline{E}_n\dot{I}_n \tag{10·63}$$

で表される．ここで，P_aは平均（有効）電力，P_rは無効電力で

$$\left.\begin{array}{l}P_a=E_1I_1\cos\varphi_1+E_2I_2\cos\varphi_2+E_3I_3\cos\varphi_3+\cdots\cdots+E_nI_n\cos\varphi_n\\[4pt]P_r=E_1I_1\sin\varphi_1+E_2I_2\sin\varphi_2+E_3I_3\sin\varphi_3+\cdots\cdots+E_nI_n\sin\varphi_n\end{array}\right\} \tag{10·64}$$

である．もし，中性線がないとすれば

$$\dot{I}_1+\dot{I}_2+\dot{I}_3+\cdots\cdots+\dot{I}_n=0 \tag{10·65}$$

であり，よって

$$\dot{I}_n=-(\dot{I}_1+\dot{I}_2+\dot{I}_3+\cdots\cdots+\dot{I}_{n-1}) \tag{10·66}$$

となるから，式（10・63）に代入して

$$\dot{P}=\overline{E}_1\dot{I}_1+\overline{E}_2\dot{I}_2+\cdots\cdots+\overline{E}_{n-1}\dot{I}_{n-1}-\overline{E}_n(\dot{I}_1+\dot{I}_2+\cdots\cdots+\dot{I}_{n-1})$$

$$=(\overline{E}_1-\overline{E}_n)\dot{I}_1+(\overline{E}_2-\overline{E}_n)\dot{I}_2+\cdots\cdots+(\overline{E}_{n-1}-\overline{E}_n)\dot{I}_{n-1} \tag{10·67}$$

となる.

すなわち，各端子から流れ込む電流と，その端子と他の任意の端子との間の電圧とによる電力の和が，この負荷の電力となり，n 本の線路で送られた電力は $(n-1)$ 台の電力計で測定が可能であり，これをブロンデルの定理[1]と呼ぶ.したがって，三相三線式の回路の場合には，2 台の電力計で回路全体の電力が測定できることになる.

ブロンデルの定理は，電源，負荷の Y，$\triangle$ 結線に無関係に，負荷の平衡，不平衡にかかわらず成立する.

2　二電力計法

図 10・28 に示すような，Y 形起電力 $\dot{E}_1, \dot{E}_2, \dot{E}_3$，線電流 $\dot{I}_1, \dot{I}_2, \dot{I}_3$ をもつ三相三線式の回路において，負荷へ供給する三相の電力（平均電力）P_a を 2 台の電力計 W_1，W_2 により測定する方法を考えてみる. ただし，ここでは説明をわかりやすくするために，対称三相回路の場合について扱うことにする.

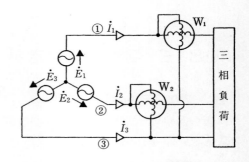

図 10・28　二電力計法による電力測定

電力計 W_1 の読み P_{a1} は，線電流 $\dot{I}_1$ と，線路①と基準線路③との線間電圧 $\dot{V}_{13} = \dot{E}_1 - \dot{E}_3$ による電力であり，電力計 W_2 の読み P_{a2} は，線電流 $\dot{I}_2$ と，線路②と基準線路③との線間電圧 $\dot{V}_{23} = \dot{E}_2 - \dot{E}_3$ による電力であるから

$$\left.\begin{array}{l} P_{a1} = |\dot{V}_{13}||\dot{I}_1|\cos(\varphi - 30°) = V_\triangle I_Y \cos(\varphi - 30°) \\ P_{a2} = |\dot{V}_{23}||\dot{I}_2|\cos(\varphi + 30°) = V_\triangle I_Y \cos(\varphi + 30°) \end{array}\right\} \quad (10 \cdot 68)$$

ただし，φ は負荷の力率角

$\qquad$ $(\varphi - 30°)$ は $\dot{V}_{13}$ と $\dot{I}_1$ との位相角

$\qquad$ $(\varphi + 30°)$ は $\dot{V}_{23}$ と $\dot{I}_2$ との位相角

$\qquad$ $|\dot{V}_{13}| = |\dot{V}_{23}| = V_\triangle$

〔1〕ブロンデルの定理　Blondel's theorem

$$|\dot{I}_1| = |\dot{I}_2| = I_Y$$

として求まる．図 **10·29** は，これらの電圧，
電流の関係をベクトル図に表したものであ
る．

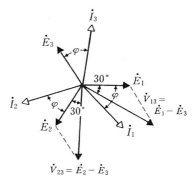

図 **10·29**　二電力計法における
電圧と電流の関係

　式 (10·68) における，P_{a1}, P_{a2} の値は，
負荷の力率角 φ によっては，負となること
がある．すなわち，$\varphi \leqq -60°$ では $P_{a1} \leqq$
0，$+60° \leqq \varphi$ では $P_{a2} \leqq 0$ となる．しかし
ながら，計器の振れは常に正であるから，
電力計の読みから三相の電力 P_a を求める
場合には，φ の値によって，下式のように和または差をとらなければならない
ことになる．

$$\left.\begin{array}{l} -90° \leqq \varphi < -60° : P_a = P_{a2} - P_{a1} \\ -60° \leqq \varphi \leqq +60° : P_a = P_{a1} + P_{a2} \\ +60° < \varphi \leqq +90° : P_a = P_{a1} - P_{a2} \end{array}\right\} \qquad (10·69)$$

なお，式で解く場合には，式 (10·68) より

$$\begin{aligned} P_a &= P_{a1} + P_{a2} \\ &= V_\Delta I_Y \{\cos(\varphi - 30°) + \cos(\varphi + 30°)\} \\ &= V_\Delta I_Y \{(\cos\varphi \cdot \cos 30° + \sin\varphi \cdot \sin 30°) \\ &\qquad + (\cos\varphi \cdot \cos 30° - \sin\varphi \cdot \sin 30°)\} \\ &= 2 V_\Delta I_Y \cos\varphi \cdot \cos 30° \\ &= \sqrt{3}\, V_\Delta I_Y \cos\varphi \qquad\qquad\qquad (10·70) \end{aligned}$$

となるから，P_a は φ の値に関係なく P_{a1} と P_{a2} の和をとればよい．

【**例題 10·10**】　図 **10·30** に示すように，2 台の電力計 W_1, W_2 を接続した

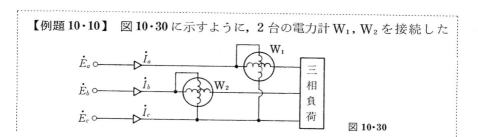

図 **10·30**

ところ，これらの指示値 P_1, P_2 は，$P_1 > 0$, $P_2 > 0$, $P_1 = 2P_2$ となった
という．次の問いに答えよ．ただし，電源は相順が $\dot{E}_a \to \dot{E}_b \to \dot{E}_c$ の対称三
相交流とし，負荷は遅れ力率の平衡負荷とする．

① 線間電圧，線電流の絶対値をそれぞれ V, I として，電力計の指示値
P_1, P_2 を式にて示せ．

② 負荷の力率 $\cos\varphi$ を求めよ．

（解） ① $|\dot{E}_a - \dot{E}_c| = |\dot{E}_b - \dot{E}_c| = V$, $|\dot{I}_a| = |\dot{I}_b| = I$

であり各線間電圧と各線電流の位相差は図 **10・31** より，それぞれ $(\varphi - \pi/6)$, $(\varphi + \pi/6)$ であるから，各電力計の指示値は次のように求められる．

$$P_1 = |\dot{E}_a - \dot{E}_c||\dot{I}_a| \cos\left(\varphi - \frac{\pi}{6}\right) = VI\cos\left(\varphi - \frac{\pi}{6}\right)$$

$$P_2 = |\dot{E}_b - \dot{E}_c||\dot{I}_b| \cos\left(\varphi + \frac{\pi}{6}\right) = VI\cos\left(\varphi + \frac{\pi}{6}\right)$$

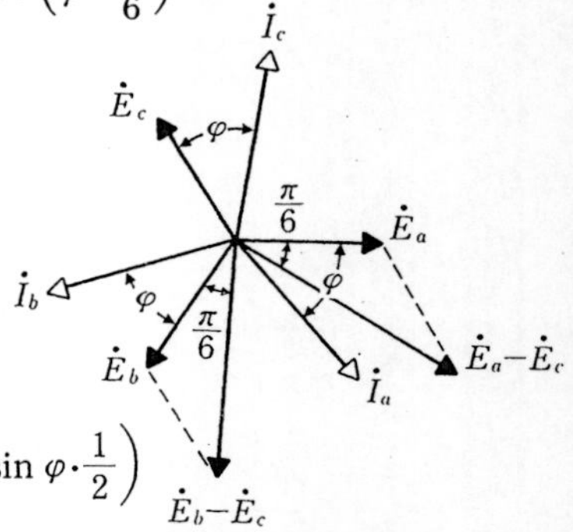

② 題意により，$P_1 = 2P_2$ とすると

$$VI\cos\left(\varphi - \frac{\pi}{6}\right) = 2VI\cos\left(\varphi + \frac{\pi}{6}\right)$$

である．したがって

$$\cos\left(\varphi - \frac{\pi}{6}\right) = 2\cos\left(\varphi + \frac{\pi}{6}\right)$$

$$\cos\varphi \cdot \frac{\sqrt{3}}{2} + \sin\varphi \cdot \frac{1}{2} = 2\left(\cos\varphi \cdot \frac{\sqrt{3}}{2} - \sin\varphi \cdot \frac{1}{2}\right)$$

$$\frac{\sqrt{3}}{2}\cos\varphi = \frac{3}{2}\sin\varphi \qquad \frac{\sin\varphi}{\cos\varphi} = \tan\varphi = \frac{1}{\sqrt{3}}$$

図 **10・31**

となり，よって

$$\varphi = \frac{\pi}{6} \text{ (rad)}$$

が得られる．この値は，$P_1 > 0$, $P_2 > 0$ を満足しているから，求める力率は

$$\cos\varphi = \cos\frac{\pi}{6} = \frac{\sqrt{3}}{2} = 0.866$$

となる．

10章　演習問題

1　対称三相交流において，c相の電圧が $\dot{E}_c = 100\varepsilon^{-j\frac{2}{3}\pi}$ 〔V〕であるとき，a, b, c 各相の電圧を $a+jb$ の表示で求め，ベクトル図を描け．さらに，各電圧を瞬時式にても示せ．ただし，相順は $\dot{E}_a \to \dot{E}_b \to \dot{E}_c$ であるものとする．

2　図 10·6 の回路において $\dot{E}_b = 150 + j\,0$ 〔V〕であるとき，$\dot{E}_a, \dot{E}_c, \dot{V}_{ab}, \dot{V}_{bc}, \dot{V}_{ca}$ を $a+jb$ 表示ならびに指数関数表示で求め，各々の関係をベクトル図に描け．ただし，相順が $\dot{E}_a \to \dot{E}_b \to \dot{E}_c$ の対称三相電圧とする．

3　図に示すような内部インピーダンス $\dot{Z}_0$ をもつ対称△形起電力と等価な Y 形起電力を求めよ．

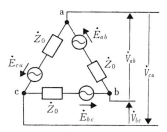

4　図 10·11 の回路（$\dot{Z}_{ab} = \dot{Z}_{bc} = \dot{Z}_{ca}$ とする）において，$\dot{I}_{ab} = 5\sqrt{3}\,\varepsilon^{j\frac{2}{3}\pi}$ 〔A〕のとき，$\dot{I}_a, \dot{I}_b, \dot{I}_c$ を指数関数表示で求め，各々の関係をベクトル図に描け．ただし，$\dot{I}_{ab}, \dot{I}_{bc}, \dot{I}_{ca}$ は対称三相電流で，相順は $\dot{I}_{ab} \to \dot{I}_{bc} \to \dot{I}_{ca}$ とする．

5　図 10·18 に示すような Y-△形対称三相回路において，$\dot{E}_a = 100 + j\,0$ 〔V〕，$\dot{Z}_\triangle = 20\varepsilon^{-j\frac{1}{6}\pi}$ 〔Ω〕であるとき，線電流 $\dot{I}_a, \dot{I}_b, \dot{I}_c$，相電流 $\dot{I}_{ab}, \dot{I}_{bc}, \dot{I}_{ca}$ を指数関数表示で求め，三相の消費電力 P_3 を計算せよ．また，各電圧，電流の関係をベクトル図に描け．ただし，相順は $\dot{E}_a \to \dot{E}_b \to \dot{E}_c$ とする．

6　図 10·21 の △-Y 形対称三相回路において，線電流 $\dot{I}_a, \dot{I}_b, \dot{I}_c$ を $a+jb$ の表示で求め，三相の消費電力 P_3 を計算せよ．また，電源電圧，線電流の関係をベクトル図に描け．ただし，$\dot{V}_{ab} = 3\,000 + j\,0$ 〔V〕，$\dot{Z}_Y = 30 + j\,40$ 〔Ω〕，相順を $\dot{V}_{ab} \to \dot{V}_{bc} \to \dot{V}_{ca}$ とする．

7　図の回路において，線電流 $\dot{I}_a$ ならびに三相の電力 P_3 を計算せよ．ただし，$\dot{V}_{ab} = 180 + j\,60\sqrt{3}$ 〔V〕で，相順が $\dot{V}_{ab} \to \dot{V}_{bc} \to \dot{V}_{ca}$ の対称三相電圧とし，$\dot{Z}_1 = 3 - j\,4$ 〔Ω〕，

$\dot{Z}_2 = 9 - j12$ 〔Ω〕とする.

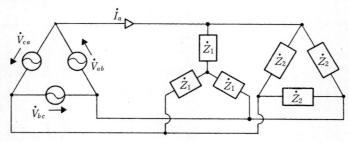

8　図に示すように，R〔Ω〕の抵抗からなる△
形平衡負荷を抵抗 r〔Ω〕を通して線間電圧 E
〔V〕の対称三相電源に接続したときの線電流
ならびに抵抗 R に流れる電流を求めよ（いず
れも絶対値で）.

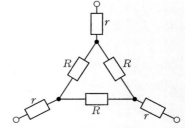

9　6 600〔V〕，1 000〔kVA〕の三相交流発電機は，何アンペアの電流を流すことがで
きるか. また，85〔%〕の力率では何〔kW〕の有効電力が得られるか.

10　図のように△形結線の負荷に対称三相電源が
接続されているとき，c 線が断線した場合，a
線に流れる電流は断線前の電流の何倍となるか.

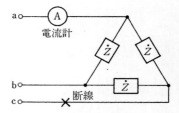

11　図に示す非対称三相回路において，電流 $\dot{I}_a, \dot{I}_b, \dot{I}_c, \dot{I}_n$ を $a + jb$ の表示で求めよ.
ただし，電源は $\dot{E}_a = 100 + j0$〔V〕の対称三相電圧とし，相順は $\dot{E}_a \rightarrow \dot{E}_b \rightarrow \dot{E}_c$ とす
る.

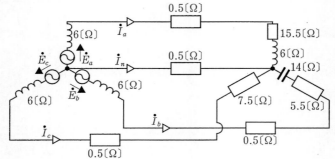

12 図に示すように，△結線の不平衡負荷に，△結線の平衡三相交流発電機から送電
　　線を経て電力を供給する場合，各部の電流を求めよ．ただし，発電機各相の起電力
　　は $\dot{E}_{ab}=100+j\,0\,[\mathrm{V}]$，$\dot{E}_{bc}=a^2\dot{E}_{ab}$，$\dot{E}_{ca}=a\dot{E}_{ab}$ とする．

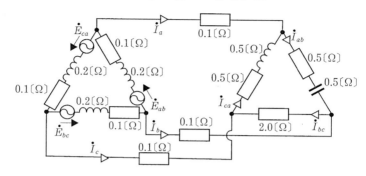

13 図の平衡三相回路において，電力計の指示値は何を示しているか説明せよ．

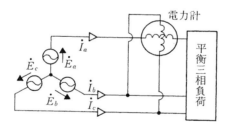

第11章 対称座標法

対称三相交流回路の電圧や電流を取り扱う場合は，単相交流回路の計算に帰着させることができるが，非対称三相交流回路の場合は計算が複雑になる．

ここでは，非対称の電圧や電流を対称な電圧や電流にそれぞれ分解して，非対称三相交流回路の計算を進める対称座標法[1]について述べる．

11・1 非対称三相電圧および電流の対称分

図 11・1 に示すように，任意の非対称 Y 電圧をそれぞれ $\dot{E}_a, \dot{E}_b, \dot{E}_c$ とする．この非対称 Y 電圧は，図 11・2 に示すように相回転の方向が正（時計方向）の対称 Y 電圧，$\dot{E}_{a1}, \dot{E}_{b1}, \dot{E}_{c1}$ と，相回転の方向が負（反時計方向）の対称 Y 電圧，$\dot{E}_{a2}, \dot{E}_{b2}, \dot{E}_{c2}$，および同相で大きさの等しい Y 電圧 $\dot{E}_{a0}, \dot{E}_{b0}, \dot{E}_{c0}$ の三つの対称電圧の和として成り立っていると考えることができ，式（11・1）で表せる．

これらの関係をベクトル図で示すと図 11・3 のとおりである．

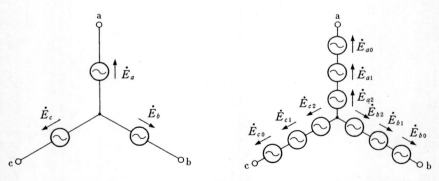

図 11・1 非対称 Y 形電圧　　図 11・2 対称座標法による非対称 Y 形電圧の考え方

〔1〕対称座標法　method of symmetrical coordinates

a 相 $\dot{E}_a = \dot{E}_{a0} + \dot{E}_{a1} + \dot{E}_{a2}$
b 相 $\dot{E}_b = \dot{E}_{b0} + \dot{E}_{b1} + \dot{E}_{b2}$ (11・1)
c 相 $\dot{E}_c = \dot{E}_{c0} + \dot{E}_{c1} + \dot{E}_{c2}$

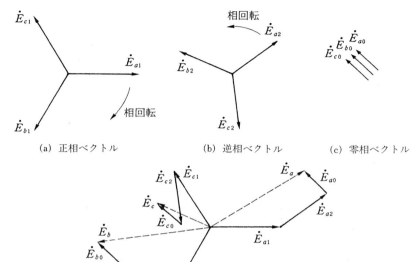

(a) 正相ベクトル　　　　(b) 逆相ベクトル　　　(c) 零相ベクトル

(d) ベクトルの合成

図 11・3　非対称三相電圧と各対称分のベクトル図

ここで, $\dot{E}_{a0}$, $\dot{E}_{b0}$, $\dot{E}_{c0}$ を零相分[1], $\dot{E}_{a1}$, $\dot{E}_{b1}$, $\dot{E}_{c1}$ を正相分[2], $\dot{E}_{a2}$, $\dot{E}_{b2}$, $\dot{E}_{c2}$ を逆相分[3]とそれぞれ呼び, これらを総称して対称分[4]という*.正相分は, a 相を基準にとり, **10・2**節で示した a および a^2 を用いて表すと

$$\begin{aligned}\dot{E}_{a1} &= \dot{E}_{a1} \\ \dot{E}_{b1} &= a^2\,\dot{E}_{a1} \\ \dot{E}_{c1} &= a\,\dot{E}_{a1}\end{aligned} \qquad (11\cdot2)$$

となり, 逆相分は, 相回転の順序が正相分と反対であるため a 相を基準にして表すと

〔1〕零相分　component of zero-phase sequence
〔2〕正相分　component of positive-phase sequence
〔3〕逆相分　component of negative-phase sequence
〔4〕対称分　symmetrical component
* 非対称三相回路の正相, 逆相, 零相の電圧, 電流は測定することができる.

$$
\left.\begin{array}{l}
\dot{E}_{a2} = \quad \dot{E}_{a2} \\
\dot{E}_{b2} = a\ \dot{E}_{a2} \\
\dot{E}_{c2} = a^2 \dot{E}_{a2}
\end{array}\right\} \tag{11・3}
$$

となる.

また，零相分は，各相とも同相で大きさが等しいから

$$
\left.\begin{array}{l}
\dot{E}_{a0} = \dot{E}_{a0} \\
\dot{E}_{b0} = \dot{E}_{a0} \\
\dot{E}_{c0} = \dot{E}_{a0}
\end{array}\right\} \tag{11・4}
$$

となる.

したがって，式 (11・1) で示した非対称 Y 電圧に式 (11・2), (11・3), (11・4) を代入すると

$$
\left.\begin{array}{llll}
\text{a 相} & \dot{E}_a = \dot{E}_{a0} + & \dot{E}_{a1} + & \dot{E}_{a2} \\
\text{b 相} & \dot{E}_b = \dot{E}_{a0} + a^2 \dot{E}_{a1} + a\ \dot{E}_{a2} \\
\text{c 相} & \dot{E}_c = \dot{E}_{a0} + a\ \dot{E}_{a1} + a^2 \dot{E}_{a2}
\end{array}\right\} \tag{11・5}
$$

となる.

また式 (11・5) を行列を用いて表すと

$$
\begin{bmatrix} \dot{E}_a \\ \dot{E}_b \\ \dot{E}_c \end{bmatrix}
=
\begin{bmatrix} 1 & 1 & 1 \\ 1 & a^2 & a \\ 1 & a & a^2 \end{bmatrix}
\begin{bmatrix} \dot{E}_{a0} \\ \dot{E}_{a1} \\ \dot{E}_{a2} \end{bmatrix} \tag{11・6}
$$

となる.

非対称 Y 電圧 $\dot{E}_a$, $\dot{E}_b$, $\dot{E}_c$ の対称分 $\dot{E}_{a0}$, $\dot{E}_{a1}$, $\dot{E}_{a2}$ は，式 (11・6) を解くことにより求められる.

$$
\begin{bmatrix} \dot{E}_{a0} \\ \dot{E}_{a1} \\ \dot{E}_{a2} \end{bmatrix}
=
\begin{bmatrix} 1 & 1 & 1 \\ 1 & a^2 & a \\ 1 & a & a^2 \end{bmatrix}^{-1}
\begin{bmatrix} \dot{E}_a \\ \dot{E}_b \\ \dot{E}_c \end{bmatrix}
= \frac{1}{3}
\begin{bmatrix} 1 & 1 & 1 \\ 1 & a & a^2 \\ 1 & a^2 & a \end{bmatrix}
\begin{bmatrix} \dot{E}_a \\ \dot{E}_b \\ \dot{E}_c \end{bmatrix} \tag{11・7}
$$

したがって

$$
\left.\begin{array}{ll}
\text{零相分} & \dot{E}_{a0} = \dfrac{1}{3}\left(\dot{E}_a + \ \dot{E}_b + \ \dot{E}_c\right) \\[3mm]
\text{正相分} & \dot{E}_{a1} = \dfrac{1}{3}\left(\dot{E}_a + a\ \dot{E}_b + a^2 \dot{E}_c\right)
\end{array}\right\} \tag{11・8}
$$

逆相分　$\dot{E}_{a2} = \dfrac{1}{3}(\dot{E}_a + a^2\dot{E}_b + a\ \dot{E}_c)$ 　$\Bigg]$

で示される.

　非対称 Y 電流 $\dot{I}_a, \dot{I}_b, \dot{I}_c$ の対称分 $\dot{I}_{a0}, \dot{I}_{a1}, \dot{I}_{a2}$ に関しても，非対称 Y 電圧の場合と同様にして計算できる. すなわち

$$\begin{array}{ll}
\text{a 相} & \dot{I}_a = \dot{I}_{a0} + \dot{I}_{a1} + \dot{I}_{a2} \\
\text{b 相} & \dot{I}_b = \dot{I}_{a0} + a^2\dot{I}_{a1} + a\ \dot{I}_{a2} \\
\text{c 相} & \dot{I}_c = \dot{I}_{a0} + a\ \dot{I}_{a1} + a^2\dot{I}_{a2}
\end{array} \Bigg\} \tag{11・9}$$

$$\begin{aligned}
\text{零相分}\quad & \dot{I}_{a0} = \frac{1}{3}(\dot{I}_a + \dot{I}_b + \dot{I}_c) \\
\text{正相分}\quad & \dot{I}_{a1} = \frac{1}{3}(\dot{I}_a + a\ \dot{I}_b + a^2\dot{I}_c) \\
\text{逆相分}\quad & \dot{I}_{a2} = \frac{1}{3}(\dot{I}_a + a^2\dot{I}_b + a\ \dot{I}_c)
\end{aligned} \Bigg\} \tag{11・10}$$

で示される.

【例題11・1】　非対称 Y 電圧が $\dot{E}_a = 84 + j\,55$ 〔V〕, $\dot{E}_b = 0 - j\,106$ 〔V〕, $\dot{E}_c = -96 + j\,60$ 〔V〕であるとき，非対称 Y 電圧の対称分 $\dot{E}_{a0}, \dot{E}_{a1}, \dot{E}_{a2}$ を $a + jb$ の表示で求めよ.

（解）　式 (11・8) より零相分 $\dot{E}_{a0}$ は

$$\dot{E}_{a0} = \frac{1}{3}(\dot{E}_a + \dot{E}_b + \dot{E}_c) = \frac{1}{3}\{(84 + j\,55) + (0 - j\,106) + (-96 + j\,60)\}$$

$$= \frac{1}{3}(-12 + j\,9) = -4 + j\,3 \text{ 〔V〕}$$

となり，正相分 $\dot{E}_{a1}$ は

$$\dot{E}_{a1} = \frac{1}{3}(\dot{E}_a + a\,\dot{E}_b + a^2\dot{E}_c)$$

$$= \frac{1}{3}\left\{(84 + j\,55) + \left(-\frac{1}{2} + j\frac{\sqrt{3}}{2}\right)(0 - j\,106) + \left(-\frac{1}{2} - j\frac{\sqrt{3}}{2}\right)(-96 + j\,60)\right\}$$

$$= \frac{1}{3}(275.8 + j\,161.1) = 91.9 + j\,53.7 \text{ 〔V〕}$$

となり，逆相分 $\dot{E}_{a2}$ は

$$\dot{E}_{a2} = \frac{1}{3}(\dot{E}_a + a^2 \dot{E}_b + a \dot{E}_c)$$

$$= \frac{1}{3}\left\{(84+j\,55)+\left(-\frac{1}{2}-j\frac{\sqrt{3}}{2}\right)(0-j106)+\left(-\frac{1}{2}+j\frac{\sqrt{3}}{2}\right)(-96+j\,60)\right\}$$

$$= \frac{1}{3}(-11.8-j\,5.1) = -3.9-j1.7 \ \text{(V)}$$

となる.

【**例題11・2**】　非対称 Y 電流の対称分が $\dot{I}_{a0} = 1.0+j3.2$ 〔A〕, $\dot{I}_{a1} = -3.7$ $+j2.1$〔A〕, $\dot{I}_{a2} = 13.7+j7.9$〔A〕であるとき, もとの非対称 Y 電流 $\dot{I}_a$, $\dot{I}_b$, $\dot{I}_c$ を $a+jb$ の表示で求めよ.

（**解**）　式 (11・9) より a 相の非対称 Y 電流 $\dot{I}_a$ は

$$\dot{I}_a = \dot{I}_{a0} + \dot{I}_{a1} + \dot{I}_{a2}$$

$$= \{(1.0+j\,3.2)+(-3.7+j\,2.1)+(13.7+j\,7.9)\}$$

$$= 11.0+j\,13.2 \ \text{(A)}$$

となり, b 相の非対称 Y 電流 $\dot{I}_b$ は

$$\dot{I}_b = \dot{I}_{a0} + a^2 \dot{I}_{a1} + a \dot{I}_{a2}$$

$$= \left\{(1.0+j\,3.2)+\left(-\frac{1}{2}-j\frac{\sqrt{3}}{2}\right)(-3.7+j\,2.1)\right.$$

$$\left. +\left(-\frac{1}{2}+j\frac{\sqrt{3}}{2}\right)(13.7+j\,7.9)\right\} = -9.02+j\,13.27 \ \text{(A)}$$

となり, c 相の非対称 Y 電流 $\dot{I}_c$ は

$$\dot{I}_c = \dot{I}_{a0} + a \dot{I}_{a1} + a^2 \dot{I}_{a2}$$

$$= \left\{(1.0+j\,3.2)+\left(-\frac{1}{2}+j\frac{\sqrt{3}}{2}\right)(-3.7+j\,2.1)\right.$$

$$\left. +\left(-\frac{1}{2}-j\frac{\sqrt{3}}{2}\right)(13.7+j\,7.9)\right\} = 1.02-j\,16.87 \ \text{(A)}$$

となる.

11・2　非対称三相電圧のY−△変換

　ここでは, 非対称 Y 電圧の対称分を △ 電圧の対称分に直接変換することを示す.

図 **11・4** に示すように，非対称 Y 電圧
を $\dot{E}_a$, $\dot{E}_b$, $\dot{E}_c$, 非対称 △ 電圧を $\dot{V}_{ab}$,
$\dot{V}_{bc}$, $\dot{V}_{ca}$ とすると，Y 電圧と △ 電圧の
関係より

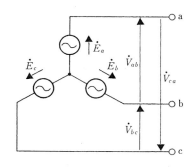

$$\left.\begin{array}{l}\dot{V}_{ab} = \dot{E}_a - \dot{E}_b \\ \dot{V}_{bc} = \dot{E}_b - \dot{E}_c \\ \dot{V}_{ca} = \dot{E}_c - \dot{E}_a\end{array}\right\} \quad (11 \cdot 11)$$

が成り立つ.

図 **11・4**　非対称三相電圧の Y‐△ 変換

式 (11・11) を行列で表すと

$$\begin{bmatrix} \dot{V}_{ab} \\ \dot{V}_{bc} \\ \dot{V}_{ca} \end{bmatrix} = \begin{bmatrix} 1 & -1 & 0 \\ 0 & 1 & -1 \\ -1 & 0 & 1 \end{bmatrix} \begin{bmatrix} \dot{E}_a \\ \dot{E}_b \\ \dot{E}_c \end{bmatrix} \quad (11 \cdot 12)$$

となる.

非対称 △ 電圧 $\dot{V}_{ab}$, $\dot{V}_{bc}$, $\dot{V}_{ca}$ とその対称分 $\dot{V}_{a0}$, $\dot{V}_{a1}$, $\dot{V}_{a2}$ についても，非対
称 Y 電圧の場合と同様に次式が成り立つ.

$$\begin{bmatrix} \dot{V}_{a0} \\ \dot{V}_{a1} \\ \dot{V}_{a2} \end{bmatrix} = \frac{1}{3} \begin{bmatrix} 1 & 1 & 1 \\ 1 & a & a^2 \\ 1 & a^2 & a \end{bmatrix} \begin{bmatrix} \dot{V}_{ab} \\ \dot{V}_{bc} \\ \dot{V}_{ca} \end{bmatrix} \quad (11 \cdot 13)$$

したがって，式 (11・6) と式 (11・12) を式 (11・13) に代入すると

$$\begin{bmatrix} \dot{V}_{a0} \\ \dot{V}_{a1} \\ \dot{V}_{a2} \end{bmatrix} = \frac{1}{3} \begin{bmatrix} 1 & 1 & 1 \\ 1 & a & a^2 \\ 1 & a^2 & a \end{bmatrix} \begin{bmatrix} 1 & -1 & 0 \\ 0 & 1 & -1 \\ -1 & 0 & 1 \end{bmatrix} \begin{bmatrix} \dot{E}_a \\ \dot{E}_b \\ \dot{E}_c \end{bmatrix}$$

$$= \frac{1}{3} \begin{bmatrix} 1 & 1 & 1 \\ 1 & a & a^2 \\ 1 & a^2 & a \end{bmatrix} \begin{bmatrix} 1 & -1 & 0 \\ 0 & 1 & -1 \\ -1 & 0 & 1 \end{bmatrix} \begin{bmatrix} 1 & 1 & 1 \\ 1 & a^2 & a \\ 1 & a & a^2 \end{bmatrix} \begin{bmatrix} \dot{E}_{a0} \\ \dot{E}_{a1} \\ \dot{E}_{a2} \end{bmatrix} \quad (11 \cdot 14)$$

となるから

$$\begin{bmatrix} \dot{V}_{a0} \\ \dot{V}_{a1} \\ \dot{V}_{a2} \end{bmatrix} = \begin{bmatrix} 0 & 0 & 0 \\ 0 & 1-a^2 & 0 \\ 0 & 0 & 1-a \end{bmatrix} \begin{bmatrix} \dot{E}_{a0} \\ \dot{E}_{a1} \\ \dot{E}_{a2} \end{bmatrix} \quad (11 \cdot 15)$$

を得る.

したがって

零相分　$\dot{V}_{a0} = 0$

正相分　$\dot{V}_{a1} = (1-a^2)\dot{E}_{a1} = \left(\dfrac{3}{2}+j\dfrac{\sqrt{3}}{2}\right)\dot{E}_{a1} = \sqrt{3}\,\varepsilon^{j\frac{1}{6}\pi}\dot{E}_{a1}$

逆相分　$\dot{V}_{a2} = (1-a)\dot{E}_{a2} = \left(\dfrac{3}{2}-j\dfrac{\sqrt{3}}{2}\right)\dot{E}_{a2} = \sqrt{3}\,\varepsilon^{-j\frac{1}{6}\pi}\dot{E}_{a2}$

$$(11\cdot16)$$

となる.

　すなわち，Ｙ電圧の対称分に対して，△形電圧の対称分は，次のようになる.

①　零相分は，零

②　正相分は，Ｙ電圧の正相分の $\sqrt{3}$ 倍の大きさで，位相が $\pi/6$〔rad〕だけ進む

③　逆相分は，Ｙ電圧の逆相分の $\sqrt{3}$ 倍の大きさで，位相が $\pi/6$〔rad〕だけ遅れる

これらはＹ電圧の対称分から△電圧の対称分への変換関係を示す.

【例題11・3】 非対称Ｙ電圧の対称分が $\dot{E}_{a0} = 100+j\,0$〔V〕，$\dot{E}_{a1} = 100+j\,100\sqrt{3}$〔V〕，$\dot{E}_{a2} = 0+j\,100$〔V〕であるとき，△電圧の対称分 $\dot{V}_{a0}$，$\dot{V}_{a1}$，$\dot{V}_{a2}$ を $a+jb$ の表示で求めよ.

（解）　式 (11・16) より零相分 $\dot{V}_{a0}$ は

$$\dot{V}_{a0} = 0 \,〔\text{V}〕$$

となり，正相分 $\dot{V}_{a1}$ は

$$\dot{V}_{a1} = (1-a^2)\dot{E}_{a1} = \left(\dfrac{3}{2}+j\dfrac{\sqrt{3}}{2}\right)(100+j\,100\sqrt{3}) = 0+j\,346.4 \,〔\text{V}〕$$

となり，逆相分 $\dot{V}_{a2}$ は

$$\dot{V}_{a2} = (1-a)\dot{E}_{a2} = \left(\dfrac{3}{2}-j\dfrac{\sqrt{3}}{2}\right)(0+j\,100) = 86.6+j\,150 \,〔\text{V}〕$$

となる.

11·3　非対称三相電流の△-Y変換

　ここでは，非対称△電流の対称分をY電流の対称分に直接変換することを示す.

　図11·5において，非対称△電流 $\dot{I}_{ab}, \dot{I}_{bc}, \dot{I}_{ca}$ と非対称Y電流 $\dot{I}_a,$ $\dot{I}_b, \dot{I}_c$ との間には△電流とY電流の関係より，式(11·17)が成り立つ.

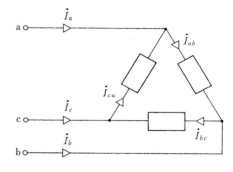

$$\left.\begin{array}{l}\dot{I}_a = \dot{I}_{ab} - \dot{I}_{ca} \\ \dot{I}_b = \dot{I}_{bc} - \dot{I}_{ab} \\ \dot{I}_c = \dot{I}_{ca} - \dot{I}_{bc}\end{array}\right\} \quad (11\cdot17)$$

式(11·17)を行列で表すと

図11·5　非対称三相電流の△-Y変換

$$\begin{bmatrix}\dot{I}_a \\ \dot{I}_b \\ \dot{I}_c\end{bmatrix} = \begin{bmatrix}1 & 0 & -1 \\ -1 & 1 & 0 \\ 0 & -1 & 1\end{bmatrix}\begin{bmatrix}\dot{I}_{ab} \\ \dot{I}_{bc} \\ \dot{I}_{ca}\end{bmatrix} \qquad (11\cdot18)$$

となる.

　そこで，非対称△電流 $\dot{I}_{ab}, \dot{I}_{bc}, \dot{I}_{ca}$ の対称分を $\dot{I}_{a0\triangle}, \dot{I}_{a1\triangle}, \dot{I}_{a2\triangle}$ とし，非対称Y電流 $\dot{I}_a, \dot{I}_b, \dot{I}_c$ の対称分を $\dot{I}_{a0}, \dot{I}_{a1}, \dot{I}_{a2}$ とすれば，式(11·9)と式(11·10)の関係より

$$\begin{bmatrix}\dot{I}_{ab} \\ \dot{I}_{bc} \\ \dot{I}_{ca}\end{bmatrix} = \begin{bmatrix}1 & 1 & 1 \\ 1 & a^2 & a \\ 1 & a & a^2\end{bmatrix}\begin{bmatrix}\dot{I}_{a0\triangle} \\ \dot{I}_{a1\triangle} \\ \dot{I}_{a2\triangle}\end{bmatrix} \qquad (11\cdot19)$$

$$\begin{bmatrix}\dot{I}_{a0} \\ \dot{I}_{a1} \\ \dot{I}_{a2}\end{bmatrix} = \frac{1}{3}\begin{bmatrix}1 & 1 & 1 \\ 1 & a & a^2 \\ 1 & a^2 & a\end{bmatrix}\begin{bmatrix}\dot{I}_a \\ \dot{I}_b \\ \dot{I}_c\end{bmatrix} \qquad (11\cdot20)$$

となる.

　ゆえに，式(11·20)に式(11·18)と式(11·19)を代入して

$$
\begin{bmatrix} \dot{I}_{a0} \\ \dot{I}_{a1} \\ \dot{I}_{a2} \end{bmatrix} = \frac{1}{3} \begin{bmatrix} 1 & 1 & 1 \\ 1 & a & a^2 \\ 1 & a^2 & a \end{bmatrix} \begin{bmatrix} 1 & 0 & -1 \\ -1 & 1 & 0 \\ 0 & -1 & 1 \end{bmatrix} \begin{bmatrix} 1 & 1 & 1 \\ 1 & a^2 & a \\ 1 & a & a^2 \end{bmatrix} \begin{bmatrix} \dot{I}_{a0\triangle} \\ \dot{I}_{a1\triangle} \\ \dot{I}_{a2\triangle} \end{bmatrix}
$$

$$\text{(11·21)}$$

となるから

$$
\begin{bmatrix} \dot{I}_{a0} \\ \dot{I}_{a1} \\ \dot{I}_{a2} \end{bmatrix} = \begin{bmatrix} 0 & 0 & 0 \\ 0 & 1-a & 0 \\ 0 & 0 & 1-a^2 \end{bmatrix} \begin{bmatrix} \dot{I}_{a0\triangle} \\ \dot{I}_{a1\triangle} \\ \dot{I}_{a2\triangle} \end{bmatrix}
$$

$$\text{(11·22)}$$

を得る.

したがって

零相分 $\dot{I}_{a0} = 0$

正相分 $\dot{I}_{a1} = (1-a)\,\dot{I}_{a1\triangle} = \left(\dfrac{3}{2} - j\dfrac{\sqrt{3}}{2} \right) \dot{I}_{a1\triangle} = \sqrt{3}\,\varepsilon^{-j\frac{1}{6}\pi}\,\dot{I}_{a1\triangle}$

逆相分 $I_{a2} = (1-a^2)\,\dot{I}_{a2\triangle} = \left(\dfrac{3}{2} + j\dfrac{\sqrt{3}}{2} \right) \dot{I}_{a2\triangle} = \sqrt{3}\,\varepsilon^{j\frac{1}{6}\pi}\,\dot{I}_{a2\triangle}$

$$\text{(11·23)}$$

となる.

すなわち, △電流の対称分に対して, Y電流の対称分は, 次のようになる.

① 零相分は, 零

② 正相分は, △形電流の正相分の $\sqrt{3}$ 倍の大きさで, 位相が $\pi/6$ 〔rad〕だけ遅れる

③ 逆相分は, △形電流の逆相分の $\sqrt{3}$ 倍の大きさで, 位相が $\pi/6$ 〔rad〕だけ進む

これらは △電流の対称分から Y電流の対称分への変換関係を示す.

【例題11·4】 非対称△電流の対称分が $\dot{I}_{a0\triangle} = -4+j2$ 〔A〕, $\dot{I}_{a1\triangle} = 6-j5$ 〔A〕, $\dot{I}_{a2\triangle} = 8+j10$ 〔A〕であるとき, Y電流の対称分 $\dot{I}_{a0}$, $\dot{I}_{a1}$, $\dot{I}_{a2}$ を $a+jb$ の表示で求めよ.

（解）　式(11・23)より零相分 $\dot{I}_{a0}$ は

$$\dot{I}_{a0} = 0 \text{〔A〕}$$

となり，正相分 $\dot{I}_{a1}$ は

$$\dot{I}_{a1} = (1-a)\dot{I}_{a1\triangle} = \left(\frac{3}{2} - j\frac{\sqrt{3}}{2}\right)(6-j\,5) = 4.7 - j\,12.7 \text{〔A〕}$$

となり，逆相分 I_{a2} は

$$\dot{I}_{a2} = (1-a^2)\dot{I}_{a2\triangle} = \left(\frac{3}{2} + j\frac{\sqrt{3}}{2}\right)(8+j\,10) = 3.3 + j\,21.9 \text{〔A〕}$$

となる．

11・4　三相交流発電機の基本式

　三相発電機の電機子巻線は，対称的な配置構造をしている．したがって，**図 11・6** に示すように発電機の各相の起電力は，a 相の起電力を $\dot{E}_a$ とし，a 相を基準にして表すと，b 相，c 相ではそれぞれ，$a^2\dot{E}_a$ および $a\dot{E}_a$ の電圧を生ずる．

　この三相交流発電機に不平衡な負荷を接続することによって，電機子巻線には非対称Ｙ電流

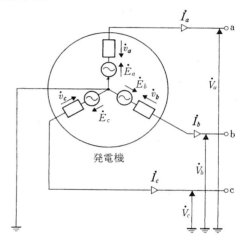

図 11・6　三相交流発電機

$\dot{I}_a, \dot{I}_b, \dot{I}_c$ が流れるため，各相の電圧降下 $\dot{v}_a, \dot{v}_b, \dot{v}_c$ は同一でなくなり，三相交流発電機の端子電圧 $\dot{V}_a, \dot{V}_b, \dot{V}_c$ も非対称電圧となる．

　ここで，三相交流発電機の起電力 $\dot{E}_a$ の各対称分を $\dot{E}_{a0}, \dot{E}_{a1}, \dot{E}_{a2}$，電圧降下 $\dot{v}_a$ の各対称分を $\dot{v}_{a0}, \dot{v}_{a1}, \dot{v}_{a2}$ とすると三相交流発電機の端子電圧は

$$\left.\begin{array}{ll} \text{a 相} & \dot{V}_a = \dot{E}_a - \dot{v}_a \\ \text{b 相} & \dot{V}_b = \dot{E}_b - \dot{v}_b \\ \text{c 相} & \dot{V}_c = \dot{E}_c - \dot{v}_c \end{array}\right\} \tag{11・24}$$

となり，三相交流発電機の端子電圧 $\dot{V}_a$ の各対称分を $\dot{V}_{a0}$，$\dot{V}_{a1}$，$\dot{V}_{a2}$，とすると三相交流発電機の端子電圧の対称分は

$$\left.\begin{array}{lll} \text{零相分} & \dot{V}_{a0} = \dot{E}_{a0} - \dot{v}_{a0} \\ \text{正相分} & \dot{V}_{a1} = \dot{E}_{a1} - \dot{v}_{a1} \\ \text{逆相分} & \dot{V}_{a2} = \dot{E}_{a2} - \dot{v}_{a2} \end{array}\right\} \tag{11·25}$$

となる．

さらに，三相交流発電機の各相の起電力 $\dot{E}_a$，$\dot{E}_b$，$\dot{E}_c$ は対称であるから，その零相分および逆相分は零であり，対称分は正相分だけとなる．

ゆえに，式 (11·25) は

$$\left.\begin{array}{lll} \text{零相分} & \dot{V}_{a0} = & -\dot{v}_{a0} \\ \text{正相分} & \dot{V}_{a1} = \dot{E}_{a1} - \dot{v}_{a1} \\ \text{逆相分} & \dot{V}_{a2} = & -\dot{v}_{a2} \end{array}\right\} \tag{11·26}$$

となる．

ここで，三相交流発電機の電機子巻線の内部インピーダンスの対称分をそれぞれ零相インピーダンス[1] $\dot{Z}_{ga0}$，正相インピーダンス[2] $\dot{Z}_{ga1}$，逆相インピーダンス[3] $\dot{Z}_{ga2}$ とするならば，式 (11·26) 中の $\dot{v}_{a0}$ は，各相に零相電流 $\dot{I}_{a0}$ が流れた場合のインピーダンス降下を表すものであるから，$\dot{v}_{a0} = \dot{Z}_{ga0}\dot{I}_{a0}$ が成り立つ．

また，各相に正相電流 $\dot{I}_{a1}$，$a^2\dot{I}_{a1}$，$a\dot{I}_{a1}$ が流れた場合のインピーダンス降下は，a相では $\dot{Z}_{ga1}\dot{I}_{a1}$，b相では $\dot{Z}_{ga1}a^2\dot{I}_{a1}$，c相では $\dot{Z}_{ga1}a\dot{I}_{a1}$ が生ずる．

同様に，各相に逆相電流 $\dot{I}_{a2}$，$a\dot{I}_{a2}$，$a^2\dot{I}_{a2}$ が流れた場合のインピーダンス降下は，a相では $\dot{Z}_{ga2}\dot{I}_{a2}$，b相では $\dot{Z}_{ga2}a\dot{I}_{a2}$，c相では $\dot{Z}_{ga2}a^2\dot{I}_{a2}$ が生ずる．

ゆえに，電圧降下 $\dot{v}_a$，$\dot{v}_b$，$\dot{v}_c$ を電流と発電機のインピーダンスの対称分で表すと

$$\left.\begin{array}{lll} \text{a 相} & \dot{v}_a = \dot{v}_{a0} + \dot{v}_{a1} + \dot{v}_{a2} = \dot{Z}_{ga0}\dot{I}_{a0} + \dot{Z}_{ga1}\dot{I}_{a1} + \dot{Z}_{ga2}\dot{I}_{a2} \\ \text{b 相} & \dot{v}_b = \dot{v}_{a0} + a^2\dot{v}_{a1} + a\dot{v}_{a2} = \dot{Z}_{ga0}\dot{I}_{a0} + a^2\dot{Z}_{ga1}\dot{I}_{a1} + a\dot{Z}_{ga2}\dot{I}_{a2} \\ \text{c 相} & \dot{v}_c = \dot{v}_{a0} + a\dot{v}_{a1} + a^2\dot{v}_{a2} = \dot{Z}_{ga0}\dot{I}_{a0} + a\dot{Z}_{ga1}\dot{I}_{a1} + a^2\dot{Z}_{ga2}\dot{I}_{a2} \end{array}\right\}$$

$$\tag{11·27}$$

[1] 零相インピーダンス　zero-phase sequence impedance
[2] 正相インピーダンス　positive-phase sequence impedance
[3] 逆相インピーダンス　negative-phase sequence impedance

となり，式 (11・27) を行列を用いて表すと

$$\begin{bmatrix} \dot{v}_a \\ \dot{v}_b \\ \dot{v}_c \end{bmatrix} = \begin{bmatrix} \dot{Z}_{ga0} & \dot{Z}_{ga1} & \dot{Z}_{ga2} \\ \dot{Z}_{ga0} & a^2\,\dot{Z}_{ga1} & a\,\dot{Z}_{ga2} \\ \dot{Z}_{ga0} & a\,\dot{Z}_{ga1} & a^2\,\dot{Z}_{ga2} \end{bmatrix} \begin{bmatrix} \dot{I}_{a0} \\ \dot{I}_{a1} \\ \dot{I}_{a2} \end{bmatrix} \tag{11・28}$$

となる．この電圧降下の対称分 $\dot{v}_{a0}$, $\dot{v}_{a1}$, $\dot{v}_{a2}$ を求めると

$$\begin{aligned} \begin{bmatrix} \dot{v}_{a0} \\ \dot{v}_{a1} \\ \dot{v}_{a2} \end{bmatrix} &= \frac{1}{3} \begin{bmatrix} 1 & 1 & 1 \\ 1 & a & a^2 \\ 1 & a^2 & a \end{bmatrix} \begin{bmatrix} \dot{v}_a \\ \dot{v}_b \\ \dot{v}_c \end{bmatrix} \\ &= \frac{1}{3} \begin{bmatrix} 1 & 1 & 1 \\ 1 & a & a^2 \\ 1 & a^2 & a \end{bmatrix} \begin{bmatrix} \dot{Z}_{ga0} & \dot{Z}_{ga1} & \dot{Z}_{ga2} \\ \dot{Z}_{ga0} & a^2\,\dot{Z}_{ga1} & a\,\dot{Z}_{ga2} \\ \dot{Z}_{ga0} & a\,\dot{Z}_{ga1} & a^2\,\dot{Z}_{ga2} \end{bmatrix} \begin{bmatrix} \dot{I}_{a0} \\ \dot{I}_{a1} \\ \dot{I}_{a2} \end{bmatrix} \\ &= \begin{bmatrix} \dot{I}_{a0}\,\dot{Z}_{ga0} \\ \dot{I}_{a1}\,\dot{Z}_{ga1} \\ \dot{I}_{a2}\,\dot{Z}_{ga2} \end{bmatrix} \end{aligned} \tag{11・29}$$

となる．

したがって

$$\left. \begin{array}{lll} \text{零相分} & \dot{v}_{a0} = \dot{I}_{a0}\,\dot{Z}_{ga0} \\ \text{正相分} & \dot{v}_{a1} = \dot{I}_{a1}\,\dot{Z}_{ga1} \\ \text{逆相分} & \dot{v}_{a2} = \dot{I}_{a2}\,\dot{Z}_{ga2} \end{array} \right\} \tag{11・30}$$

で示される．この式 (11・30) を式 (11・26) に代入すると，三相交流発電機の端子電圧の対称分として

$$\left. \begin{array}{lll} \text{零相分} & \dot{V}_{a0} = -\dot{I}_{a0}\,\dot{Z}_{ga0} \\ \text{正相分} & \dot{V}_{a1} = \dot{E}_{a1} - \dot{I}_{a1}\,\dot{Z}_{ga1} \\ \text{逆相分} & \dot{V}_{a2} = -\dot{I}_{a2}\,\dot{Z}_{ga2} \end{array} \right\} \tag{11・31}$$

が得られる．これを三相交流発電機の基本式という．

【例題11・5】 図11・7に示すような
中性点を接地した三相交流発電機が
ある．この発電機のa相が地絡事故
を起こした場合，a相を流れるY電
流 $\dot{I}_a$（地絡電流）およびb相とc相
の端子電圧 $\dot{V}_b$, $\dot{V}_c$ を求めよ．

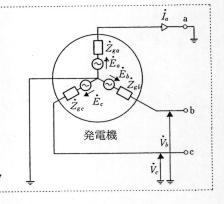

図 11・7

（解）　a相の端子電圧 $\dot{V}_a$ は，題意より地絡事故を起こしているため

$$\dot{V}_a = 0 \ [\text{V}]$$

である．

　ここで，a相には地絡事故によるY電流 $\dot{I}_a$（地絡電流）が流れ，b相とc相は図11・
7に示すようにb相とc相が開放しているためY電流 $\dot{I}_b$, $\dot{I}_c$ は流れず

$$\dot{I}_b = 0 \ [\text{A}]$$
$$\dot{I}_c = 0 \ [\text{A}]$$

が成り立つ．

　したがって，Y電流は非対称Y電流となり，この対称分を $\dot{I}_{a0}$, $\dot{I}_{a1}$, $\dot{I}_{a2}$ とするなら
ば式（11・10）より

$$\dot{I}_{a0} = \frac{1}{3}(\dot{I}_a + \dot{I}_b + \dot{I}_c) = \frac{1}{3}\dot{I}_a \ [\text{A}]$$

$$\dot{I}_{a1} = \frac{1}{3}(\dot{I}_a + a\dot{I}_b + a^2\dot{I}_c) = \frac{1}{3}\dot{I}_a \ [\text{A}]$$

$$\dot{I}_{a2} = \frac{1}{3}(\dot{I}_a + a^2\dot{I}_b + a\dot{I}_c) = \frac{1}{3}\dot{I}_a \ [\text{A}]$$

となる．

　すなわち

$$\dot{I}_{a0} = \dot{I}_{a1} = \dot{I}_{a2} = \frac{1}{3}\dot{I}_a \ [\text{A}]$$

である．

　また，発電機の端子電圧 $\dot{V}_a$, $\dot{V}_b$, $\dot{V}_c$ は，端子電圧の対称分を $\dot{V}_{a0}$, $\dot{V}_{a1}$, $\dot{V}_{a2}$ とす
れば

$$\dot{V}_a = \dot{V}_{a0} + \dot{V}_{a1} + \dot{V}_{a2} = -\dot{I}_{a0}\dot{Z}_{ga0} + \dot{E}_a - \dot{I}_{a1}\dot{Z}_{ga1} - \dot{I}_{a2}\dot{Z}_{ga2}$$

$$= \dot{E}_a - (\dot{Z}_{ga0} + \dot{Z}_{ga1} + \dot{Z}_{ga2})\frac{1}{3}\dot{I}_a = 0 \ (\mathrm{V})$$

$$\dot{V}_b = \dot{V}_{a0} + a^2\dot{V}_{a1} + a\dot{V}_{a2} = -\dot{I}_{a0}\dot{Z}_{ga0} + a^2(\dot{E}_a - \dot{I}_{a1}\dot{Z}_{ga1}) - a\dot{I}_{a2}\dot{Z}_{ga2}$$

$$= a^2\dot{E}_a - (\dot{Z}_{ga0} + a^2\dot{Z}_{ga1} + a\dot{Z}_{ga2})\frac{1}{3}\dot{I}_a \ (\mathrm{V})$$

$$\dot{V}_c = \dot{V}_{a0} + a\dot{V}_{a1} + a^2\dot{V}_{a2} = -\dot{I}_{a0}\dot{Z}_{ga0} + a(\dot{E}_a - \dot{I}_{a1}\dot{Z}_{ga1}) - a^2\dot{I}_{a2}\dot{Z}_{ga2}$$

$$= a\dot{E}_a - (\dot{Z}_{ga0} + a\dot{Z}_{ga1} + a^2\dot{Z}_{ga2})\frac{1}{3}\dot{I}_a \ (\mathrm{V})$$

となる．

したがって，求める a 相を流れる Y 電流 $\dot{I}_a$ は，上記の発電機の端子電圧 $\dot{V}_a$ の式より

$$\dot{I}_a = \frac{3\dot{E}_a}{\dot{Z}_{ga0} + \dot{Z}_{ga1} + \dot{Z}_{ga2}} \ (\mathrm{A})$$

となる．

さらに，b 相の端子電圧 $\dot{V}_b$ は，上記の発電機の端子電圧 $\dot{V}_b$ の式に先に求めた a 相を流れる Y 電流 $\dot{I}_a$ を代入することにより

$$\dot{V}_b = a^2\dot{E}_a - (\dot{Z}_{ga0} + a^2\dot{Z}_{ga1} + a\dot{Z}_{ga2})\frac{\dot{E}_a}{\dot{Z}_{ga0} + \dot{Z}_{ga1} + \dot{Z}_{ga2}}$$

$$= \frac{(a^2-1)\dot{Z}_{ga0} + (a^2-a)\dot{Z}_{ga2}}{\dot{Z}_{ga0} + \dot{Z}_{ga1} + \dot{Z}_{ga2}}\dot{E}_a \ (\mathrm{V})$$

となる．

c 相の端子電圧 $\dot{V}_c$ は，同様に上記の発電機の端子電圧 $\dot{V}_c$ の式に a 相を流れる Y 電流 $\dot{I}_a$ を代入することにより

$$\dot{V}_c = a\dot{E}_a - \frac{(\dot{Z}_{ga0} + a\dot{Z}_{ga1} + a^2\dot{Z}_{ga2})\dot{E}_a}{\dot{Z}_{ga0} + \dot{Z}_{ga1} + \dot{Z}_{ga2}}$$

$$= \frac{(a-1)\dot{Z}_{ga0} + (a-a^2)\dot{Z}_{ga2}}{\dot{Z}_{ga0} + \dot{Z}_{ga1} + \dot{Z}_{ga2}}\dot{E}_a \ (\mathrm{V})$$

となる．

11章 演習問題

1 非対称 Y 電圧が, $\dot{E}_a = 300 + j\,0$ 〔V〕, $\dot{E}_b = 150 + j\,150\sqrt{3}$ 〔V〕, $\dot{E}_c = -150$ $-j\,150\sqrt{3}$ 〔V〕であるとき, Y 電圧と △ 電圧の対称分を $a+jb$ 表示で求めよ.

2 非対称 △ 電圧の対称分が $\dot{V}_{a0} = 0$ 〔V〕, $\dot{V}_{a1} = 100\sqrt{3} + j\,300$ 〔V〕, $\dot{V}_{a2} = 50\sqrt{3}$ $+j\,150$ 〔V〕であるとき, もとの非対称 △ 電圧 $\dot{V}_{ab}$, $\dot{V}_{bc}$, $\dot{V}_{ca}$ を $a+jb$ 表示で求めよ.

3 非対称 Y 電流が, $\dot{I}_a = 15 + j\,2$ 〔A〕, $\dot{I}_b = -20 - j\,14$ 〔A〕, $\dot{I}_c = -3 + j\,10$ 〔A〕であるとき, 対称分 $\dot{I}_{a0}$, $\dot{I}_{a1}$, $\dot{I}_{a2}$ を $a+jb$ 表示で求めよ.

4 非対称 △ 電流の対称分が, $\dot{I}_{a0\triangle} = 10 + j\,0$ 〔A〕, $\dot{I}_{a1\triangle} = 8.66 - j\,5$ 〔A〕, $\dot{I}_{a2\triangle} = 5$ $+j\,8.66$ 〔A〕であるとき, もとの非対称 △ 電流 $\dot{I}_{ab}$, $\dot{I}_{bc}$, $\dot{I}_{ca}$ を $a+jb$ 表示で求めよ.

5 無負荷とした場合の線間電圧が 6 600 〔V〕, 電機子巻線のインピーダンスの対称分が $\dot{Z}_{ga0} = 0.175 + j\,0.574$ 〔Ω〕, $\dot{Z}_{ga1} = 0.0787 + j\,4.5$ 〔Ω〕, $\dot{Z}_{ga2} = 0.513 + j\,1.41$ 〔Ω〕である三相交流発電機がある. この発電機にある負荷を接続したとき, 非対称 Y 電流 $\dot{I}_a = 400 - j\,650$ 〔A〕, $\dot{I}_b = -230 - j\,700$ 〔A〕, $\dot{I}_c = -150 + j\,600$ 〔A〕が流れた. この場合の各線間電圧 $\dot{V}_{ab}$, $\dot{V}_{bc}$, $\dot{V}_{ca}$ を $a+jb$ 表示で求めよ.

第 **12** 章　ひずみ波交流

　　周期的な非正弦波形[1]のことをひずみ波交流（略して，ひずみ波[2]）と呼ぶ．本章では，ひずみ波を正弦波（sin, cos）の和として取り扱う方法を学ぶ．

12・1　フーリエ級数とフーリエ係数

　　ひずみ波の一例を図 **12・1** に実線で示してある．このひずみ波は，点線で示した振幅と周波数の異なる二つの正弦波を加え合わせたものとなっている．さらにひずみの激しい図 **12・2** に示した波形であっても，複数の正弦波の和，すなわち三角級数で置き換えることができる．このようにひずみ波を三角級数で置き換える数学的手法をフーリエ級数展開[3]と呼ぶ．

　　周期関数 $f(t)$ の周期 T を $T = 2\pi/\omega$ とすれば，関数 $f(t)$ のフーリエ級数は

$$f(t) = \frac{a_0}{2} + \sum_{n=1}^{\infty} (a_n \cos n\omega t + b_n \sin n\omega t) \tag{12・1}$$

である．ただし，a_n（a_0 を含む），b_n はフーリエ係数[4]であり

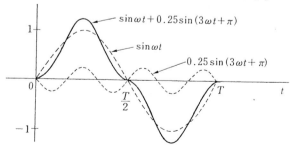

図 **12・1**　ひずみ波（実線の波形は点線で示した二つの波形を重ね合せたものである）

---

〔1〕非正弦波形 nonsinusoidal waves　　〔2〕ひずみ波 distorted waves
〔3〕フーリエ級数展開 Fourier series expansion
〔4〕フーリエ係数 Fourier coefficients

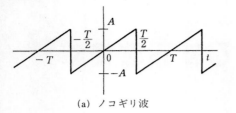

(a) ノコギリ波

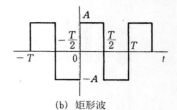

(b) 矩形波

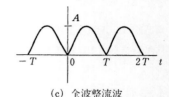

図 12·2　ひずみ波の例

(c) 全波整流波

$$a_n = \frac{2}{T}\int_0^T f(t)\cos n\omega t\, dt \qquad (n=0,1,2,\cdots\cdots) \qquad (12\cdot2)$$

$$b_n = \frac{2}{T}\int_0^T f(t)\sin n\omega t\, dt \qquad (n=1,2,3,\cdots\cdots) \qquad (12\cdot3)$$

なる積分で求める. このように, 式 (12·2), (12·3) によりフーリエ係数を求め, 次に式 (12·1) により関数を三角級数に展開することを「与えられた関数をフーリエ級数[1]に展開する」という.

　任意の周期関数が式 (12·1) のような三角級数の形に展開できることの理論的根拠については解析学の教科書等にゆずるとして, まずフーリエ係数の式 (12·2), (12·3) の導出につき説明し, 次に具体的な例につきフーリエ級数の求め方を説明する.

■1　フーリエ係数の導出

　本章で多用される三角関数の積分公式を以下に示す. ただし, 周期 T は $T = 2\pi/\omega$ である.

$$\int_0^T \sin n\omega t\, dt = 0 \qquad\qquad (12\cdot4)$$

$$\int_0^T \cos n\omega t\, dt = 0 \qquad\qquad (12\cdot5)$$

〔1〕　フーリエ級数 Fourier series

$$\int_0^T \cos m\omega t \sin n\omega t \, dt = 0 \tag{12·6}$$

$$\int_0^T \sin m\omega t \sin n\omega t \, dt = 0 \quad (m \neq n) \tag{12·7}$$

$$\int_0^T \cos m\omega t \cos n\omega t \, dt = 0 \quad (m \neq n) \tag{12·8}$$

$$\int_0^T \sin^2 n\omega t \, dt = \frac{T}{2} \tag{12·9}$$

$$\int_0^T \cos^2 n\omega t \, dt = \frac{T}{2} \tag{12·10}$$

まず，フーリエ係数 a_n を定める式 (12·2) を導き出す．式 (12·1) の両辺に $\cos m\omega t \, (m = 0, 1, 2, \cdots\cdots)$ を掛けたうえで 0 から T まで積分すると

$$\int_0^T f(t) \cos m\omega t \, dt = \int_0^T \left\{ \frac{a_0}{2} + \sum_{n=1}^{\infty} (a_n \cos n\omega t + b_n \sin n\omega t) \right\} \cos m\omega t \, dt \tag{12·11}$$

となる．ここで，右辺の積分で

$$\int_0^T \frac{a_0}{2} \cos m\omega t \, dt$$

は式 (12·5) によれば 0 となり，また積分

$$\int_0^T \left(\sum_{n=1}^{\infty} b_n \sin n\omega t \right) \cos m\omega t \, dt$$

も式 (12·6) より 0 となる．残る積分

$$\int_0^T \left(\sum_{n=1}^{\infty} a_n \cos n\omega t \right) \cos m\omega t \, dt$$

もまた式 (12·8) より，$n = m$ の場合を除いて 0 であり，$n = m$ のときのみ，式 (12·10) より

$$\int_0^T a_n \cos^2 n\omega t \, dt = a_n \frac{T}{2}$$

となる．以上より，式 (12·11) は $n = m$ の場合だけ

$$\int_0^T f(t) \cos m\omega t \, dt = \int_0^T a_n \cos^2 n\omega t \, dt = a_n \frac{T}{2}$$

となるから，これよりフーリエ係数 a_n は

$$a_n = \frac{2}{T}\int_0^T f(t)\cos n\omega t\, dt \qquad (n = 0, 1, 2, \cdots\cdots) \tag{12·12}$$

（ただし，$n = m$ であるから m を n に書き換えた）

となり，式 (12·2) が得られる．

次に，フーリエ係数 b_n を定める式 (12·3) を導き出す．そのため，式 (12·1) の両辺に $\sin m\omega t$（$m = 1, 2, 3, \cdots\cdots$）を掛けて 0 から T までの 1 周期の積分をする．

$$\int_0^T f(t)\sin m\omega t\, dt = \int_0^T \left\{\frac{a_0}{2} + \sum_{n=1}^{\infty}(a_n\cos n\omega t + b_n\sin n\omega t)\right\}\sin m\omega t\, dt \tag{12·13}$$

式 (12·13) の右辺は，式 (12·4), (12·6), (12·7) より，$n = m$ の場合を除いて 0 になり，$n = m$ のときは式 (12·9) より

$$\int_0^T f(t)\sin m\omega t\, dt = \int_0^T b_n\sin^2 n\omega t\, dt = b_n\frac{T}{2}$$

となる．したがって，フーリエ係数 b_n は

$$b_n = \frac{2}{T}\int_0^T f(t)\sin n\omega t\, dt \qquad (n = 1, 2, 3, \cdots\cdots) \tag{12·14}$$

（ただし，$n = m$ であるから m を n に書き換えた）

となり，式 (12·3) が得られる．

ここで，フーリエ係数の計算法とフーリエ級数表示法とを会得するため，図 12·2(a) に示したひずみ波のフーリエ級数を求めてみる．

まず与えられた波形の周期を求め，次に 1 周期内の波形を数式で表す．数式化するとき，フーリエ係数の計算が簡単になるような 1 周期を選ぶようにする．例えば図 12·2(a) の波形の数式は，$-T/2$ から $T/2$ までの 1 周期を採用すれば

$$f(t) = \frac{2A}{T}t$$

であり，ただ 1 つの数式ですむが，0 から T までの 1 周期を採用すると

$$f(t) = \frac{2A}{T}t \qquad \left(0 < t < \frac{T}{2}\right)$$

$$f(t) = \frac{2A}{T}t - 2A \qquad \left(\frac{T}{2} < t < T \right)$$

と二つの数式が必要となる．したがって，後者の周期を選ぶとフーリエ係数の計算が面倒になる．そこで，この例では前者の $-T/2$ から $T/2$ までの1周期を用いてフーリエ係数 a_n, b_n を計算する．

a_0 は式 (12·2) より

$$a_0 = \frac{2}{T} \int_{-\frac{T}{2}}^{\frac{T}{2}} f(t)\, dt = \frac{2}{T} \int_{-\frac{T}{2}}^{\frac{T}{2}} \frac{2A}{T} t\, dt = \frac{4A}{T^2} \left[\frac{t^2}{2} \Big|_{-\frac{T}{2}}^{\frac{T}{2}} \right] = \frac{4A}{T^2} \left(\frac{T^2}{8} - \frac{T^2}{8} \right) = 0$$

$$\tag{12·15}$$

となる．

また a_n も

$$a_n = \frac{2}{T} \int_{-\frac{T}{2}}^{\frac{T}{2}} f(t) \cos n\omega t\, dt = \frac{2}{T} \int_{-\frac{T}{2}}^{\frac{T}{2}} \frac{2A}{T} t \cos n\omega t\, dt$$

$$= \frac{4A}{T^2} \left[\frac{t}{n\omega} \sin n\omega t + \frac{1}{n^2\omega^2} \cos n\omega t \Big|_{-\frac{T}{2}}^{\frac{T}{2}} \right] = 0 \tag{12·16}$$

となる．

次に b_n は式 (12·3) より

$$b_n = \frac{2}{T} \int_{-\frac{T}{2}}^{\frac{T}{2}} f(t) \sin n\omega t\, dt = \frac{2}{T} \int_{-\frac{T}{2}}^{\frac{T}{2}} \frac{2A}{T} t \sin n\omega t\, dt$$

$$= \frac{4A}{T^2} \left[-\frac{t}{n\omega} \cos n\omega t + \frac{1}{n^2\omega^2} \sin n\omega t \Big|_{-\frac{T}{2}}^{\frac{T}{2}} \right]$$

$$= \frac{4A}{T^2} \left[-\frac{\pi}{n\omega^2} \cos n\pi - \frac{\pi}{n\omega^2} \cos n\pi \right] = 4A \frac{\omega^2}{4\pi^2} \left(-\frac{2\pi}{n\omega^2} \cos n\pi \right)$$

$$= -\frac{2A}{n\pi} \cos n\pi$$

$$= \begin{cases} -\dfrac{2A}{n\pi} & (n \text{ が偶数のとき}) \\[2mm] \dfrac{2A}{n\pi} & (n \text{ が奇数のとき}) \end{cases} \tag{12·17}$$

となる．

求めたフーリエ係数 a_0, a_n, b_n を式 (12·1) に代入すると，図12·2(a)の波形

のフーリエ級数は

$$f(t) = \frac{a_0}{2} + \sum_{n=1}^{\infty} (a_n \cos n\omega t + b_n \sin n\omega t)$$

$$= \frac{2A}{\pi} \left(\sin \omega t - \frac{\sin 2\omega t}{2} + \frac{\sin 3\omega t}{3} - \frac{\sin 4\omega t}{4} + \cdots \cdots \right) \qquad (12 \cdot 18)$$

である.

　式 $(12 \cdot 18)$ のフーリエ級数が n の増加とともに，図 $12 \cdot 2$(a) に示した波形に近づく様子を図 $12 \cdot 3$ に実線で示してある.

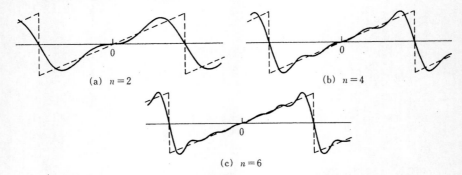

(a) $n=2$ (b) $n=4$

(c) $n=6$

図 $12 \cdot 3$　図 $12 \cdot 2$(a) の波形(点線)のフーリエ級数展開例

以下にフーリエ級数式 $(12 \cdot 1)$ の使い方をまとめておく.

①　与えられた波形の周期を求め，波形を式で表示する.

②　フーリエ係数 a_0, a_n, b_n を式 $(12 \cdot 2), (12 \cdot 3)$ より求める.

③　フーリエ係数を用いて式 $(12 \cdot 1)$ よりフーリエ級数を求める.

【例題 $12 \cdot 1$】　図 $12 \cdot 4$ の周期関数をフーリエ級数に展開せよ. ただし $T = 2\pi/\omega$ とする.

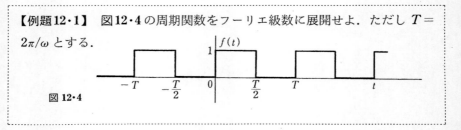

図 $12 \cdot 4$

（解）　まずはじめに1周期分の数式を求めると

$$f(t) = \begin{cases} 1 & \left(0 < t < \dfrac{T}{2}\right) \\ 0 & \left(\dfrac{T}{2} < t < T\right) \end{cases} \qquad (12 \cdot 19)$$

となる.

次にフーリエ係数を求める. 式 (12・2) より, a_0 は

$$a_0 = \frac{2}{T} \int_0^T f(t)\, dt = \frac{2}{T} \int_0^{\frac{T}{2}} dt + \frac{2}{T} \int_{\frac{T}{2}}^T 0\ dt = 1$$

となり, a_n は

$$a_n = \frac{2}{T} \int_0^{\frac{T}{2}} \cos n\omega t\, dt + \frac{2}{T} \int_{\frac{T}{2}}^T 0\ dt = 0$$

である. b_n は式 (12・3) より

$$b_n = \frac{2}{T} \int_0^{\frac{T}{2}} \sin n\omega t\, dt + \frac{2}{T} \int_{\frac{T}{2}}^T 0\ dt = \frac{1}{n\pi}(1 - \cos n\pi)$$

$$= \begin{cases} 0 & （n が偶数のとき） \\ \dfrac{2}{n\pi} & （n が奇数のとき） \end{cases}$$

となる.

以上のフーリエ係数を式 (12・1) に代入すると, $f(t)$ のフーリエ級数は

$$f(t) = \frac{1}{2} + \frac{2}{\pi}\left(\sin \omega t + \frac{\sin 3\omega t}{3} + \frac{\sin 5\omega t}{5} + \cdots\cdots\right) \qquad (12 \cdot 20)$$

となる.

② 偶関数と奇関数

式 (12・2), (12・3) を用いてフーリエ係数を計算する際に, 与えられたひずみ波がもつ対称性を利用すると, 計算が簡単になる.

(1) 与えられた波形 $f(t)$ が偶関数の場合

式 (12・2) よりフーリエ係数 a_n は

$$a_n = \frac{2}{T} \int_0^T f(t) \cos n\omega t\, dt \qquad (n = 0, 1, 2, \cdots\cdots)$$

であるが, 式中の cos 関数は偶関数であり, また $f(t)$ は偶関数としたから, 被積分関数 $f(t) \cos n\omega t$ は偶関数となる. 偶関数の定義は

$$f(-t) = f(t) \tag{12·21}$$

であり，その一例を図 **12·5** に示す.

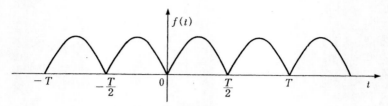

図 **12·5** 偶関数波形の例（全波整流波）

図からわかるように偶関数は縦軸に対称である. したがって，式 (12·2) を用いてフーリエ係数 a_n を求める際，1 周期 $(0 \to T)$ にわたって積分しなくても，半周期 $(0 \to T/2)$ につき積分したものを 2 倍しても同じ結果が得られる. すなわち a_n は

$$a_n = \frac{4}{T} \int_0^{\frac{T}{2}} f(t) \cos n\omega t \, dt \qquad (n = 0, 1, 2, \cdots\cdots) \tag{12·22}$$

となる.

次にフーリエ係数 b_n は式 (12·3) より

$$b_n = \frac{2}{T} \int_0^T f(t) \sin n\omega t \, dt \qquad (n = 1, 2, 3, \cdots\cdots)$$

である. 式中の sin 関数は奇関数であり，$f(t)$ は偶関数としたから，被積分関数 $f(t) \sin n\omega t$ は奇関数となる. 奇関数の定義は

$$f(-t) = -f(t) \tag{12·23}$$

であり，一例を示したものが**図 12·6** である.

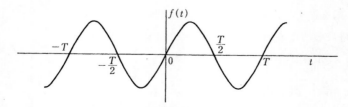

図 **12·6** 奇関数波形の例

このように奇関数は原点に対して対称である. したがって，フーリエ係数 b_n

は

$$b_n = \frac{2}{T}\int_0^T f(t)\sin n\omega t\, dt = \frac{2}{T}\int_{-\frac{T}{2}}^{\frac{T}{2}} f(t)\sin n\omega t\, dt = 0 \qquad (12\cdot24)$$

となることが図12・6からわかる.

　以上のことをまとめると, 与えられた波形$f(t)$が偶関数であればフーリエ係数a_nとb_nは

$$\left.\begin{array}{l} a_n = \dfrac{4}{T}\displaystyle\int_0^{\frac{T}{2}} f(t)\cos n\omega t\, dt \qquad (n=0,1,2,\cdots\cdots) \\[3mm] b_n = 0 \end{array}\right\} \qquad (12\cdot25)$$

となる. 式(12・25)を偶関数波形のフーリエ係数の計算に用いれば, 式(12・2), (12・3)で計算するより簡単である.

（2）　与えられた波形 $f(t)$ が奇関数の場合

　式(12・2)よりフーリエ係数a_nは

$$a_n = \frac{2}{T}\int_0^T f(t)\cos n\omega t\, dt \qquad (n=0,1,2,\cdots\cdots)$$

であるが, 式中の被積分関数$f(t)\cos n\omega t$は, $f(t)$を奇関数としているから, 奇関数となる. 奇関数の1周期にわたる積分は前述のように0である.

　したがって, a_nは

$$a_n = \frac{2}{T}\int_0^T f(t)\cos n\omega t\, dt = 0 \qquad (12\cdot26)$$

となる.

　また式(12・3)より, フーリエ係数b_nは

$$b_n = \frac{2}{T}\int_0^T f(t)\sin n\omega t\, dt \qquad (n=1,2,3,\cdots\cdots)$$

であるが, 式中の被積分関数$f(t)\sin n\omega t$は, $f(t)$を奇関数としているから, 偶関数となる. 偶関数の1周期にわたる積分は, 半周期にわたる積分を2倍しても同じであるから, 結局b_nは

$$b_n = \frac{4}{T}\int_0^{\frac{T}{2}} f(t)\sin n\omega t\, dt \qquad (n=1,2,3,\cdots\cdots) \qquad (12\cdot27)$$

となる.

　以上をまとめると, 与えられた波形$f(t)$が奇関数であればフーリエ係数a_n

と b_n は

$$a_n = 0$$

$$\left. b_n = \frac{4}{T}\int_0^{\frac{T}{2}} f(t)\sin n\omega t\, dt \qquad (n=1,2,3,\cdots\cdots) \right\} \qquad (12\cdot28)$$

のように簡単になる．式 (12·25) 同様，式 (12·28) を記憶しておけば，奇関数波形のフーリエ係数の計算に便利である．

【例題 12·2】 図 12·7 に示した波形のフーリエ級数を $n=4$ まで求めよ．ただし，$T=2\pi/\omega$ とする．

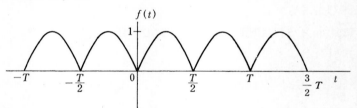

図 12·7

（解）図 12·7 の波形の数式は

$$f(t) = |\sin \omega t| \qquad (0 < t < T) \tag{12·29}$$

である．

$f(t)$ は偶関数であるから，式 (12·25) より b_n は

$$b_n = 0$$

であり，a_n は式 (12·25) より

$$a_n = \frac{4}{T}\int_0^{\frac{T}{2}} f(t)\cos n\omega t\, dt = \frac{4}{T}\int_0^{\frac{T}{2}}\sin \omega t \cos n\omega t\, dt$$

であるから，これより a_0 と a_n は

$$a_0 = \frac{4}{T}\int_0^{\frac{T}{2}}\sin \omega t\, dt = \frac{4}{\pi}$$

$$a_n = \frac{4}{T}\int_0^{\frac{T}{2}}\sin \omega t \cos n\omega t\, dt = \frac{4}{T}\left[\frac{1}{2}\int_0^{\frac{T}{2}}\{\sin(\omega+n\omega)t + \sin(\omega-n\omega)t\}\, dt\right]$$

$$= -\frac{2}{T}\left[\frac{1}{\omega(1+n)}\cos(1+n)\omega t + \frac{1}{\omega(1-n)}\cos(1-n)\omega t\, \Big|_0^{\frac{T}{2}}\right]$$

$$= \begin{cases} 0 & （n が奇数のとき） \\ \dfrac{4}{\pi}\dfrac{1}{1-n^2} & （n が偶数のとき） \end{cases}$$

となる.

したがって，フーリエ級数は式 (12・1) より

$$f(t) = \frac{2}{\pi} - \frac{4}{\pi}\left(\frac{\cos 2\omega t}{3} + \frac{\cos 4\omega t}{15} + \cdots\cdots\right) \tag{12・30}$$

となる.

【**例題 12・3**】　図 12・8 に示した波形のフーリエ級数を $n = 5$ まで求めよ. ただし，$T = 2\pi/\omega$ とする.

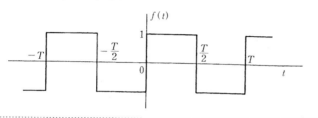

図 12・8

（**解**）　図 12・8 の波形の数式は

$$f(t) = \begin{cases} -1 & \left(-\dfrac{T}{2} < t < 0\right) \\ 1 & \left(0 < t < \dfrac{T}{2}\right) \end{cases} \tag{12・31}$$

である.

$f(t)$ は奇関数であるから，a_n と b_n は式 (12・28) より

$$a_n = 0$$

であり，b_n は

$$b_n = \frac{4}{T}\int_0^{\frac{T}{2}} f(t)\sin n\omega t \ dt = \frac{4}{T}\int_0^{\frac{T}{2}}\sin n\omega t \ dt = \frac{2}{n\pi}(1 - \cos n\pi)$$

$$= \begin{cases} 0 & （n が偶数のとき） \\ \dfrac{4}{n\pi} & （n が奇数のとき） \end{cases}$$

となるから，これよりフーリエ級数は式 (12・1) より

$$f(t) = \frac{4}{\pi}\left(\sin\omega t + \frac{\sin 3\omega t}{3} + \frac{\sin 5\omega t}{5} + \cdots\cdots\right) \tag{12・32}$$

となる.

【例題12・4】 図12・9の波形をフーリエ級数に $n=2$ まで展開せよ. ただし, $T=2\pi/\omega$ とする.

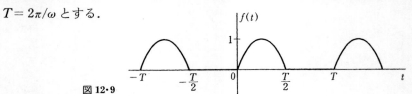

図12・9

（解） まず1周期の数式を求めると

$$f(t)=\begin{cases} \sin\omega t & \left(0<t<\dfrac{T}{2}\right) \\[2mm] 0 & \left(\dfrac{T}{2}<t<T\right) \end{cases}$$

である.

次にフーリエ係数を求める. 与えられた波形が偶関数でも奇関数でもないことに注意すると, フーリエ係数 a_0, a_n は式（12・2）より

$$a_0=\frac{2}{T}\int_0^T f(t)\,dt=\frac{2}{T}\int_0^{\frac{T}{2}}\sin\omega t\,dt+\frac{2}{T}\int_{\frac{T}{2}}^T 0\,dt=\frac{2}{\pi}$$

$$a_n=\frac{2}{T}\int_0^T f(t)\cos n\omega t\,dt=\frac{2}{T}\int_0^{\frac{T}{2}}\sin\omega t\cos n\omega t\,dt+\frac{2}{T}\int_{\frac{T}{2}}^T 0\,dt$$

$$=\frac{2}{T}\frac{n^2}{n^2-1}\left[\frac{1}{n\omega}\sin\omega t\sin n\omega t+\frac{1}{n^2\omega}\cos\omega t\cos n\omega t\,\Big|_0^{\frac{T}{2}}\right]$$

$$=\frac{1}{\pi(1-n^2)}(\cos n\pi+1)=\begin{cases} 0 & （n が 1 以外の奇数のとき） \\[2mm] \dfrac{2}{\pi(1-n^2)} & （n が偶数のとき） \end{cases}$$

となる. 上式より, a_n は $n=1$ のとき不定形となるから, a_1 を上式から求めることはできない. そこで, a_1 は式（12・2）を用いることで

$$a_1=\frac{2}{T}\int_0^T f(t)\cos\omega t\,dt=\frac{2}{T}\int_0^T \sin\omega t\cos\omega t\,dt=0$$

となる. b_n は式（12・3）より

$$b_n=\frac{2}{T}\int_0^T f(t)\sin n\omega t\,dt=\frac{2}{T}\int_0^{\frac{T}{2}}\sin\omega t\sin n\omega t\,dt+\frac{2}{T}\int_{\frac{T}{2}}^T 0\,dt$$

$$=\frac{n}{\pi(n^2-1)}\left[-\cos n\omega t\sin\omega t+\frac{1}{n}\sin n\omega t\cos\omega t\,\Big|_0^{\frac{T}{2}}\right]$$

$$= 0 \qquad (ただし，n=1 を除く)$$

となるが，同じく $n=1$ のとき不定形となるから，b_1 は式 (12・3) を用いることで

$$b_1 = \frac{2}{T}\int_0^T \sin \omega t \, \sin \omega t \, dt = \frac{2}{T}\int_0^{\frac{T}{2}} \frac{1-\cos 2\omega t}{2} \, dt = \frac{1}{2}$$

となる．

　よって，フーリエ級数は式 (12・1) より

$$f(t) = \frac{1}{\pi} - \frac{2}{\pi}\left(\frac{\cos 2\omega t}{3} + \cdots\cdots\right) + \frac{\sin \omega t}{2}$$

となる．

❸　他の形のフーリエ級数

　前項 ❶，❷ で説明したフーリエ級数は，他の三角関数の形や指数関数の形に変換できる．式 (12・1)

$$f(t) = \frac{a_0}{2} + \sum_{n=1}^{\infty} (a_n \cos n\omega t + b_n \sin n\omega t)$$

を変形して，同じ角振動数の cos 項と sin 項の和をただ一つの三角関数にする．すなわち

$$f(t) = \frac{a_0}{2} + \sum_{n=1}^{\infty} \sqrt{a_n^2 + b_n^2}\left(\frac{a_n}{\sqrt{a_n^2 + b_n^2}}\cos n\omega t + \frac{b_n}{\sqrt{a_n^2 + b_n^2}}\sin n\omega t\right) \quad (12\cdot33)$$

と変形したうえで，**図 12・10** に示されているように角 φ_n, ψ_n を定義し

$$\left.\begin{array}{l} A_0 = \dfrac{a_0}{2} \\[2mm] A_n = \sqrt{a_n^2 + b_n^2} \end{array}\right\} \qquad (12\cdot34)$$

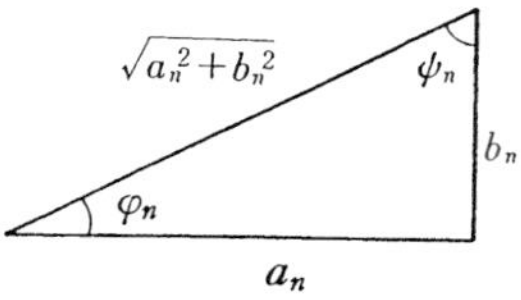

図 12・10

とおけば，式 (12・33) は

$$f(t) = A_0 + \sum_{n=1}^{\infty} A_n(\cos n\omega t \, \cos \varphi_n + \sin n\omega t \, \sin \varphi_n)$$

$$= A_0 + \sum_{n=1}^{\infty} A_n \cos (n\omega t - \varphi_n) \qquad \left(ただし，\varphi_n = \tan^{-1}\frac{b_n}{a_n}\right) \quad (12\cdot35)$$

あるいは

$$f(t) = A_0 + \sum_{n=1}^{\infty} A_n(\cos n\omega t \, \sin \psi_n + \sin n\omega t \, \cos \psi_n)$$

$$= A_0 + \sum_{n=1}^{\infty} A_n \sin(n\omega t + \psi_n) \quad \left(\text{ただし, } \psi_n = \tan^{-1} \frac{a_n}{b_n} \right) \quad (12 \cdot 36)$$

のようになる.

式 $(12 \cdot 35)$, $(12 \cdot 36)$ も式 $(12 \cdot 1)$ とともに三角関数形式のフーリエ級数と呼ぶ. 式 $(12 \cdot 35)$, $(12 \cdot 36)$ において, A_0 は直流分[1]を, $A_n = \sqrt{a_n^2 + b_n^2}$ は第 n 高調波[2]の振幅を表し (ただし $n = 1$, すなわち A_1 を基本波[3]の振幅と呼ぶ), φ_n および ψ_n は第 n 高調波の位相である.

したがって, それぞれの位相は図 $12 \cdot 10$ より

$$\left. \begin{array}{l} \varphi_n = \tan^{-1} \dfrac{b_n}{a_n} \\[2mm] \psi_n = \tan^{-1} \dfrac{a_n}{b_n} \end{array} \right\} \qquad (12 \cdot 37)$$

となる.

式 $(12 \cdot 35)$, $(12 \cdot 36)$ のフーリエ級数表示は, 式 $(12 \cdot 1)$ のフーリエ級数に比べて, 波形の形を直感的に把握しやすいので, 回路理論ではよく用いられる. ただし, 式 $(12 \cdot 35)$, $(12 \cdot 36)$ の使用にあたっては, A_0, A_n が a_n, b_n と式 $(12 \cdot 34)$ の関係にあること, また位相 φ_n, ψ_n は a_n, b_n と式 $(12 \cdot 37)$ の関係にあることに注意する.

次に, 指数関数形式のフーリエ級数について説明する.

三角関数はオイラーの公式を通じて指数関数と次式の関係がある. すなわち, オイラーの公式

$$\varepsilon^{jnt} = \cos nt + j \sin nt \qquad (12 \cdot 38)$$

および

$$\varepsilon^{-jnt} = \cos nt - j \sin nt \qquad (12 \cdot 39)$$

より, 三角関数は

$$\left. \begin{array}{l} \cos nt = \dfrac{\varepsilon^{jnt} + \varepsilon^{-jnt}}{2} \\[3mm] \sin nt = \dfrac{\varepsilon^{jnt} - \varepsilon^{-jnt}}{2j} \end{array} \right\} \qquad (12 \cdot 40)$$

---

[1] 直流分 D-C component   [2] 第 n 高調波 n-th harmonic term
[3] 基本波 fundamental

と表示できる.

　この式 (12・40) を用いて式 (12・1) のフーリエ級数を書き換えれば

$$f(t)=\frac{a_0}{2}+\sum_{n=1}^{\infty}(a_n\cos n\omega t+b_n\sin n\omega t)$$

$$=\frac{a_0}{2}+\sum_{n=1}^{\infty}\left(\frac{a_n-jb_n}{2}\varepsilon^{jn\omega t}+\frac{a_n+jb_n}{2}\varepsilon^{-jn\omega t}\right) \qquad (12・41)$$

となるが, ここで

$$c_0=\frac{a_0}{2}\qquad c_n=\frac{a_n-jb_n}{2}\qquad c_{-n}=\frac{a_n+jb_n}{2} \qquad (12・42)$$

と定義すると式 (12・41) は

$$f(t)=\sum_{n=-\infty}^{\infty}c_n\varepsilon^{jn\omega t} \qquad (12・43)$$

となる.

　これを指数関数形式のフーリエ級数 (複素フーリエ級数) と呼び, c_n は複素フーリエ係数である. 複素フーリエ係数 c_n は式 (12・42) より

$$c_n=\frac{a_n-jb_n}{2}=\frac{1}{2}\left[\frac{2}{T}\int_0^T f(t)\cos n\omega t\,dt-j\frac{2}{T}\int_0^T f(t)\sin n\omega t\,dt\right]$$

$$=\frac{1}{T}\int_0^T f(t)(\cos n\omega t-j\sin n\omega t)\,dt$$

$$=\frac{1}{T}\int_0^T f(t)\varepsilon^{-jn\omega t}\,dt$$

となるから, これをまとめると

$$c_n=\frac{1}{T}\int_0^T f(t)\varepsilon^{-jn\omega t}\,dt \qquad (n=-\infty\cdots\cdots,-1,0,1,\cdots\cdots\infty)\quad(12・44)$$

である. なお, c_0 および c_{-n} も式 (12・44) に含まれることは, 式 (12・42) より明らかである.

　式 (12・43) の指数関数形式のフーリエ級数表示は, 回路に加えた電圧・電流と, 応答の電圧・電流との関係を理論的に説明するときなどによく用いられる. 本書でも, 第5章ですでにこのような指数関数を用いて正弦波を表示した.

12·2　フーリエ級数の回路への応用

　線形回路に正弦波の電圧（または電流）を加えたときの応答を求めるには，まずベクトル記号法によって振幅と位相角とを求め，必要に応じて瞬時値に戻す，という手法を用いることを第 5 章で学んだ．回路に加える電圧（または電流）がひずみ波であっても，ひずみ波は前節で学んだようにフーリエ級数，すなわち正弦波（sin, cos）の無限和に展開できるから，以下に述べるようにベクトル記号法が使える．

　そこで，**図 12·11** の RL 直列回路にひずみ波の電圧 $v(t)$ を加えたときの定常状態の応答，ここでは電流 $i(t)$ を求める．

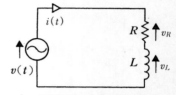

　抵抗 R の両端における電圧降下は $Ri(t)$ であり，インダクタンスの両端における電圧

図 12·11　RL 直列回路

降下は $L\,di/dt$ であるから，キルヒホッフの第 2 法則より

$$L\frac{di}{dt}+Ri=v(t) \tag{12·45}$$

となる．上式右辺の電圧 $v(t)$ は，仮定によりひずみ波であるから，前節の結果より，それはフーリエ級数に展開できる．フーリエ級数には，式（12·1）または式（12·35），(12·36) の三角関数形式と，式（12·43）の指数関数形式との 2 種類があるが，ここでは後者の指数関数形式を用いると，電圧 $v(t)$ は

$$v(t)=\sum_{n=-\infty}^{\infty} V_n\varepsilon^{jn\omega t} \tag{12·46}$$

のように表示できる．ただし，V_n は式（12·44）で定まる複素フーリエ係数である．また，電気工学では V_n を振幅（最大値）と呼ぶ．

　この $v(t)$ を式（12·45）に入れると微分方程式は

$$L\frac{di}{dt}+Ri=\sum_{n=-\infty}^{\infty} V_n\varepsilon^{jn\omega t} \tag{12·47}$$

となる．この微分方程式から解である電流に関して，次の二つのことがわかる．

　①　電流 $i(t)$ は，$n=-\infty$ から $+\infty$ の各整数の電圧 v_n に対する解 i_n を

重ね合わせたものになる.

②　電流 $i(t)$ を微分した結果が指数関数であるから,電流 $i(t)$ 自身も指数
　　関数となる.

この①,②を考慮して,電流 $i(t)$ を

$$i(t) = \sum_{n=-\infty}^{\infty} I_n \varepsilon^{j(n\omega t + \varphi_n)} \quad (\text{ただし},\varphi_n \text{ は電圧と電流との位相差}) \quad (12\cdot48)$$

とおき,これを式 $(12\cdot47)$ に代入して微分を実行すると

$$\sum_{n=-\infty}^{\infty} (R + jn\omega L) I_n \varepsilon^{j(n\omega t + \varphi_n)} = \sum_{n=-\infty}^{\infty} V_n \varepsilon^{jn\omega t} \quad (12\cdot49)$$

となる.

ここで式 $(5\cdot73)$ に示した表示方法(ベクトル記号法)を用いると,$I_n \varepsilon^{j(n\omega t + \varphi_n)}$,
$V_n \varepsilon^{jn\omega t}$,$R + jn\omega L$ はそれぞれ

$$I_n \varepsilon^{j(n\omega t + \varphi_n)} = \dot{I}_n, \ V_n \varepsilon^{jn\omega t} = \dot{V}_n, \ R + jn\omega L = \dot{Z}_n \quad (12\cdot50)$$

となるから,式 $(12\cdot49)$ は

$$\sum_{n=-\infty}^{\infty} \dot{Z}_n \dot{I}_n = \sum_{n=-\infty}^{\infty} \dot{V}_n \quad (12\cdot51)$$

のように表示できる.

n は任意の整数であるから,一つの整数,例えば $n = k$ について式 $(12\cdot51)$
は

$$\dot{Z}_k \dot{I}_k = \dot{V}_k \quad (12\cdot52)$$

のように簡素に表示できる.これより $\dot{I}_k$ を求めると

$$\dot{I}_k = \frac{\dot{V}_k}{\dot{Z}_k} = \frac{\dot{V}_k}{R + jk\omega L} = \frac{\dot{V}_k}{\sqrt{R^2 + k^2\omega^2 L^2}} \varepsilon^{-j\tan^{-1} k\omega L/R} \quad (12\cdot53)$$

である.ここで,先ほどベクトル記号法を導入するとき省略した時間因子 $\varepsilon^{jk\omega t}$
を復活させれば $i_k(t)$ は

$$i_k(t) = \frac{V_k}{\sqrt{R^2 + k^2\omega^2 L^2}} \varepsilon^{j(k\omega t - \tan^{-1} k\omega L/R)} \quad (12\cdot54)$$

となる.

すべての n につき $i_k(t)$ を求めて,式 $(12\cdot48)$ によりそれらを加え合わせる
ことにより,電流 $i(t)$ は

$$i(t) = \sum_{n=-\infty}^{\infty} I_n \varepsilon^{j(n\omega t_i + \varphi_n)}$$

$$= \sum_{n=-\infty}^{\infty} \frac{V_n}{\sqrt{R^2 + n^2 \omega^2 L^2}} \varepsilon^{j(n\omega t - \tan^{-1} n\omega L/R)} \qquad (12\cdot55)$$

となる.

　線形回路にひずみ波を加えたときの応答の求め方を以下にまとめる.

① 　回路に加える電圧（電流）をフーリエ級数に展開する.

② 　フーリエ級数に展開した式を sin 項か cos 項のどちらかに統一する（例題 12・6 参照）.

③ 　フーリエ級数に展開した各項の時間因子を省略してベクトル記号法で表す.

④ 　インピーダンス $\dot{Z}$（アドミタンス $\dot{Y}$）を求める.

⑤ 　応答をベクトル記号法によって求める.

⑥ 　各項を加え合わせる.

⑦ 　時間因子を復活して瞬時値（時間領域表示）に戻す.

【例題12・5】 周期的な非正弦波（ひずみ波）電圧 $v(t)$ をフーリエ級数に展開したところ

$$v(t) = \sqrt{2}\ V_1 \sin \omega t + \sqrt{2}\ V_3 \sin 3\omega t \quad \text{〔V〕}$$

であった. この電圧を RL 直列回路に加えたときの電流 $i(t)$ を求めよ.

（解） $i(t)$ を求めるには，まず $\sqrt{2}\ V_1 \sin \omega t$，$\sqrt{2}\ V_3 \sin 3\omega t$ なる電圧をそれぞれ加えたときの電流をベクトル記号法により求め，次にそれらを重ね合わせ，必要であれば，最後に瞬時値（時間領域表示）に直せばよい.

　まず，ベクトル記号法を用いるために，電圧 $v(t)$ を複素表示に直す. 第1項，第2項とも sin 関数であるから，複素指数関数の虚数部を採用して

$$\sqrt{2}\ V_1 \sin \omega t = \mathrm{Im}\left[\sqrt{2}\ V_1\ \varepsilon^{j\omega t}\right]$$

$$\sqrt{2}\ V_3 \sin 3\omega t = \mathrm{Im}\left[\sqrt{2}\ V_3 \varepsilon^{j3\omega t}\right]$$

とおく. 両式より時間因子 $\varepsilon^{j\omega t}$ と $\varepsilon^{j3\omega t}$ を削除し，ベクトル記号法を導入すると，それぞれ

$$\sqrt{2}\ V_1\ \varepsilon^{j0} = \sqrt{2}\ \dot{V}_1$$

$$\sqrt{2}\,V_3\,\varepsilon^{j0}=\sqrt{2}\,\dot{V}_3$$

となる.

次に，電圧の第1項，第2項に関するインピーダンスは式（12・50）の右式より，それぞれ

$$\dot{Z}_1=R+j\omega L$$

$$\dot{Z}_3=R+j3\omega L$$

となるから，$\dot{I}_1,\dot{I}_3$ を式（12・52），（12・53）により求めると

$$\dot{I}_1=\frac{\sqrt{2}\,\dot{V}_1}{\dot{Z}_1}=\frac{\sqrt{2}\,\dot{V}_1}{R+j\omega L}=\frac{\sqrt{2}\,V_1\,\varepsilon^{j0}}{\sqrt{R^2+\omega^2L^2}}\,\varepsilon^{-j\tan^{-1}\omega L/R}=\frac{\sqrt{2}V_1}{\sqrt{R^2+\omega^2L^2}}\,\varepsilon^{-j\tan^{-1}\omega L/R}$$

$$\dot{I}_3=\frac{\sqrt{2}\,\dot{V}_3}{\dot{Z}_3}=\frac{\sqrt{2}\,\dot{V}_3}{R+j3\omega L}=\frac{\sqrt{2}\,V_3\,\varepsilon^{j0}}{\sqrt{R^2+9\omega^2L^2}}\,\varepsilon^{-j\tan^{-1}3\omega L/R}=\frac{\sqrt{2}\,V_3}{\sqrt{R^2+9\omega^2L^2}}\,\varepsilon^{-j\tan^{-1}3\omega L/R}$$

である．この二つを加え合わせて $\dot{I}$ を求めると

$$\dot{I}=\dot{I}_1+\dot{I}_3=\frac{\sqrt{2}\,V_1}{\sqrt{R^2+\omega^2L^2}}\,\varepsilon^{-j\tan^{-1}\omega L/R}+\frac{\sqrt{2}\,V_3}{\sqrt{R^2+9\omega^2L^2}}\,\varepsilon^{-j\tan^{-1}3\omega L/R}\quad〔A〕$$

となる.

さらに，瞬時値（時間領域表示）の電流 $i(t)$ に戻すとき，削除した時間因子 $\varepsilon^{j\omega t}$ と $\varepsilon^{j3\omega t}$ を復活させ，sin は複素指数関数の虚数部であることから，$i(t)$ は

$$i(t)=\mathrm{Im}\left[\frac{\sqrt{2}\,V_1}{\sqrt{R^2+\omega^2L^2}}\,\varepsilon^{j(\omega t-\tan^{-1}\omega L/R)}+\frac{\sqrt{2}\,V_3}{\sqrt{R^2+9\omega^2L^2}}\,\varepsilon^{j(3\omega t-\tan^{-1}3\omega L/R)}\right]$$

$$=\frac{\sqrt{2}\,V_1}{\sqrt{R^2+\omega^2L^2}}\,\sin\left(\omega t-\tan^{-1}\frac{\omega L}{R}\right)+\frac{\sqrt{2}\,V_3}{\sqrt{R^2+9\omega^2L^2}}\,\sin\left(3\omega t-\tan^{-1}\frac{3\omega L}{R}\right)$$

$$〔A〕$$

と求められる.

【例題12・6】　図**12・12**の電圧波形を RL 直列回路に加えたときの回路に流れる電流 $i(t)$ を求めよ．ただし，電圧の展開式は a_0,b_1,a_2 項までとする.

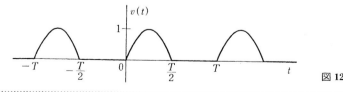

図 **12・12**

（解）　図の波形のフーリエ級数展開式は例題12・4ですでに求めた．それによると，フーリエ係数は

$$a_0 = \frac{2}{\pi} \quad , \quad a_2 = -\frac{2}{3\pi}$$

$$b_1 = \frac{1}{2}$$

である．これを用いて，電圧 $v(t)$ の展開式を $n = 2$ 項まで採用すると

$$v(t) = \frac{1}{\pi} + \frac{1}{2} \sin \omega t - \frac{2}{3\pi} \cos 2\omega t \quad \text{(V)}$$

である．ここで注意することは，上式の三角関数項を $\sin$ または $\cos$ のどちらかに統一することである．この問題では実数部をとるために $\cos$ に揃えると $v(t)$ は

$$v(t) = \frac{1}{\pi} + \frac{1}{2} \cos\left(\omega t - \frac{\pi}{2}\right) - \frac{2}{3\pi} \cos 2\omega t \quad \text{(V)}$$

と書き換えられる．

上式右辺の第2，第3項を複素指数関数の実数部と考えると

$$\frac{1}{2} \cos\left(\omega t - \frac{\pi}{2}\right) = \text{Re}\left[\frac{1}{2} \varepsilon^{j(\omega t - \pi/2)}\right]$$

$$-\frac{2}{3\pi} \cos 2\omega t = \text{Re}\left[-\frac{2}{3\pi} \varepsilon^{j\,2\omega t}\right]$$

のように表示できる．両式より時間因子 $\varepsilon^{j\omega t}$ と $\varepsilon^{j\,2\omega t}$ を削除してベクトル記号で表すと

$$\frac{1}{2} \varepsilon^{-j\frac{\pi}{2}} = \frac{1}{2} \dot{V}_1$$

$$-\frac{2}{3\pi} \varepsilon^{j\,0} = -\frac{2}{3\pi} \dot{V}_2$$

である．

さらに，この二つの項に対するインピーダンス $\dot{Z}$ は

$$\dot{Z}_1 = R + j\omega L$$

$$\dot{Z}_2 = R + j2\omega L$$

である．よって，$\dot{I}_1$ と $\dot{I}_2$ は

$$\dot{I}_1 = \frac{\dot{V}_1}{2\dot{Z}_1} = \frac{\dot{V}_1}{2(R+j\omega L)} = \frac{1}{2\sqrt{R^2+\omega^2 L^2}} \varepsilon^{-j\tan^{-1}\omega L/R} \varepsilon^{-j\frac{\pi}{2}}$$

$$= \frac{1}{2\sqrt{R^2+\omega^2 L^2}} \varepsilon^{-j(\pi/2 + \tan^{-1}\omega L/R)}$$

$$\dot{I}_2 = -\frac{2}{3\pi} \frac{\dot{V}_2}{\dot{Z}_2} = -\frac{2}{3\pi} \frac{\dot{V}_2}{R+j2\omega L} = -\frac{2}{3\pi} \frac{1}{\sqrt{R^2+4\omega^2 L^2}} \varepsilon^{-j\tan^{-1}2\omega L/R} \varepsilon^{j\,0}$$

$$= -\frac{2}{3\pi} \frac{1}{\sqrt{R^2+4\omega^2 L^2}} \varepsilon^{-j\tan^{-1} 2\omega L/R}$$

となる.

また直流分 $1/\pi$ による $\dot{I}_0$ は

$$\dot{I}_0 = \frac{\dot{V}_0}{R} = \frac{1}{\pi R}$$

であるから，$\dot{I}_0, \dot{I}_1, \dot{I}_2$ を加え合わせて $\dot{I}$ を求めると

$$\dot{I} = \dot{I}_0 + \dot{I}_1 + \dot{I}_2 = \frac{1}{\pi R} + \frac{1}{2\sqrt{R^2+\omega^2 L^2}} \varepsilon^{-j(\pi/2+\tan^{-1}\omega L/R)}$$

$$-\frac{2}{3\pi} \frac{1}{\sqrt{R^2+4\omega^2 L^2}} \varepsilon^{-j\tan^{-1} 2\omega L/R} \quad [\mathrm{A}]$$

となる.

削除した時間因子と複素指数関数の実数部を復活させ，瞬時値（時間領域表示）に直せば，$i(t)$ は

$$i(t) = \frac{1}{\pi R} + \mathrm{Re}\Big[\frac{1}{2\sqrt{R^2+\omega^2 L^2}} \varepsilon^{j(\omega t -\pi/2-\tan^{-1}\omega L/R)}$$

$$-\frac{2}{3\pi} \frac{1}{\sqrt{R^2+4\omega^2 L^2}} \varepsilon^{j(2\omega t-\tan^{-1} 2\omega L/R)} \Big]$$

$$= \frac{1}{\pi R} + \frac{1}{2\sqrt{R^2+\omega^2 L^2}} \cos\Big(\omega t -\frac{\pi}{2} -\tan^{-1}\frac{\omega L}{R}\Big)$$

$$-\frac{2}{3\pi} \frac{1}{\sqrt{R^2+4\omega^2 L^2}} \cos\Big(2\omega t-\tan^{-1}\frac{2\omega L}{R}\Big) \quad [\mathrm{A}]$$

となる.

12·3　ひずみ波の実効値と電力

ひずみ波の実効値について電流を例にとり説明する.

実効値電流 I は式（2·18）より

$$I = \sqrt{\frac{1}{T}\int_0^T i^2(t)\,dt} \tag{12·56}$$

である．ここで $i(t)$ がひずみ波であればフーリエ級数に展開できる．そこで，式（12·36）を用いて $i(t)$ をフーリエ級数展開すると

$$i(t) = I_0 + \sum_{n=1}^{\infty} I_n \sin(n\omega t + \psi_n) \qquad (12 \cdot 57)$$

となる．ただし，I_0, I_n はフーリエ係数であるが，回路では I_0 はひずみ波の直流分を表し，I_n は高調波の振幅を表す．I_0, I_n は式 $(12 \cdot 34)$ と式 $(12 \cdot 2), (12 \cdot 3)$ を用いて求められる．

式 $(12 \cdot 57)$ を式 $(12 \cdot 56)$ に入れると実効値電流 I は

$$I = \sqrt{\frac{1}{T} \int_0^T i^2(t)\, dt} = \sqrt{\frac{1}{T} \int_0^T \{I_0 + \sum_{n=1}^{\infty} I_n \sin(n\omega t + \psi_n)\}^2\, dt} \quad (12 \cdot 58)$$

と表示できる．

ここで式 $(12 \cdot 58)$ の { }^{2} 中を分解すると

$$\left\{ I_0 + \sum_{n=1}^{\infty} I_n \sin(n\omega t + \psi_n) \right\}^2$$

$$= \{ I_0 + I_1 \sin(\omega t + \psi_1) + I_2 \sin(2\omega t + \psi_2) + \cdots\cdots + I_n \sin(n\omega t + \psi_n) + \cdots\cdots \}^2$$

$$= \{ I_0^2 + I_1^2 \sin^2(\omega t + \psi_1) + I_2^2 \sin^2(2\omega t + \psi_2) + \cdots\cdots + I_n^2 \sin^2(n\omega t + \psi_n) + \cdots\cdots \}$$

$$+ 2I_0 \{ I_1 \sin(\omega t + \psi_1) + I_2 \sin(2\omega t + \psi_2) + \cdots\cdots + I_n \sin(n\omega t + \psi_n) + \cdots\cdots \}$$

$$+ 2I_1 \sin(\omega t + \psi_1) \{ I_2 \sin(2\omega t + \psi_2) + \cdots\cdots + I_n \sin(n\omega t + \psi_n) + \cdots\cdots \}$$

$$+ 2I_2 \sin(2\omega t + \psi_2) \{ I_3 \sin(3\omega t + \psi_3) + \cdots\cdots + I_n \sin(n\omega t + \psi_n) + \cdots\cdots \}$$

$$\vdots \qquad\qquad \vdots \qquad\qquad \vdots$$

$$(12 \cdot 59)$$

となる．式 $(12 \cdot 59)$ の各項を式 $(12 \cdot 58)$ に入れて積分を試みる．

まず式 $(12 \cdot 59)$ の第1行の各項については

$$\frac{1}{T} \int_0^T I_0^2\, dt = I_0^2 \qquad\qquad (12 \cdot 60)$$

$$\frac{1}{T} \int_0^T I_n^2 \sin^2(n\omega t + \psi_n)\, dt = \frac{1}{2} I_n^2 \qquad\qquad (12 \cdot 61)$$

である．

第2行については，式 $(12 \cdot 4)$ より

$$\frac{1}{T}\int_0^T I_0 I_n \sin(n\omega t + \psi_n)\,dt = 0 \tag{12·62}$$

となり，第3行以降についても，式(12·7)より

$$\frac{1}{T}\int_0^T I_h \sin(h\omega t + \psi_h)\,I_k \sin(k\omega t + \psi_k)\,dt = 0 \quad (h \fallingdotseq k) \tag{12·63}$$

である．

以上の式(12·60)から式(12·63)の結果を式(12·58)に代入すると，ひずみ波電流 $i(t)$ の実効値 I は

$$I = \sqrt{I_0^2 + \frac{1}{2}\sum_{n=1}^{\infty} I_n^2}\;\;\text{〔A〕} \tag{12·64}$$

となる．

同様に，ひずみ波電圧 $v(t)$ の実効値 V は

$$V = \sqrt{V_0^2 + \frac{1}{2}\sum_{n=1}^{\infty} V_n^2}\;\;\text{〔V〕} \tag{12·65}$$

である．

式(12·64),(12·65)をまとめると，ひずみ波の実効値は

$$\text{ひずみ波の実効値} = \sqrt{(\text{直流分})^2 + \frac{1}{2}\sum_{n=1}^{\infty}(\text{各高調波の振幅})^2}$$

次に，ひずみ波の電圧・電流による電力について考えてみる．

ある負荷をもつ回路に

$$v(t) = V_0 + \sum_{n=1}^{\infty} V_n \sin(n\omega t + \theta_n)$$

なるひずみ波電圧を加えたとき，ひずみ波電流

$$i(t) = I_0 + \sum_{n=1}^{\infty} I_n \sin(n\omega t + \psi_n)$$

が流れたとする．この回路の瞬時電力は

$$p = vi = \left\{ V_0 + \sum_{n=1}^{\infty} V_n \sin(n\omega t + \theta_n) \right\}\left\{ I_0 + \sum_{n=1}^{\infty} I_n \sin(n\omega t + \psi_n) \right\}$$

$$\tag{12·66}$$

であり，平均電力（有効電力）は式(4·42)より

$$P_a = \frac{1}{T} \int_0^T p\, dt$$

$$= \frac{1}{T} \int_0^T \left\{ V_0 + \sum_{n=1}^{\infty} V_n \sin(n\omega t + \theta_n) \right\} \left\{ I_0 + \sum_{n=1}^{\infty} I_n \sin(n\omega t + \psi_n) \right\} dt$$

$$(12\cdot67)$$

となる. ここで式 (12・67) の { }{ } の中を分解すると

$$\left\{ V_0 + \sum_{n=1}^{\infty} V_n \sin(n\omega t + \theta_n) \right\} \left\{ I_0 + \sum_{n=1}^{\infty} I_n \sin(n\omega t + \psi_n) \right\}$$

$$\left. \begin{aligned} &= V_0 I_0 + \sum_{n=1}^{\infty} I_0 V_n \sin(n\omega t + \theta_n) \\ &\quad + \sum_{n=1}^{\infty} V_0 I_n \sin(n\omega t + \psi_n) \\ &\quad + \sum_{n=1}^{\infty} V_n I_n \sin(n\omega t + \theta_n) \sin(n\omega t + \psi_n) \\ &\quad + \sum_{h=1}^{\infty} \sum_{k=1}^{\infty} V_h I_k \sin(h\omega t + \theta_h) \sin(k\omega t + \psi_k) \end{aligned} \right\} \quad (12\cdot68)$$

となる. 式 (12・68) の第 1 行を式 (12・67) に入れて積分すると

$$\frac{1}{T} \int_0^T \left\{ V_0 I_0 + \sum_{n=1}^{\infty} I_0 V_n \sin(n\omega t + \theta_n) \right\} dt = \frac{1}{T} \int_0^T V_0 I_0\, dt = V_0 I_0$$

$$(12\cdot69)$$

であり，第 2 行と第 4 行については式 (12・4), (12・7) により

$$\left. \begin{aligned} &\frac{1}{T} \int_0^T V_0 I_n \sin(n\omega t + \theta_n)\, dt = 0 \\ &\frac{1}{T} \int_0^T \sum_{h=1}^{\infty} \sum_{k=1}^{\infty} V_h I_k \sin(h\omega t + \theta_h) \sin(k\omega t + \psi_k)\, dt = 0 \quad (h \neq k) \end{aligned} \right\}$$

$$(12\cdot70)$$

となる. 残る第 3 行を式 (12・67) に入れて積分すると

$$\frac{1}{T} \int_0^T \sum_{n=1}^{\infty} V_n I_n \sin(n\omega t + \theta_n) \sin(n\omega t + \psi_n)\, dt$$

$$= \frac{1}{2T} \sum_{n=1}^{\infty} V_n I_n \int_0^T \left\{ \cos(\theta_n - \psi_n) - \cos(2n\omega t + \theta_n + \psi_n) \right\} dt \quad (12\cdot71)$$

となるが，右辺の被積分関数の第2項は，式(12·5)より

$$\int_0^T \cos(2n\omega t + \theta_n + \psi_n)\,dt = 0$$

となるから，結局式(12·71)は

$$\frac{1}{2}\sum_{n=1}^{\infty} V_n I_n \cos(\theta_n - \psi_n) \tag{12·72}$$

である．

以上の式(12·69)から式(12·72)を式(12·67)に代入してひずみ波の平均電力を求めると

$$P_a = V_0 I_0 + \frac{1}{2}\sum_{n=1}^{\infty} V_n I_n \cos(\theta_n - \psi_n) \;\text{〔W〕} \tag{12·73}$$

となる．ここで $\theta_n - \psi_n$ は電圧と電流との位相差であり，$\cos(\theta_n - \psi_n)$ は力率である．$\theta_n - \psi_n$ を記号 φ_n で表すと式(12·73)は

$$P_a = V_0 I_0 + \frac{1}{2}\sum_{n=1}^{\infty} V_n I_n \cos\varphi_n \;\text{〔W〕} \tag{12·74}$$

となる．

【例題12·7】　図12·13のひずみ波電流の実効値を求めよ．ただし，$T = 2\pi/\omega$ である．

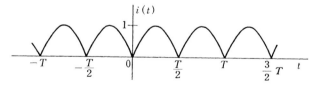

図12·13

（**解**）　実効値電流は式(12·64)から

$$I = \sqrt{I_0^2 + \frac{1}{2}\sum_{n=1}^{\infty} I_n^2}$$

である．

ここで I_0, I_n は式(12·34)で与えられるフーリエ係数である．

問題の波形は例題12·2と同一であるから，ひずみ波電流 $i(t)$ のフーリエ級数は式(12·30)より

$$i(t) = \frac{2}{\pi} - \frac{4}{\pi} \left(\frac{\cos 2\omega t}{3} + \frac{\cos 4\omega t}{15} + \cdots\cdots \right) \ \text{〔A〕}$$

である. 波形は偶関数であるから, b_n 項は 0 である.

また, $I_0 = a_0/2$, $I_n = a_n$. したがって実効値電流 I は

$$I = \sqrt{\left(\frac{2}{\pi}\right)^2 + \frac{1}{2}\left\{\left(\frac{4}{3\pi}\right)^2 + \left(\frac{4}{15\pi}\right)^2\right\}} = \frac{1}{\pi}\sqrt{4 + \frac{1}{2}\left(\frac{16}{3^2} + \frac{16}{15^2}\right)} \approx 0.707 \ \text{〔A〕}$$

(別解) 実効値の式 (12・56) より

$$I = \sqrt{\frac{1}{T}\int_0^T i^2(t)\,dt} = \sqrt{\frac{1}{T}\int_0^T |\sin\omega t|^2\,dt} = \sqrt{\frac{1}{T}\int_0^T \sin^2\omega t\,dt}$$

$$= \sqrt{\frac{1}{T}\int_0^T \frac{1-\cos 2\omega t}{2}\,dt} = \sqrt{\frac{1}{2}\left[t\,\Big|_0^T\right]} = \frac{1}{\sqrt{2}} \approx 0.707 \ \text{〔A〕}$$

【例題12・8】 図 12・14 のひずみ波電圧の実効値を求めよ. ただし, フーリエ級数は $n=3$ まで採用せよ.

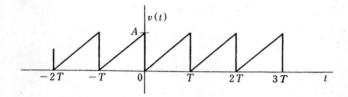

図 12・14

(解) 図のひずみ波電圧をフーリエ級数に展開して $n=3$ までとると $v(t)$ は

$$v(t) = \frac{A}{2} - \frac{A}{\pi}\left(\sin\omega t + \frac{\sin 2\omega t}{2} + \frac{\sin 3\omega t}{3}\right) \ \text{〔V〕}$$

である. 実効値電圧 V は式 (12・65) より

$$V = \sqrt{V_0^2 + \frac{1}{2}\sum_{n=1}^{\infty} V_n^2} = \sqrt{\left(\frac{A}{2}\right)^2 + \frac{1}{2}\left\{\frac{A^2}{\pi^2}\left(1 + \frac{1}{4} + \frac{1}{9}\right)\right\}} \approx 0.566\,A \ \text{〔V〕}$$

(別解) 図 12・14 の波形の数式 $v = \frac{A}{T}t\ (0 < t < T)$ を式 (12・56) に入れると, 実効値電圧 V は

$$V = \sqrt{\frac{1}{T}\int_0^T v^2\,dt} = \sqrt{\frac{1}{T}\int_0^T \left(\frac{A}{T}t\right)^2\,dt} = \sqrt{\frac{A^2}{T^3}\int_0^T t^2\,dt}$$

$$= \sqrt{\frac{A^2}{T^3}\frac{1}{3}\left[t^3\,\Big|_0^T\right]} = \sqrt{\frac{A^2}{T^3}\frac{1}{3}T^3} = \frac{A}{\sqrt{3}} \approx 0.577\,A \ \text{〔V〕}$$

【**例題12・9**】　ある回路の電圧，電流を

$$v(t) = 10\sin(\omega t + 45°) - 5\cos(5\omega t + 70°) + 3\cos(7\omega t - 30°) \ \text{〔V〕}$$

$$i(t) = 3\sin(\omega t + 75°) + 3\sin(5\omega t - 20°) + 4\cos(7\omega t + 30°) \ \text{〔A〕}$$

とする．この回路の平均電力を求めよ．

（**解**）　**12・2**に記載した手順（252ページ）と例題**12・6**で注意したように，$v(t), i(t)$ を sin 項または cos 項のどちらかに揃える．ここでは cos に統一すると，$v(t), i(t)$ は

$$v(t) = 10\cos(\omega t + 45° - 90°) - 5\cos(5\omega t + 70°) + 3\cos(7\omega t - 30°) \ \text{〔V〕}$$

$$i(t) = 3\cos(\omega t + 75° - 90°) + 3\cos(5\omega t - 20° - 90°) + 4\cos(7\omega t + 30°) \ \text{〔A〕}$$

となる．この例では直流分がないので平均電力 P_a は式（12・73）または式（12・74）より

$$P_a = V_0 I_0 + \frac{1}{2}\sum_{n=1}^{\infty} V_n I_n \cos(\theta_n - \psi_n)$$

$$= \frac{1}{2}\{10 \times 3\cos(-30°) - 5 \times 3\cos 180° + 3 \times 4\cos(-60°)\}$$

$$= \frac{1}{2}\{30 \times 0.866 + 15 + 12 \times 0.5\} \approx 23.5 \ \text{〔W〕}$$

である．

12・4　ひずみ波の皮相電力と力率

皮相電力 P_s は **4・6** で定義されているように，電圧と電流の実効値を V, I とすれば

$$P_s = VI \ \text{〔VA〕} \tag{12・75}$$

である．ひずみ波の電圧，電流の実効値は前節の式（12・64），（12・65）で与えられるから，ひずみ波の皮相電力は

$$P_s = \sqrt{\left(V_0^2 + \frac{1}{2}\sum_{n=1}^{\infty} V_n^2\right)\left(I_0^2 + \frac{1}{2}\sum_{n=1}^{\infty} I_n^2\right)} \ \text{〔VA〕} \tag{12・76}$$

となる．

また力率も **4・6** での定義により，平均電力を P_a とすれば

$$\cos\varphi = \frac{P_a}{VI} = \frac{P_a}{P_s}$$

である．したがってひずみ波の力率は，ひずみ波の平均電力として式(12·74)を，実効値の電圧・電流として式(12·64), (12·65)を用いれば次式を得る．

$$
\cos\varphi = \frac{V_0 I_0 + \dfrac{1}{2}\sum_{n=1}^{\infty} V_n I_n \cos\varphi_n}{\sqrt{\left(V_0^2 + \dfrac{1}{2}\sum_{n=1}^{\infty} V_n^2\right)\left(I_0^2 + \dfrac{1}{2}\sum_{n=1}^{\infty} I_n^2\right)}}
\tag{12·77}
$$

さらに，ひずみ波のひずみ率[1]，波形率，波高率は電圧を例にとれば，それぞれ

$$
\text{ひずみ率} = \frac{n=1\text{ 以外の全高調波の実効値}}{\text{基本波}(n=1)\text{の実効値}} = \frac{\sqrt{\dfrac{1}{2}\sum_{n=2}^{\infty} V_n^2}}{V_1}
\tag{12·78}
$$

$$
\text{波 形 率} = \frac{\text{実効値}}{\text{平均値}} = \frac{\sqrt{\dfrac{1}{T}\displaystyle\int_0^T v^2\,dt}}{\dfrac{1}{T}\displaystyle\int_0^T |v|\,dt}
\tag{12·79}
$$

$$
\text{波 高 率} = \frac{\text{最大値}}{\text{実効値}} = \frac{V_n}{\sqrt{\dfrac{1}{T}\displaystyle\int_0^T v^2\,dt}}
\tag{12·80}
$$

で定義される．電流についてもまったく同様に定義される．

【例題 12·10】 例題 12·9 の電圧，電流について皮相電力と力率を求めよ．

（解） 平均電力 P_a はすでに計算してあるので皮相電力のみを求めれば力率も定まる．
皮相電力は式(12·76)より

$$
P_s = \sqrt{\left(V_0^2 + \frac{1}{2}\sum_{n=1}^{\infty} V_n^2\right)\left(I_0^2 + \frac{1}{2}\sum_{n=1}^{\infty} I_n^2\right)}
$$

であるが，この例では直流分がないので

$$
P_s = \sqrt{\frac{1}{2}(10^2+5^2+3^2)\frac{1}{2}(3^2+3^2+4^2)} \approx 33.75 \text{ 〔VA〕}
$$

となる．
また力率 $\cos\varphi$ は式(12·77)より

$$
\cos\varphi = \frac{P_a}{P_s} = \frac{23.5}{33.75} \approx 0.696
$$

である．

---
[1] ひずみ率 distortion factor

【**例題 12・11**】　電圧 $v(t) = A \sin \omega t$ の波形率と波高率を求めよ.

（**解**）　波形率は式 (12・79) より実効値/平均値である.

実効値は

$$\sqrt{\frac{1}{T}\int_0^T A^2 \sin^2 \omega t\, dt} = \frac{A}{\sqrt{2}}$$

であり, 平均値は

$$\frac{1}{T}\int_0^T |A \sin \omega t|\, dt = \frac{2A}{\pi}$$

である. したがって

$$波形率 = \frac{A/\sqrt{2}}{2A/\pi} = \frac{\pi}{2\sqrt{2}} \approx 1.11$$

である.

次に, 波高率は式 (12・80) より最大値/実効値である.

最大値は A であるから波高率は

$$波高率 = \frac{A}{A/\sqrt{2}} = \sqrt{2} \approx 1.41$$

である.

【**例題 12・12**】　ひずみ波電圧
$$v(t) = 50 \sin(\omega t + 30°) - 30 \sin(3\omega t + 60°) + 15 \sin(5\omega t)\ 〔V〕$$
のひずみ率を求めよ.

（**解**）　式 (12・78) よりひずみ率は, 〔$n=1$ 以外の全高調波の実効値/基本波（$n=1$）の実効値〕である. まず基本波の実効値 V_1 は

$$V_1 = \frac{50}{\sqrt{2}}\ 〔V〕$$

であり, 高調波の実効値は

$$\sqrt{\frac{1}{2}\sum_{n=2}^{\infty} V_n^2} = \sqrt{\frac{1}{2}(30^2 + 15^2)} = \frac{\sqrt{1125}}{\sqrt{2}}\ 〔V〕$$

である. したがって, ひずみ率は

$$ひずみ率 = \frac{\sqrt{1\,125}}{\sqrt{2}} \times \frac{\sqrt{2}}{50} \approx 0.67$$

である.

12章　演 習 問 題

1　積分公式 (12・4)～(12・10) を証明せよ.

2　図の電流波形のフーリエ級数展開式を $n=5$
まで求めよ.

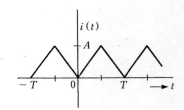

3　図に示したひずみ波電圧のフーリエ級数
を $n=3$ まで求めよ.

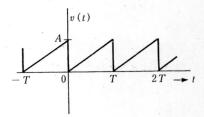

4　図の電流波形のフーリエ級数を $n=5$ ま
で求めよ.

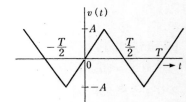

5　図のひずみ波電流のフーリエ級数を $n=4$
まで求めよ.

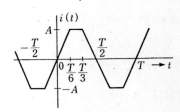

6　図の RL 直列回路に問題2と同一のひずみ波電圧
を加えた. 電流 $i(t)$ とその実効値 I および平均電力
P_a を求めよ. ただし, ひずみ波電圧のフーリエ級数
は $n=3$ までとする.

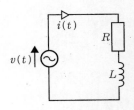

7 図の RC 直列回路に問題3と同一のひずみ波電流が流れている．キャパシタンス両端の電圧降下 $v_C(t)$ を求めよ．ただし，ひずみ波電流のフーリエ級数は $n=3$ までとする．

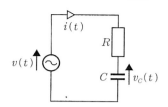

8 ある回路の電圧，電流が

$$v(t) = 10 \cos\left(\omega t + \frac{\pi}{6}\right) + 5 \sin\left(3\omega t + \frac{\pi}{3}\right) + 3 \cos\left(5\omega t - \frac{\pi}{6}\right) \text{ (V)}$$

$$i(t) = 3 \sin\left(\omega t + \frac{\pi}{3}\right) + 3 \sin\left(3\omega t - \frac{\pi}{6}\right) + 4 \sin\left(5\omega t + \frac{\pi}{3}\right) \text{ (A)}$$

であった．電圧，電流の実効値とこの回路の平均電力を求めよ．

9 問題2の波形のひずみ率，波高率を求めよ．ただし，$n=5$ の高調波までとする．

参 考 文 献

1) 川村雅恭：電気回路，昭晃堂（1992年）
2) W. H. Hayt Jr. and J. E. Kemmery（荒川，熊本，山下訳）：工学を学ぶ人のための回路解析（上，下），マグロウヒルブック（1990年）
3) 浅川　毅：絵とき電気回路の計算，オーム社（1990年）
4) 本田徳正，茂木仁博，角田浩二：電気回路計算法，日本理工出版会（1988年）
5) 石井六哉：回路理論，昭晃堂（1988年）
6) 秋月影雄：回路理論の基礎，日新出版（1987年）
7) J. A. Edminister（村崎憲雄ほか訳）：マグロウヒル大学演習シリーズ電気回路，マグロウヒルブック（1986年）
8) 本田徳正：テキストブック電気回路，日本理工出版会（1986年）
9) 末崎輝雄，森　真作，高橋進一：回路理論例題演習，コロナ社（1983年）
10) 佐藤瑞穂，山本健二：基礎交流理論演習，培風館（1982年）
11) 松元　崇，築地孝昭：電気回路，学献社（1978年）
12) 東海大学回路工学研究会編：電気回路の基礎（Ⅰ，Ⅱ，Ⅲ），東海大学出版会（1975年）
13) 山口勝也：詳解電気回路・過渡現象演習，日本理工出版会（1971年）
14) 末武国弘：基礎電気回路Ⅰ，培風館（1971年）
15) 電気学会通信教育会：電気回路理論（改訂版），電気学会（1970年）
16) 鍛治幸悦，岡田新之助：電気回路Ⅰ（線形回路，定態論），コロナ社（1966年）
17) 松元　崇：改訂電気回路論演習，学献社（1966年）
18) 富田　稔：電気理論の総合整理（上，下），コロナ社（1966年）
19) 佐藤　穂：基礎交流理論演習，培風館（1965年）
20) 広田友義，平山　博：行列式とマトリクス，電気書院（1961年）
21) 末崎輝雄，天野　弘：電気回路理論，コロナ社（1958年）
22) 電検問題標準解答集，コロナ社
23) 無線従事者国家試験問題解答集，近代科学社
24) 無線従事者1・2級既出問題集，CQ出版

演習問題 解答

■ 1章の解答

1. $19.9 \, [\mathrm{k\Omega}]$ 2. $0.01 \, [\Omega]$

3. $R_2 = 10 \, [\Omega]$, $R_3 = 5 \, [\Omega]$, $R_4 = 10 \, [\Omega]$

4. $I_1 = 1.14 \, [\mathrm{A}]$, $I_2 = 2.03 \, [\mathrm{A}]$, $I_3 = 2.26 \, [\mathrm{A}]$, $I_4 = 1.37 \, [\mathrm{A}]$, $I_5 = 0.89 \, [\mathrm{A}]$

5. $V_{ab} = 7.5 \, [\mathrm{V}]$ 6. $r = R = 2.5 \, [\Omega]$

■ 2章の解答

1. $v(t) = 141 \sin\left(\omega t + \dfrac{\pi}{4}\right) \, [\mathrm{V}]$

2. 最大値 $= V_m$ 実効値 $= \dfrac{1}{2} V_m$ 平均値 $= 0.318 \, V_m$
   ピークピーク値 $= V_m$

3. 平均値 $= 0.54 \, V_m$ 実効値 $= 0.58 \, V_m$

4. $\theta = 0.96 \, [\mathrm{rad}]$

■ 3章の解答

1. 瞬時電圧 $= 250\sqrt{2} \, \sin \omega t \, [\mathrm{V}]$ 実効値 $= 250 \, [\mathrm{V}]$

2. $X_L = 1.57 \, [\Omega]$, $I = 2 \, [\mathrm{A}]$, $f = 159 \, [\mathrm{Hz}]$

3. $X_C = 31.8 \, [\Omega]$, $X_{C(1\mathrm{k})} = 1.59 \, [\Omega]$, $X_{C(5\mathrm{k})} = 0.318 \, [\Omega]$

4. $C = 500 \, [\mu\mathrm{F}]$

■ 4章の解答

1. $v = 18.75 \sin(200\,t - 36.9°) \, [\mathrm{V}]$
   $i = 3.75 \sin(200\,t - 90°) \, [\mathrm{A}]$
   位相差 $= 53.1°$ インピーダンス $Z = 5 \, [\Omega]$

2. $v = 150 \cos(1\,500\,t + 70.5°) \, [\mathrm{V}]$
   電流の進み角 $= 19.5°$ インピーダンス $Z = 30 \, [\Omega]$

3. $i = 7.07 \sin(2\,000\,t) \, [\mathrm{A}]$
   $i_r = 5 \sin(2\,000\,t) \, [\mathrm{A}]$

位相差 $= 45°$

4. $i = 76.5 \cos (5\,000\,t + 48.7°)$ 〔A〕

5. $L = 23$ 〔mH〕 $C = 86.6$ 〔μF〕

6. $P_a = 250$ 〔W〕, $P_r = 433$ 〔var〕, $P_s = 500$ 〔VA〕, $\cos\varphi = 0.5$

■ 5章の解答

1. $I_1 = 8\sqrt{2}$ 〔A〕, $I_2 = 8$〔A〕, I_1 の $\varphi = 45°$, I_2 の $\varphi = -90°$

2. $V = 80 \angle 0$ 〔V〕 $I = 10 \angle \dfrac{\pi}{4}$ 〔A〕

3. $\dot{I} = 0.16 \angle -37.0°$〔A〕, $\dot{V}_R = 79.8 \angle -37.0°$ 〔V〕, $\dot{V}_L = 60.2 \angle 53°$ 〔V〕

    $v_R = \sqrt{2}\ 79.8 \sin (120\,\pi t - 37°)$ 〔V〕

    $v_L = \sqrt{2}\ 60.2 \sin (120\,\pi t - 53°)$ 〔V〕

4. $\dot{I} = 1.89$〔A〕 $\dot{Y} = \dfrac{\sqrt{2}}{60} \angle -15°$ 〔S〕

5. $\dot{I} = 0.6 - j\,0.8$ 〔A〕

6. $\dot{I}_R = 2 + j\,2$ 〔A〕 $\dot{I}_L = \dfrac{5}{2} - j\dfrac{5}{2}$ 〔A〕 $\dot{I}_C = -5 + j\,5$ 〔A〕

7. $\dot{V}_R = RI = \dfrac{R}{Z}$〔V〕 $\dot{V}_C = XI = \dfrac{X}{Z}$〔V〕 $\theta = \tan^{-1}\dfrac{V}{\omega CR}$

8. $I = 11$〔A〕, $P_a = 1\,452$〔W〕, $P_r = 1\,936$〔var〕, $P_s = 2\,420$〔VA〕

9. $P_a = 692$〔W〕 $P_r = 400$〔var〕

10.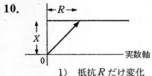

1) 抵抗 R だけ変化

2) リアクタンス ωL だけ変化

11.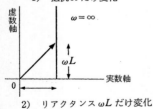

インピーダンスベクトル図

アドミタンスベクトルの軌跡

■ 6章の解答

1. $\dot{Z} = 8 + j\,6$ 〔Ω〕, $\dot{I} = 8 - j\,6$ 〔A〕, $I = 10$ 〔A〕,

    $\dot{V}_1 = 48 + j\,14$ 〔V〕, $\dot{V}_2 = 52 - j\,14$ 〔V〕, $V_1 = 50$ 〔V〕,

    $V_2 = 53.9$ 〔V〕, $P_a = 800$ 〔W〕, $P_r = 600$ 〔var〕, $\cos\theta = 0.8$ または 80%

2. $\dot{I}_1 = 5 + j\,10$ 〔A〕, $I_1 = 11.2$ 〔A〕, $\dot{I}_2 = 4 + j\,3$ 〔A〕

$I_2 = 5$ 〔A〕, $\dot{I}_3 = 3 - j\,4$ 〔A〕, $I_3 = 5$ 〔A〕,

$\dot{Y} = 0.48 + j\,0.36$ 〔S〕, $Y = 0.6$ 〔S〕, $\dot{I} = 12 + j\,9$ 〔A〕,

$I = 15$ 〔A〕, $\dot{V}_{ab} = 11 + j\,2$ 〔V〕

3. $\dot{Z} = 5.04 - j\,0.06$ 〔Ω〕, $\dot{I} = 19.8 + j\,0.24$ 〔A〕

4. 例題6・4の（解）に $\omega^2 LC \ll 1$, $\omega^2 R^2 C^2 \ll 1$ の条件を適用すればよい.

5. $\dot{Z} = 10.94 - j\,1.29$ 〔Ω〕, $\dot{I} = 9.02 + j\,1.06$ 〔A〕

6. $\dot{I}_1 = -4.46 + j\,4.16$ 〔A〕, $\dot{I}_2 = -2.68 + j\,22.5$ 〔A〕, $\dot{I}_3 = -7.14 + j\,26.6$ 〔A〕

7. $\dot{I} = 2 + j\,0$ 〔A〕

8. $f = \dfrac{1}{2\pi\sqrt{C_3 C_4 R_3 R_4}}$

9. $R_1 = \dfrac{R_2 R_3}{R_4}$, $L_1 = CR_1 R_4 + CR_1 R + CR_3 R$

10. $Q' = 141.4$ **11.** $I = 0.2$ 〔mA〕

12. $\dot{Y} = \dfrac{(\omega C)^2 R_C}{1 + (\omega C R_C)^2} + \dfrac{R_L}{R_L^2 + (\omega L)^2} + j\left\{ \dfrac{\omega C}{1 + (\omega C R_C)^2} - \dfrac{\omega L}{R_L^2 + (\omega L)^2} \right\}$

$\dot{Z}_0 = \dfrac{(\omega L)^2 + (\omega C R_L R_C)^2 + (\omega^2 L C R_C)^2 + R_L^2}{R_C(\omega C R_L)^2 + R_C(\omega^2 L C)^2 + R_L(\omega C R_C)^2 + R_L}$

$f_0 = \dfrac{1}{2\pi\sqrt{LC}}\sqrt{\dfrac{CR_L^2 - L}{CR_C^2 - L}}$

13. $\dfrac{L}{C} = R^2 + \dfrac{1}{(\omega C)^2}$ $\dot{I} = \dfrac{R}{R^2 + \left(\dfrac{1}{\omega C}\right)^2}\dot{V}$

14. $R_1 = X_{L1} + \dfrac{X_{L2} X_{L3}(X_{L2} + X_{L3}) + X_{L3} R_2 (R_2 - X_{L3})}{R_2^2 + (X_{L2} + X_{L3})^2}$

15. $f = \dfrac{1}{2\pi\sqrt{LC}}$ **16.** $R = \sqrt{\dfrac{L}{C}}$ （ただし, $R \geqq 0$）

■ **7章の解答**

1. $\dot{Z} = (R_1 + R_2) + j\omega(L_1 + L_2 + 2M)$

2. $\dot{I}_1 = \dfrac{\{R_2 + j\omega(L_2 + M)\}\dot{V}}{\{R_1 R_2 - \omega^2 L_1 L_2 + (\omega M)^2\} + j\omega(R_2 L_1 + R_1 L_2)}$

$\dot{I}_2 = \dfrac{\{R_1 + j\omega(L_1 + M)\}\dot{V}}{\{R_1 R_2 - \omega^2 L_1 L_2 + (\omega M)^2\} + j\omega(R_2 L_1 + R_1 L_2)}$

$$\dot{I} = \dot{I}_1 + \dot{I}_2 = \frac{\{R_1 + R_2 + j\omega(L_1 + L_2 + 2M)\}\dot{V}}{\{R_1 R_2 - \omega^2 L_1 L_2 + (\omega M)^2\} + j\omega(R_2 L_1 + R_1 L_2)}$$

$$\dot{Z} = \frac{\{R_1 R_2 - \omega^2 L_1 L_2 + (\omega M)^2\} + j\omega(R_2 L_1 + R_1 L_2)}{\{R_1 + R_2 + j\omega(L_1 + L_2 - 2M)\}}$$

3. $\dot{Z} = \dfrac{R(\omega L - \omega M)^2}{R^2 + (\omega L)^2} + j\omega \dfrac{(L-M)\{2R^2 + \omega L(\omega L + \omega M)\}}{R^2 + (\omega L)^2}$

4. $f = \dfrac{1}{2\pi\sqrt{MC}}$

5. $\dot{Z} = \left\{R_1 + \dfrac{R_2(\omega M)^2}{R_2^2 + (\omega L_2)^2}\right\} + j\omega\left\{L_1 - \dfrac{L_2(\omega M)^2}{R_2^2 + (\omega L_2)^2}\right\}$

6. $\dot{I}_1 = 4 - j4$ 〔A〕, $\dot{I}_2 = j4$ 〔A〕, $\dot{Z} = 12.5 + j12.5$ 〔Ω〕

7. $f = \dfrac{1}{2\pi}\sqrt{\dfrac{L_1}{(L_1 L_2 - M^2)C}}$ **8.** $R_1 = \omega L_1 - \dfrac{(\omega M)^2(R_2 + \omega L_2)}{R_2^2 + (\omega L_2)^2}$

9. $f_0 = 500$ 〔kHz〕, $M = 1.27$ 〔μH〕, $I_{2(max)} = 1.25$ 〔A〕,
   $Q = 78.5$, $k = 0.0127$

■ 8章の解答

1. アドミタンスパラメータ, インピーダンスパラメータの定義と F パラメータの定義とでは出力端の電流 $\dot{I}_2$ の向きが逆であることに注意すること（図8・1, 図8・6 を参照）.

2. 省略   **3.** 問題1と同様な注意をすること.

4. $\begin{bmatrix} \dot{Y}_{11} & \dot{Y}_{12} \\ \dot{Y}_{21} & \dot{Y}_{22} \end{bmatrix} = \dfrac{1}{5}\begin{bmatrix} 2 & -1 \\ -1 & 3 \end{bmatrix}$ 〔S〕

5. $\begin{bmatrix} \dot{A} & \dot{B} \\ \dot{C} & \dot{D} \end{bmatrix} = \dfrac{1}{\dot{Z}_5}\begin{bmatrix} (\dot{Z}_1 + \dot{Z}_2 + \dot{Z}_5) & (\dot{Z}_1 + \dot{Z}_2 + \dot{Z}_5)(\dot{Z}_3 + \dot{Z}_4 + \dot{Z}_5) - \dot{Z}_5^2 \\ 1 & (\dot{Z}_3 + \dot{Z}_4 + \dot{Z}_5) \end{bmatrix}$

6. $\begin{bmatrix} \dot{Z}_{11} & \dot{Z}_{12} \\ \dot{Z}_{21} & \dot{Z}_{22} \end{bmatrix} = \begin{bmatrix} 2 - j4 & -j4 \\ -j4 & -j2 \end{bmatrix}$ 〔Ω〕
   $\dot{I}_2 = 1.61 \angle 137.7°$ 〔A〕

■ 9章の解答

1. 省略   **2.** 省略

3. $\dot{Z}_{01} = \dot{Z}_{02} = \sqrt{\left(\dot{Z}_1 \dot{Z}_2 + \dfrac{\dot{Z}_1^2}{4}\right)}$

   $\tanh\dot{\theta} = \sqrt{\dfrac{\dot{Z}_1^2 + 4\dot{Z}_1\dot{Z}_2}{(\dot{Z}_1 + 2\dot{Z}_2)^2}}$ $\cosh\dot{\theta} = 1 + \dfrac{\dot{Z}_1}{2\dot{Z}_2}$

4.

$$\begin{bmatrix} \dot{A} & \dot{B} \\ \dot{C} & \dot{D} \end{bmatrix} = \begin{bmatrix} \sqrt{\dfrac{\dot{Z}_{01}}{\dot{Z}_{02}}}\cosh\dot{\theta} & \sqrt{\dot{Z}_{01}\dot{Z}_{02}}\sinh\dot{\theta} \\[2em] \dfrac{1}{\sqrt{\dot{Z}_{01}\dot{Z}_{02}}}\sinh\dot{\theta} & \sqrt{\dfrac{\dot{Z}_{02}}{\dot{Z}_{01}}}\cosh\dot{\theta} \end{bmatrix}$$

5.　遮断角周波数　　　$\omega_1 = 3.16\times10^3$ 〔rad/s〕

　　　公称インピーダンス　$K = 63.2$ 〔Ω〕

6.

$2C = 166.6$ 〔nF〕

$2L = 60$ 〔mH〕

■　**10章の解答**

1.　$\dot{E}_a = -50+j\,86.6$ 〔V〕
　　　$\dot{E}_b = 100+j\,0$ 　〔V〕
　　　$\dot{E}_c = -50-j\,86.6$ 〔V〕

$e_a = 100\sqrt{2}\,\sin\left(\omega t + \dfrac{2}{3}\pi\right)$ 〔V〕

$e_b = 100\sqrt{2}\,\sin\omega t$ 〔V〕

$e_c = 100\sqrt{2}\,\sin\left(\omega t - \dfrac{2}{3}\pi\right)$ 〔V〕

2.　$\dot{E}_a = -75+j\,129.9 = 150\,\varepsilon^{\,j\frac{2}{3}\pi}$ 〔V〕
　　　$\dot{E}_c = -75-j\,129.9 = 150\,\varepsilon^{\,-j\frac{2}{3}\pi}$〔V〕
　　　$\dot{V}_{ab} = -225+j\,129.9 = 150\sqrt{3}\,\varepsilon^{\,j\frac{5}{6}\pi}$ 〔V〕
　　　$\dot{V}_{bc} = \ \ 225+j\,129.9 = 150\sqrt{3}\,\varepsilon^{\,j\frac{1}{6}\pi}$ 〔V〕
　　　$\dot{V}_{ca} = -j\,259.8 \ \ \ \ \ = 150\sqrt{3}\,\varepsilon^{\,-j\frac{1}{2}\pi}$〔V〕

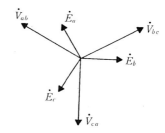

3.　内部インピーダンスが $\dfrac{\dot{Z}_c}{3}$ で，起電力が

$\dfrac{\dot{E}_{ab}\,\varepsilon^{\,-j\frac{1}{6}\pi}}{\sqrt{3}}$ のY形起電力と等価になる．

4.　$\dot{I}_a = 15\,\varepsilon^{\,j\frac{1}{2}\pi}$ 〔A〕
　　　$\dot{I}_b = 15\,\varepsilon^{\,-j\frac{1}{6}\pi}$ 〔A〕
　　　$\dot{I}_c = 15\,\varepsilon^{\,-j\frac{5}{6}\pi}$ 〔A〕

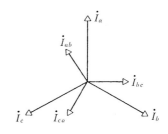

5. $\dot{I}_{ab} = 8.7\,\varepsilon^{j\frac{1}{3}\pi}$ 〔A〕

$\dot{I}_{bc} = 8.7\,\varepsilon^{-j\frac{1}{3}\pi}$ 〔A〕

$\dot{I}_{ca} = 8.7\,\varepsilon^{j\pi}$ 〔A〕

$\dot{I}_{a} = 15\,\varepsilon^{j\frac{1}{6}\pi}$ 〔A〕

$\dot{I}_{b} = 15\,\varepsilon^{-j\frac{1}{2}\pi}$ 〔A〕

$\dot{I}_{c} = 15\,\varepsilon^{j\frac{5}{6}\pi}$ 〔A〕

$P_3 = 3\,897$ 〔W〕

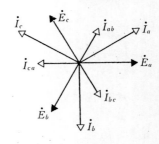

6. $\dot{I}_a = 4.1 - j\,34.4$ 〔A〕

$\dot{I}_b = -31.8 + j\,13.6$ 〔A〕

$\dot{I}_c = 27.7 + j\,20.8$ 〔A〕

$P_3 = 108$ 〔kW〕

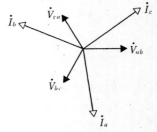

7. $\dot{I}_a = 28.8 + j\,38.4$ 〔A〕, $P_3 = 10\,368$ 〔W〕

8. 線電流 $I_Y = \dfrac{\sqrt{3}\,E}{3\,r + R}$ 〔A〕

抵抗 R に流れる電流 $I_\triangle = \dfrac{E}{3\,r + R}$ 〔A〕

9. 電流 $I = 87.5$ 〔A〕，有効電力 $P_3 = 850$ 〔kW〕

10. $\dfrac{\sqrt{3}}{2}$ 倍

11. $\dot{I}_a = 3.9 - j\,2.8$ 〔A〕, $\dot{I}_b = 3.6 - j\,9.5$ 〔A〕, $\dot{I}_c = 0.9 + j\,10.2$ 〔A〕,

$\dot{I}_n = -8.2 + j\,2.0$ 〔A〕

12. $\dot{I}_{ab} = 108.0 + j\,47.7$ 〔A〕 $\dot{I}_a = 82.3 - j\,40.3$ 〔A〕

$\dot{I}_{bc} = -18.5 - j\,30.1$ 〔A〕 $\dot{I}_b = -126.5 - j\,77.8$ 〔A〕

$\dot{I}_{ca} = 25.7 + j\,88.0$ 〔A〕 $\dot{I}_c = 44.2 + j\,118.1$ 〔A〕

13. 無効電力の $\dfrac{1}{\sqrt{3}}$ 倍を示している.

■ 11章の解答

1. $\dot{E}_{a0} = 100 + j\,0$ 〔V〕 $\dot{V}_{a0} = 0$ 〔V〕

$\dot{E}_{a1} = -50 + j\,86.6$ 〔V〕 $\dot{V}_{a1} = -150 + j\,86.6$ 〔V〕

$\dot{E}_{a2} = 250 - j\,86.6$ 〔V〕 $\dot{V}_{a2} = 300 - j\,346.4$ 〔V〕

2. $\dot{V}_{ab} = \quad 259.8+j\,450 \ \text{[V]}$

$\dot{V}_{bc} = \qquad 0 \ -j\,300 \ \text{[V]}$

$\dot{V}_{ca} = -259.8-j\,150 \ \text{[V]}$

3. $\dot{I}_{a0} = -2.67-j\,0.67 \ \text{[A]}$

$\dot{I}_{a1} = 15.74-j\,3.57 \ \text{[A]}$

$\dot{I}_{a2} = \quad 1.91+j\,6.24 \ \text{[A]}$

4. $\dot{I}_{ab} = 23.66+j\,3.66 \ \text{[A]}$

$\dot{I}_{bc} = -8.66-j\,5 \qquad \text{[A]}$

$\dot{I}_{ca} = 15+j\,1.34 \qquad \text{[A]}$

5. $\dot{V}_{ab} = \quad 6\,414-j\ \ 786 \ \text{[V]}$

$\dot{V}_{bc} = -5\,014-j\,5\,055 \ \text{[V]}$

$\dot{V}_{ca} = -1\,400+j\,5\,841 \ \text{[V]}$

■ **12章の解答**

1. 省略

2. フーリエ係数 : $b_n = 0$, $a_0 = A$, $a_n = \begin{cases} 0 & (n\text{が偶数}) \\ -\dfrac{4A}{n^2\pi^2} & (n\text{が奇数}) \end{cases}$

$$i(t) = \frac{A}{2} - \frac{4A}{\pi^2}\left(\cos\omega t + \frac{\cos 3\omega t}{9} + \frac{\cos 5\omega t}{25} + \cdots\cdots\right) \ \text{[A]}$$

3. フーリエ係数 : $a_0 = A$, $a_n = 0$, $b_n = -\dfrac{A}{n\pi}$

$$v(t) = \frac{A}{2} - \frac{A}{\pi}\left(\sin\omega t + \frac{\sin 2\omega t}{2} + \frac{\sin 3\omega t}{3} + \cdots\cdots\right) \ \text{[V]}$$

4. フーリエ係数 : $a_0 = 0$, $a_n = 0$, $b_n = \dfrac{8A}{n^2\pi^2}\sin\dfrac{n\pi}{2}$

$$v(t) = \frac{8A}{\pi^2}\left(\sin\omega t - \frac{\sin 3\omega t}{3^2} + \frac{\sin 5\omega t}{5^2} - \cdots\cdots\right) \ \text{[V]}$$

5. フーリエ係数 : $a_0 = 0$, $a_n = 0$, $b_n = \dfrac{6A}{n^2\pi^2}\sin\dfrac{n\pi}{3} - \dfrac{12A}{n\pi}\cos n\pi$

$$i(t) = A\left(\frac{3\sqrt{3}}{\pi^2}+12\right)\sin\omega t + A\left(\frac{3\sqrt{3}}{4\pi^2}-\frac{6}{\pi}\right)\sin 2\omega t + \frac{4A}{\pi}\sin 3\omega t$$

$$-A\left(\frac{3\sqrt{3}}{16\pi^2}+\frac{3}{\pi}\right)\sin 4\omega t + \cdots\cdots \ \text{[A]}$$

6. $v(t) = \dfrac{A}{2} - \dfrac{4A}{\pi^2}\left(\cos\omega t + \dfrac{\cos 3\omega t}{9} + \dfrac{\cos 5\omega t}{25}\right)$ [V] であるから

$$\dot{I} = \dot{I}_0 + \dot{I}_1 + \dot{I}_3 + \dot{I}_5 = \frac{\dfrac{A}{2}}{R} - \frac{4A}{\pi^2}\left(\frac{1}{\sqrt{R^2+\omega^2L^2}}\,\varepsilon^{-j\tan^{-1}\omega L/R}\right.$$

$$\left. + \frac{1}{9\sqrt{R^2+9\omega^2L^2}}\varepsilon^{-j\tan^{-1}3\omega L/R} + \frac{1}{25\sqrt{R^2+25\omega^2L^2}}\varepsilon^{-j\tan^{-1}5\omega L/R}\right)$$

$$\text{[A]}$$

よって実効値電流 I は

$$I = \sqrt{I_0^2 + \frac{1}{2}\sum_{n=1}^{\infty} I_n^2} = \sqrt{\left(\frac{A}{2R}\right)^2 + \frac{1}{2}\left\{\left(\frac{4A}{\pi^2}\right)^2\left(\frac{1}{R^2+\omega^2 L^2} + \frac{1}{9^2(R^2+9\omega^2 L^2)} + \right.\right.} *$$

$$* \overline{= + \frac{1}{25^2(R^2+25\omega^2 L^2)}\Big)\Big\}} \quad \text{(A)}$$

瞬時電流 $i(t)$ は

$$i(t) = \frac{A}{2R} - \frac{4A}{\pi^2}\left\{\frac{1}{\sqrt{R^2+\omega^2 L^2}}\cos\left(\omega t - \tan^{-1}\frac{\omega L}{R}\right) + \frac{1}{9\sqrt{R^2+9\omega^2 L^2}}\right.$$

$$\left. \cos\left(3\omega t - \tan^{-1}\frac{3\omega L}{R}\right) + \frac{1}{25\sqrt{R^2+25\omega^2 L^2}}\cos\left(5\omega t - \tan^{-1}\frac{5\omega L}{R}\right)\right\} \quad \text{(A)}$$

平均電力 P_a は

$$P_a = V_0 I_0 + \frac{1}{2}\sum_{n=1}^{\infty} V_n I_n \cos\phi_n = \frac{A}{2}\cdot\frac{A}{2R} + \frac{1}{2}\left(\frac{4A}{\pi^2}\right)^2\left\{\frac{1}{\sqrt{R^2+\omega^2 L^2}}\cos\phi_1\right.$$

$$\left. + \frac{1}{81\sqrt{R^2+9\omega^2 L^2}}\cos\phi_3 + \frac{1}{625\sqrt{R^2+25\omega^2 L^2}}\cos\phi_3\right\} \quad \text{(W)}$$

ただし，$\phi_1 = \tan^{-1}\dfrac{\omega L}{R}$，$\phi_3 = \tan^{-1}\dfrac{3\omega L}{R}$，$\phi_5 = \tan^{-1}\dfrac{5\omega L}{R}$ である．

7. $i(t) = \dfrac{A}{2} - \dfrac{A}{\pi}\left(\sin\omega t + \dfrac{\sin 2\omega t}{2} + \dfrac{\sin 3\omega t}{2}\right)$ 〔A〕

であり，$v_c = \dfrac{1}{C}\displaystyle\int_{-\infty}^{x} i\,dt$ であるから，キャパシタンス両端の電圧は

$$v_c = \frac{1}{\omega C}\frac{A}{\pi}\left(\cos\omega t + \frac{\cos 2\omega t}{4} + \frac{\cos 3\omega t}{9}\right)$$

$$= \frac{1}{\omega C}\frac{A}{\pi}\left\{\sin\left(\omega t - \frac{\pi}{2}\right) + \frac{1}{4}\sin\left(2\omega t - \frac{\pi}{2}\right) + \frac{1}{9}\sin\left(3\omega t - \frac{\pi}{2}\right)\right\} \quad \text{〔V〕}$$

8. 電圧，電流の各項を sin または cos に揃える．ここでは sin に統一すると

$$v(t) = 10\sin\left(\omega t + \frac{\pi}{6} + \frac{\pi}{2}\right) + 5\sin\left(3\omega t + \frac{\pi}{3}\right) + 3\sin\left(5\omega t - \frac{\pi}{6} + \frac{\pi}{2}\right)$$

$$= 10\sin\left(\omega t + \frac{2\pi}{3}\right) + 5\sin\left(3\omega t + \frac{\pi}{3}\right) + 3\sin\left(5\omega t + \frac{\pi}{3}\right) \quad \text{〔V〕}$$

$$i(t) = 3\sin\left(\omega t + \frac{\pi}{3}\right) + 3\sin\left(3\omega t - \frac{\pi}{6}\right) + 4\sin\left(5\omega t + \frac{\pi}{3}\right) \quad \text{〔A〕}$$

となる．

電圧の実効値 V は

$$V = \sqrt{\frac{1}{2}(10^2 + 5^2 + 3^2)} \approx 8.19 \text{ (V)}$$

電流の実効値 I は

$$I = \sqrt{\frac{1}{2}(3^2 + 3^2 + 4^2)} \approx 4.12 \text{ (A)}$$

平均電力 P_a は

$$P_a = V_0 I_0 + \frac{1}{2}\sum_{n=1}^{\infty} V_n I_n \cos\phi_n = \frac{1}{2}\left\{10\times3\times\cos\frac{\pi}{3} + 5\times3\times\cos\frac{\pi}{2} + 3\times4\times\cos 0\right\}$$

$$= 13.5 \text{ (W)}$$

9. 波高率 $= \dfrac{\text{最大値}}{\text{実効値}} = \dfrac{\dfrac{4A}{\pi^2}}{0.576A} \approx 0.705$

ひずみ率 $= \dfrac{\text{基本波を除いた全高調波の実効値}}{\text{基本波の実効値}} = \dfrac{\sqrt{\dfrac{1}{2}\left(\dfrac{4A}{\pi^2}\right)^2\left\{\dfrac{1}{9^2}+\dfrac{1}{25^2}\right\}}}{\dfrac{4A}{\sqrt{2}\,\pi^2}}$

$$= \frac{\dfrac{4A}{\sqrt{2}\,\pi^2}\sqrt{0.0139}}{\dfrac{4A}{\sqrt{2}\,\pi^2}} \approx 0.118 \text{ (\%)}$$

索　引

■ 編者紹介

瀬谷　浩一郎（せや　こういちろう）

1955 年	日本大学工学部（現理工学部）卒業
同　年	日本大学工学部（現理工学部）勤務
1966 年	日本大学生産工学部勤務
1971 年	工学博士（日本大学）
1974 年	日本大学教授

電気回路テキスト

2022 年 9 月 10 日	第 1 版第 1 刷発行
2024 年 4 月 30 日	第 1 版第 3 刷発行

編　　者	瀬 谷 浩 一 郎
発 行 者	村 上 和 夫
発 行 所	株式会社 オーム社
	郵便番号　101-8460
	東京都千代田区神田錦町 3-1
	電話　03(3233)0641(代表)
	URL　https://www.ohmsha.co.jp/

© 瀬谷浩一郎 2022

印刷・製本　デジタルパブリッシングサービス
ISBN978-4-274-22922-0　Printed in Japan

本書の感想募集　https://www.ohmsha.co.jp/kansou/
本書をお読みになった感想を上記サイトまでお寄せください．
お寄せいただいた方には，抽選でプレゼントを差し上げます．